Studia Osteoarchaeologica

Band 1

Dem Vergessen entrissen

Die Skelettfunde aus dem Bereich der ehemaligen St. Veit Kirche zu Bremen

von P. Caselitz

mit einem Beitrag von
J. Ewersen

Wir sind „Übersetzer“ der „Sprache“ des Skeletts, und Erfahrung, also einfach das Arbeiten an so vielen Fällen wie nur möglich, ist der Schlüssel dazu, der ursprünglichen Bedeutung so nahe wie möglich zu kommen. (KOFF 2004, 18)

Bibliografische Information der Deutschen Nationalbibliothek
Die Deutsche Nationalbibliothek verzeichnet diese Publikation in der Deutschen Nationalbibliografie; detaillierte bibliografische Daten sind im Internet über http://dnb.d-nb.de abrufbar.
1. Aufl. - Göttingen : Cuvillier, 2011

978-3-86955-668-0

Weiteres zur Reihe Studia Osteoarchäologica/further notes on Studia Osteoarchaeologica:
www.caselitz.eu

Entwurf: Peter Caselitz, Buchholz, Montage unter Verwendung eines Ausschnittes aus der Stadtansicht von Bremen von Georg Braun und Frans Hogenberg (zwischen 1572 und 1618; bei der Kirche in der linken Bildmitte handelt es sich um die St. Veit/Unser Lieben Frauen Kirche) sowie den Abbildungen 27A, 32 (modif. Ausschnitt) und 37 der vorliegenden Studie.

Nonnenstieg 8, 37075 Göttingen
Telefon: 0551-54724-0
Telefax: 0551-54724-21
www.cuvillier.de

1. Auflage, 2011
Gedruckt auf säurefreiem Papier

978-3-86955-668-0

Vorwort

Selbst einem alteingesessenen, sog. tagenbarenen Bremer dürfte der im Untertitel genannte Fundort nicht geläufig sein, auch wenn es sich um eine der ältesten Kirchen seiner Stadt handelt. Dem Fremden fällt beim Namen der Hansestadt neben den vier Musikanten und dem Rathaus allenfalls noch der Dom ein. Ob er jedoch – zumindest in den frühen Jahrhunderten – für die einheimische Bevölkerung die herausragende Bedeutung gehabt hat, erscheint fraglich, zumal der Bremer Dom zunächst den Erzbischöfen bzw. Bischöfen unterstellt war und dann vom Ende des Dreißigjährigen Krieges bis fast in die napoleonische Zeit hoheitlich nicht zum Bremischen Staat gehörte. Ähnlich wie in der Hanseschwester Lübeck (dort St. Marien versa Dom) genoss auch in der Stadt an der Weser eine andere Kirche ein größeres Ansehen. Heute kennen wir diese unter dem Namen Unser Lieben Frauen Kirche, die ursprünglich den Namen des Heiligen Veit trug. Ähnlich wie sein Name ist auch der zugehörige Kirchhof – im Sinne von Friedhof – in Vergessenheit geraten. Es wäre wohl auch noch so geblieben, traten nicht bei Grabungen menschliche Skelettreste zu Tage. Diese hatten zu diesem Zeitpunkt bereits ein wechselhaftes Schicksal hinter sich und trugen selber noch zu manchen Misslichkeiten bei.

Alsbald nach Auffindung erneut wieder in die Erde – dieses Mal eines anderen Friedhofes – verbracht, wurden sie von privater Seite wieder ans Licht geholt. Die wissenschaftliche Bearbeitung stand von vornherein unter einem unglücklichen Stern. Präjudizierende Ergebniserwartung, verwirrende Angaben zur Fundstelle bis hin zur Nötigung zur vorzeitigen Materialrückgabe seitens des letzten Ausgräbers sind die eine Seite der Geschichte des vorliegenden Werkes. Die andere sind wiederholte, letztlich aber mehr als nur erfolglose Bemühungen um eine finanzielle Absicherung der Untersuchung. Die fortschreitende Verschlechterung der bundesdeutschen Forschungssituation, besonders greifbar in immer geringerer Ausstattung der Bibliotheken, trug ferner ihr gehöriges Quantum dazu bei, dass das Werk viele Jahre in Anspruch nahm und dabei nicht unwesentliche private Mittel und Zeit verschlang. Unter dem sprichwörtlichen Strich könnte die mit der Vorlage dieses Buches abgeschlossene Bearbeitung der Skelettreste der Bremer St. Veit Kirche als ein Beispiel für die Fortschreibung des Aufsatzes von Maike Lorenzen (2007) dienen, der an jener Stelle aufhört, an der für den Autor der *mors voluntarii* eingesetzt hätte. Somit erscheint es ein konsequenter Schritt zu sein, sich bei der Publikation nicht wieder in das Verwirrspiel – einschließlich inhaltlicher Einflussnahme auf den Text – der unterschiedlichsten Bremer und anderer Gremien, Institutionen und sonstiger Personen zu begeben, sondern das Werk auf eigene Füße zu stellen.

Während der langen Bearbeitungszeit ist neben einigen theoretisch-methodischen relevanten Arbeiten auch eine Reihe von Vorlagen von in etwa zeitgleichem Material erschienen. Insbesondere aus dem iberischen und kroatischen Raum wäre manch Neues zu nennen, das nicht mehr in der angestrebten Breite eingearbeitet werden konnte. Dennoch gehört die vorliegende Studie zu einer momentan ausstrebenden Art von Arbeiten, die sich – über Sprachgrenzen hinweg – um einen möglichst breiten Rahmen von Vergleichsbefunden denn um materialferne Konstruktbildung ebenso bemüht wie um die enge Verbindung von mathematisch-statistischen Ansätzen mit geisteswissenschaftlicher Diskussion.

Ohne die wohlwollende Unterstützung einiger Freunde und Kollegen wäre das vorliegende Opus nicht in seiner jetzigen Form entstanden. Stellvertretend für alle gilt herzlicher Dank Herrn Prof. Dr. F.-W. Rösing (Ulm/Bleubeuren), der dem Verf. an mancher Stelle der Bearbeitung in zahlreichen Diskussionen aus der sprichwörtlichen Sackgasse herausgeholfen hat. Auch dem Bearbeiter der Tierknochen, Herrn Dr. J. Ewersen (Schleswig), sei nicht nur für seine einstmals rasch beendete Untersuchung gedankt sondern auch für seine jahrelange Geduld um das Erscheinen seines Beitrages. Ferner haben sich viele bei der Literaturbeschaffung positiv bemüht. Neben einer Vielzahl von Mitarbeitern – bezeichnenderweise – überwiegend ausländischer Bibliotheken gilt besonderer Dank der 1. Medizinischen Fakultät der Karls Universität Prag.

Die Aufnahme der vorliegenden Studie in der Fachwelt möge nun darüber entscheiden, ob die mühevolle Bearbeitung dieses zunächst belanglos erscheinenden Skelettmaterials aus der Bremer Innenstadt, der riesige Zeit- und auch sonstige Aufwand sowie vor allem das Ertragen der – zurückhaltend formuliert – Querelen mit diversen Bremer Personen und Institutionen sich wenn nicht für den Verfasser so doch für die Forschung gelohnt haben.

Buchholz, im März 2011 — Peter Caselitz

Inhaltsverzeichnis

Einleitung

"Die sich beim Auffinden alter Gräber vorfindenden Knochen müssen in die Sohle der neuen Grube oberflächlich eingegraben werden" (RÜPPEL 1868, 52). Die ossuären Reste werden mithin an Ort und Stelle sekundär beigesetzt.[1] Bei der archäologischen Freilegung sollte eine Trennung von Primär- und Sekundärbestattung(en) eigentlich keine Probleme bereiten. Dennoch ist die Befundsituation der älteren Grablege nachhaltig gestört und wichtige Informationen (Lage des Leichnams, Position der Beigaben etc.) sind unwiederbringlich verloren. Noch größer wird der Verlust, wenn die Skelettreste dem Grab entnommen und andernorts deponiert werden, wie es derzeitige Bestattungsordnungen vorschreiben. Derartige Ossuarien stellen sowohl für Archäologen wie auch für Anthropologen ein wenig lohnendes Forschungsobjekt dar. Der Individualverband ist nur noch sehr eingeschränkt bzw. überhaupt nicht mehr rekonstruierbar. Zu viele Informationen sind durch die Zerstörung des ursprünglichen Niederlegungsbefundes unwiederbringlich verloren. Wird eine derartige Deponierung noch ein weiteres Mal umgesetzt, so führt dieses vor allem zu einer erneuten Fragmentierung des Skelettmaterials und das Forschungsinteresse daran erlischt nahezu völlig – es sei denn, es handelt sich um neolithische Kollektivbestattungen oder um noch älteres Material, von dem selbst kleinste Fragmente häufig noch zu weit angelegten Untersuchungen Anlass geben.

Im vorliegenden Fall handelt es sich um eben solche mehrfach umgesetzte Skelettreste. Jedoch stammen sie nicht aus prähistorischer Zeit, sondern wurden im Bereich der ältesten Bremer Pfarrkirche St. Veit angetroffen. Sie wird als Vorgänger der heutigen Unser Lieben Frauen Kirche angesehen, gilt als Gründung unter Erzbischof Unwan (1013-1029) und dürfte 1020/22 geweiht worden sein (zur topographischen Situation um das Jahr 1035 vgl. HEINE 1994, Abb. 13). Bei einer archäologischen Grabung wurde Skelettmaterial aufgedeckt, als wenig relevant eingestuft und einer Wiederbestattung zugeführt. Die Knochen sollen als Konvolut vermengt mit Holz- und Schieferresten sowie Tierknochen[2] unterhalb eines Kirchenkellerbodens im Sand der Bremer Düne angetroffen worden sein. Mutmaßlich handelt es sich dabei um sekundär bzw. tertiär bestattetes Skelettmaterial aus einem historisch bekannten Beinhaus der St. Veit-/Unser Lieben Frauen Kirche. Die Knochenmasse wurde bald nach ihrer Aufdeckung auf einem rezenten Friedhof in Bremen-Osterholz wiederbestattet. Dort konnte wenig später rund ein Viertel der Menge durch D. Ortlam geborgen werden. Sein Augenmerk galt dabei primär den besser erhaltenen Knochen – insbesondere den Schädelteilen und Femora (D. Ortlam, mündl. Mitt.). Das Fehlen detaillierter Beobachtungen erschwert die Interpretation des Befundes, so dass wir uns nur auf die naturwissenschaftliche Einordnung des Fundgutes stützen können, die auf Radiocarbondatierungen beruht (vor allem 9. bis

---

[1] Diese Sitte ist weit verbreitet und wird auf einigen Friedhöfen rezent noch praktiziert (vgl. z.B. CASELITZ 1980, 6; ders. 1984, 134; CERNÝ 1959, 216; HOLCK 1970, 15 sowie WOLF 1977, 175 und Anm. 29). Der Begriff der Sekundärbestattung ist hier nicht zu verwechseln mit der kulturell initiierte Umlagerung von Primärbestattungen nach Ablauf einer bestimmten Zeitspanne in Gemeinschaftsgräber, wie er ethnographisch für einige nordamerikanische Indianerstämme überliefert ist (zum archäologischen Befund vgl. z.B. OLSON 1966, vgl. auch UBELAKER 1974, 8ff.). Zur Vorgehensweise bei Gruftbestattungen vgl. SCHWARZ (1980, 44).

[2] Vgl. dazu den Beitrag von J. EWERSEN im Anhang.

11. Jahrhundert)[3]. Diese Datierung legt es nahe, dass wir mit dem Fundgut in die Frühzeit der Stadt Bremen, eventuell sogar noch in Abschnitte vor der Errichtung der St. Veit Kirche vorstoßen. Ob wir das Material einem Friedhof eines bislang unbekannten Vorgängerbaues oder jenem des nahe gelegenen Domes zusprechen dürfen, mag an dieser Stelle offen bleiben.[4] Die Vermengung mit Abfallstücken der Schieferbedachung etc. legt es nahe, dass das Skelettmaterial originär älteren Grablegen entstammend zunächst im genannten Beinhaus eingelagert und bei seinem Abbruch – oder Umbau – in einer Grube unter dem neuen Laufhorizont deponiert wurde.

Die im vorliegenden Fall zu beobachtende Missachtung des ossuären Fundgutes entspricht immer noch gängiger Praxis bei innerstädtischen Skelettfunden, die nur zu gern pauschal als spätmittelalterlich bis neuzeitlich eingestuft werden und somit aus archäologischer Sicht irrelevant erscheinen. Für die Bevölkerungsgeschichte – und somit auch für die allgemeine Geschichte – der Stadt wird somit wesentliches Quellenmaterial nicht erkannt und geht oftmals unwiederbringlich verloren. Die Gründe für die negierende Wertung seitens der traditionellen Archäologie sind vielfältiger Natur (vgl. CASELITZ 1981). Nicht unerwähnt bleiben darf in diesem Zusammenhang auch die Schwierigkeit, das Material einer wissenschaftlichen Bearbeitung zuzuführen und deren Ergebnisse in den kulturgeschichtlichen Kontext zu stellen. Insbesondere bei den Grablegen entrissenem und mehrfach umgesetztem Fundgut sind viele nur zu gern bereit, die Relevanz der Untersuchung in Frage zu stellen. Dadurch erklärt sich der missliche Tatbestand, dass es trotz wiederholter Versuche des Verfassers wie auch des Zweitausgräbers – und Initiators der Untersuchung – nicht gelang, eine finanzielle Förderung des Projektes zu erreichen. Dieses mag nicht nur als symptomatisch für die derzeitige Forschungssituation in Deutschland gelten, sondern auch für die Hansestadt Bremen im engeren Sinne. Bereits die Bearbeitung der ossuären Funde vom Bremer St.-Remberti-Kirchhof (CASELITZ 1983) war nicht abgesichert. Die Schwierigkeiten der anthropologischen Bearbeitung der menschlichen Skelettreste aus dem dortigen Dom deutet HENKE (1985, Anm. 4) nur dezent an. Die vorliegende Studie ist dem wiederholten massiven Drängen des Zweitausgräbers und erheblichem privaten Zeit- und Finanzaufwand des Verf. zu verdanken. Die Ergebnisse mögen zeigen, ob sich all dieses wirklich rechtfertigen lässt.

---

[3] AD 840 – 940, AD 950 – 1050 sowie AD 1210 – 1280 (Gutachten von D. Ortlam vom 26.11.1986, zit. nach BÖLTS 2002, 200). Weitere von Ortlam untersuchte Proben ohne Lokalisierung im Raum wurden ... ins 10. bis 11. Jahrhundert datiert (BÖLTS 2002, Anm. 86). Das jüngste Datum fällt bereits in die Zeit umfangreicherer Bau- bzw. Umbaumaßnahmen und dem Nachlassen der Bestattungstätigkeit auf dem zugehörigen Kirchhof.

[4] Vgl. auch BÖLTS (2002, Anm. 87). Zur allgemeinen archäologisch-historischen Situation an der Westseite des Bremer Marktplatzes vgl. auch BRANDT (1992: 220-222) wie auch zur allgemeinen sozialökonomischen Stellung des frühmittelalterlichen Bremen HÄGERMANN (1990).

Material

Bei der Bergung des Skelettmaterials auf dem Osterholzer Friedhof durch D. Ortlam wurde bereits eine Selektion anhand des Erhaltungszustandes durchgeführt („Vollständigkeit der einzelnen Knochen“; ORTLAM in lett. 28.11.1991). Es sollte sich um „75 Schädeldächer, 30 Unterkiefer, ca. 250 Extremitätenknochen und ca. 25 Beckenknochen“ handeln (ORTLAM in lett. 29.04.1991). Um der weiteren Zersetzung des nur dürftig erhaltenen und stark verschmutzten Materials Einhalt zu bieten, erfolgten unmittelbar nach Übernahme eine mechanische Reinigung und die Rekonstruktion der spätestens bei der letzten Bergung oftmals zerbrochenen Knochen. Der eigentlichen Datenaufnahme zugeführt wurden jene Skelettteile, bei denen eine Alters- bzw. Geschlechtsdiagnose möglich erschien und/oder osteometrische Befunde zu erheben waren. Einige wenige Skelettreste verblieben somit unbetrachtet, wodurch eine weitere Selektion des Materials entstand. Die bei der wissenschaftlichen Bearbeitung herangezogenen Bestimmungsmethoden entsprechen den allgemeinen Empfehlungen (FEREMBACH, SCHWIDETZKY und STLOUKAL 1979). Aus Kostengründen kamen nur makroskopische Verfahren zum Einsatz.[5]

Da ein Individualverband gemäß der geschilderten Befundlage nicht mehr gegeben war, musste jeder Knochen für sich – quasi wie ein Einzelindividuum – bewertet und untersucht werden.[6] In Tabelle 1 wird eine Aufstellung der jeweils vorhandenen Skelettteile unter Berücksichtigung der Ergebnisse der Geschlechts- und Altersbestimmung gegeben. Zunächst fällt auf, dass die mengenmäßige Schätzung des letzten Ausgräbers dem empirischen Befund recht nahe kommt. Deutlich ist das zahlenmäßige Überwiegen der Schädel. Durch deren Anzahl wird zugleich – und zunächst (vgl. unten) – die Mindestindividuenzahl von 73 Personen belegt, die sich in 39 Männer, 25 Frauen und 9 Kindern aufschlüsseln. Am zweithäufigsten liegen mit 54 Exemplaren die rechten Femora vor. Auch dort übertrifft die Anzahl der Männer (n = 28) jene der Frauen (n = 23). Das deutliche Übergewicht des Anteils der Schädel ist durch die Befundlage zu erklären: Schädeln wird mutmaßlich bei den Umlagerungen eine größere Aufmerksamkeit – durchaus auch im Sinne von Pietät – entgegen gebracht bzw. galt den Schädelteilen im vorliegenden Fall bei der letzten Fundbergung ein gesteigertes Interesse. Anhand der am häufigsten erfassbaren Schädelmaße der vorliegenden Serie (vgl. Tab. 5) hat sich die Region des vorderen Schädeldaches nachhaltig erhalten bzw. war dieser Skelettbereich bei der nicht durch einen Fachvertreter unterstützten Sicherstellung leicht erkennbar und wurde somit geborgen.

---

[5] Wie AIELLO und MOLLESON (1993) nachwiesen, ist die Zutreffenswahrscheinlichkeit der Altersbestimmung am Becken (nach ACSÁDI und NEMESKÉRI 1970) beim makroskopischen Verfahren jenem der mikroskopischen Diagnose zumindest gleichwertig, wenn nicht sogar leicht überlegen.

[6] Ob die ausgesprochen kostenintensive Betrachtung spezieller Elemente im Knochen gemäß dem Ansatz von FULTON, MELOAN und FINNEGAN (1986) zu einem anderen Ergebnis führte, ist zweifelhaft, da nur in extremen – und somit zumeist wenigen – Fällen dadurch eine Rekonstruktion des Invidiualverbandes möglich ist.

Tab. 1: Untersuchtes Material, aufgeschlüsselt nach der Skelettregion unter Berücksichtigung der Ergebnisse der Alters- und Geschlechtsbestimmung mit Angabe der Geschlechtsrelation in Form des Maskulinitätsindex.

Skelett-teil	Körper-seite	Männer	Frauen	Kinder	Summe	Mask.-index
Schädel	-	39	25	9	73[7]	1.560
Scapula	li	1	1	0	2	1.000
	re	2	1	0	3	2.000
Clavicula	re	0	1	0	1	-
Humerus	li	17	4	7	28	4.250
	re	10	4	0	14	2.500
Radius	li	5	1	1	7	5.000
	re	3	3	1	7	1.000
Ulna	li	0	0	1	1	-
	re	3	0	0	3	-
Becken	li	13	6	1	20	2.167
	re	8	4	0	12	2.000
Femur	li	5	17	8	30	294
	re	28	23	3	54	1.217
Tibia	li	14	6	1	21	2.333
	re	12	11	1	24	1.091
Fibula	li	1	1	0	2	1.000
	re	1	2	0	3	500

Die Problematik der Aufstellung wird offenbar, wenn die Geschlechtsrelation für jedes Skeletttteil in Form des Maskulinitätsindex gebildet wird (vgl. Tab. 1). Für die zahlenmäßig schwach besetzten Regionen (Scapula, Clavicula etc.) beruhen die Relationen auf Zufallskriterien und bleiben unberücksichtigt. Betrachten wir jene Skeletttteile, von denen mindestens 20 Stücke vorliegen, so sind deutliche Differenzen zu vermerken: Bei den rechten Femora überwiegen die Männer, während auf der linken Körperseite ein deutliches Männerdefizit besteht. Ähnliches findet sich, wenn auch weniger heftig ausgeprägt, bei den Tibiae und Humeri. Dieses lässt nicht nur Zweifel an der Repräsentativität der Stichprobe aufkommen, sondern muss auch zur Kritik an der Geschlechtsbestimmung führen.

Handelt es sich bei den vorliegenden Skelettresten um eine zufällige Stichprobe aus der damaligen Gesamtbevölkerung oder haben die Umlagerungen zu einer geschlechts- oder altersmäßigen Selektion geführt? In Hinblick auf die Geschlechtsrelation dürfte sich ein leichtes Überwiegen der Männer nicht von der Hand weisen lassen. Dieses entspräche zwar den Erwartungen einer organisch gewachsenen Stadt- oder Landbevölkerung (vgl. CASELITZ 1981a, Abb. 2), führt aber nicht zur Klärung der gestellten Frage. Erst ein Vergleich mit den Befunden anderer zeitgleicher Stichproben oder mit so genannten Modellsterbetafeln verspricht hier eine Antwort. Abgesehen von methodischen Einschränkungen bei den letztge-

[7] Zuzüglich 43 nicht näher zuzuordnender Ober- und Unterkieferfragmente.

nannten tritt bei Kollektivfunden ferner die Schwierigkeit auf, welches Skelettteil heranzuziehen ist (UBELAKER 2002, vgl. auch RICHARD 2001). Soll der Skelettabschnitt mit den differenziertesten Altersdiagnosen oder der am häufigsten vertretene betrachtet werden? Im vorliegenden Fall dürfte die Diskussion auf die Befunde am Schädel und jene der rechten Femora hinauslaufen.

Bereits die im Vergleich zu anderen historischen Bevölkerungen geringe Höhe des relativen Anteils der Subadulten (12,3 Prozent) bei der Gruppe der Schädelfunde nährt auf den ersten Blick die Zweifel an der Repräsentanz der Stichprobe. Allerdings ist diese Altersstufe bei paläodemographischen Untersuchungen aus verschiedenen Gründen oftmals unterrepräsentiert. Im Fall der Funde von St. Veit dürften die Grazilität der Schädelknochen, der biologisch bedingte Zerfall der in den infantilen Altersstufen noch nicht miteinander verwachsenen Kalottenteile sowie die Kleinheit der Kieferknochen dazu beigetragen haben, dass kindliche Schädelteile bei den Umbettungen und Bergungen eher vernachlässigt wurden. Längsknochen subadulter Individuen unterliegen diesen Phänomenen in geringeren Umfang. Allerdings ist der relative Anteil subadulter Femora der rechten Körperseite mit 5,6 Prozent ebenfalls auffällig gering. Bei der Betrachtung der Altersdiagnosen beider Körperseiten ergibt sich, dass zwischen den linken und rechten Femora der Subadulten keine Überschneidungen bestehen (vgl. unten), so dass wir im Folgenden die relevanten Befunde zusammenfassen und mithin von 11 Nichterwachsenen ausgehen. Damit erhöhen sich die eingangs genannte Mindestindividuenzahl auf 75 Personen und der relative Anteil der Subadulten bei den Femora auf 17,7 Prozent.

Die Unterschiede zwischen der Altersverteilung der Schädel- und der Femorabefunde sind auffällig, statistisch aber nur schwach signifikant (Abb. 1). Ein höherer relativer Anteil ist bei der Femur-Gruppe in den Altersklassen der Teenager (10 bis 19 Jahre) und Maturen (40 bis 59 Jahre) zu beobachten. Bei den Senilen (ab 60 Jahren) fällt auf, dass die Femurbeobachtungen schon zu Beginn dieser Altersklasse gegen den Wert Null streben, während dies bei der Schädelgruppe erst gegen Ende der Altersklasse erfolgt. Bemerkenswert sind die fast identischen Werte bei den Kindern unter zehn Jahren, den 30-Jährigen und – mit leichten Einschränkungen – den 20-Jährigen. Dieser Gesamtbefund deutet zunächst auf eine heterogene Zusammensetzung der Stichprobe von St. Veit hin.[8] Die skizzierten Abweichungen dürften für den Bereich der erwachsenen Individuen eher auf Besonderheiten der Altersbestimmungsmethoden zurückzuführen sein: Bei den Femora wird gemäß einem auf ACSÁDI und NEMESKÉRI (1970) beruhenden Verfahren das Sterbealter anhand der Spongiosaauflösung im proximalen Abschnitt bestimmt, die sich mit zunehmendem Alter verstärkt. Im Bereich der Maturen (40 bis 59 Jahre) überschneiden sich fünf von sechs Diagnosestufen. Hier müssen geradezu zwangsläufig – insbesondere bei der Begutachtung von Einzelfunden – Verzerrungen auftreten. Hinzu kommt noch, dass bei älteren Individuen die Substanz des Femurknochens emp-

[8] Wird bei der statistischen Überprüfung als Grenze für Signifikanz die 95-Perzentilmarke angesetzt, so sind die sich ergebenden Vertrauensbereiche dahingehend zu interpretieren, dass eine Signifikanz allein Zufallswirkung ist und somit beide Beobachtungsreihen einer Grundgesamtheit entstammen können.

findlicher auf mechanische Belastungen reagiert. Letzteres dürfte den geringen Anteil dieser Beobachtungsgruppe bei der Altersgruppe der Senilen erklären.

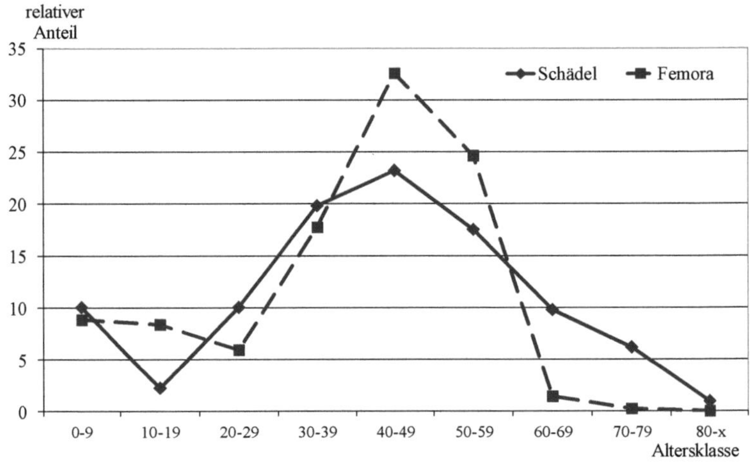

Abb. 1: relative Verteilung der Verstorbenen (d_x) in Altersklassen à zehn Jahren aufgeteilt in Schädel- und Femorabefunde ohne Korrektur des Kleinstkinderdefizits.

Um generell das Sterbeverhalten einer Bevölkerung besser verstehen zu können, empfiehlt es sich, dieses im Kontext mit den entsprechenden Größen einer Vergleichspopulation zu diskutieren. Als möglicher Vergleichsstandard bieten sich die UN-Modellsterbetafeln (UNITED NATIONS 1955) an, die aufgrund der Beobachtung entsprechender Parameter bei rezenten Bevölkerungen gewonnen wurden.[9] Allerdings sind Anpassungen an paläodemographische Verhältnisse erforderlich (vgl. CASELITZ 1981b, 69).[10] Das Sterbeverhalten der auf den Schädelbefunden beruhenden Teilstichprobe von St. Veit lässt sich am ehesten mit demjenigen der UN-Modellbevölkerung des Niveaus 31 vergleichen. Während knapp ein Zehntel der Individuen dieses Samples bei ihrem Tode jünger als 10 Jahre waren (vgl. Tab. 2), beträgt der Anteil dieser Altersklasse bei der UN-Bevölkerung fast zwei Fünftel, nämlich 39,50 Pro-

[9] Zum besseren Verständnis sei angemerkt, dass die UN-Niveaus zwischen den Stufen 1 und 40 variieren. Günstige Lebensbedingungen – zum Beispiel ausgedrückt in hoher Lebenserwartung bei der Geburt und einem entsprechend hohen Anteil von über 60Jährigen – bewirken eine kleine Niveau-Kennzahl. Prähistorische bis mittelalterliche Bevölkerungen finden sich zumeist – mutmaßlich aufgrund hoher Kindersterblichkeit und allgemeiner Belastungen auch bereits im jungen Erwachsenenalter – im Bereich zwischen den Niveaus 30 und 40.

[10] Die Breite der Altersklassen wurde – auch bei später herangezogenen Vergleichsfunden – auf zehn Jahre festgelegt. Dadurch kann es in dem einen oder anderen Fall zu Vereinfachungen kommen, kürzere Intervalle erscheinen angesichts der teilweise recht langen Alterdiagnosenspannen erwachsener Individuen und teilweise geringem Stichprobenumfang nicht angebracht zu sein. Überhaupt dienen die Angaben der Sterbetafel eher dem Vergleich von Bevölkerungen und sollten keineswegs in der stundengenauen Berechnung der Lebenszeit von Individuen gipfeln. Derartiges vermag die naturwissenschaftliche Untersuchung von Skelettresten auch heute nicht zu liefern.

zent. Auch bei den 10- bis 19Jährigen unterliegen die Bremer zahlenmäßig den Werten der Modellbevölkerung (2,28 versa 5,02 Prozent). Bemerkenswert erscheint, dass alle anderen Altersklassen die größte Ähnlichkeit zur UN-Bevölkerung des Niveaus 33 aufweisen. Dort beträgt der Anteil der vor ihrem zehnten Geburtstag verstorbenen Kinder immerhin 43,3 Prozent. Betrachten wir ausschließlich die Femorabefunde, so besteht die größte Ähnlichkeit des Sterbeverhaltens zu demjenigen der UN-Modellbevölkerung des Niveaus 32. Dort sterben 41,4 Prozent der Individuen vor ihrem zehnten Geburtstag, während es bei der Bremer Teilstichprobe nur 8,87 Prozent sind (vgl. Tab. 3). Erstaunlich hoch ist der Anteil der verstorbenen Teenager beim vorliegenden Sample (Bremen: 8,38 Prozent versa UN32: 5,18 Prozent). Die größte Ähnlichkeit des Sterbeverhaltens der Erwachsenen bei der Femurgruppe besteht wiederum zum Niveau 33. Wir müssen somit davon ausgehen, dass der Anteil der Kinder (0 bis 9 Jahre) in der Stichprobe St. Veit zu gering ist und so scheinbar bessere Mortalitätsverhältnisse vortäuscht.

Bevor wir uns der Anzahl der fehlenden Kinder zuwenden, erscheint ein detaillierter Blick auf die Altersdiagnosen subadulter Individuen angebracht. Der methodisch bedingte Vorteil ist die – im Vergleich zu den Befunden bei Erwachsenen – zumeist geringe Spanne der Altersdiagnosen. Das Problem wird durch die konkrete Befundsituation geliefert und ist bereits bei den Femora offenbar: Finden die drei rechten Femora ihr individuelles Pendant im Material der anderen Körperseite? Kann nicht der rechte Femur Nr. 252 zu einem altersähnlichen linken Oberschenkelknochen (Nr. 100 oder 101)[11] gehören (vgl. Abb. 2)? Bereits bei der Datenaufnahme wurden die entsprechenden Fundstücke morphognostisch miteinander verglichen. Lediglich beim Radius Nr. 205 und der Ulna Nr. 100 ergaben sich Hinweise, dass beide Knochen zu einem Individuum gehören. Die morphometrische Analyse bestätigt diese Vermutung.[12] Bei allen drei rechten Femora bestehen altersmäßige Überschneidungen in der Größenordnung von einem Jahr zu Stücken der linken Körperseite. Jedoch ergibt sich sowohl durch den jeweiligen morphognostischen wie auch durch den osteometrischen Befund, dass – wie oben bereits erwähnt – alle Femora einzelne Individuen repräsentieren.[13]

[11] Die Nummerierung wurde bei der Bearbeitung für jedes erfasste Skeletteil erneut mit der Ziffer 100 beginnend vergeben. Bei den Extremitätenknochen beginnt die Zählung der einen Körperseite jeweils mit 100 und diejenige der anderen Seite mit 200. Da die Nummerierung eher arbeits- und datentechnische Gründe hat, kann sie im weiteren Verlauf der Studie vernachlässigt werden. Keineswegs sollten daraus Individualzusammenhänge postuliert werden.

[12] Histologische und weitere chemische Untersuchungen (z.B. sog. DNS-Analysen) konnten aus Kostengründen nicht durchgeführt werden.

[13] Dabei darf nicht verschwiegen werden, dass es kaum methodische Arbeiten zu Seitenunterschieden bei Knochen subadulter Individuen gibt. An dieser Stelle konnte auf bislang unpublizierte Daten anderer norddeutscher Skelettserien (Bardowick, Frenswegen, Ihlow etc.) zurückgegriffen werden.

Tab. 2: Bremen – St. Veit: Sterbetafel auf der Grundlage der Schädelbefunde.

k_x = Altersklasse; D_x = Anzahl der Gestorbenen; d_x = relative Zahl der Gestorbenen; l_x = relative Zahl der Überlebenden; q_x = Sterbewahrscheinlichkeit; L_x = Zahl der gelebten Jahre; T_x = Gesamtzahl der noch zu lebenden Jahre der Klasse; $e0_x$ = Lebenserwartung.

Anmerkung: Die Summe der einzelnen D_x- und d_x-Werte kann u.U. minimal von der genannten Gesamtsumme abweichen. Dies ist durch die wiedergegebene Form mit zwei bzw. drei Dezimalstellen bedingt. Sie stellt eine Vereinfachung der tatsächlichen, der Sterbetafel zugrunde liegenden Werte dar.

k_x	D_x	d_x	l_x	q_x	L_x	T_x	$e0_x$
0 - 9	7,33	10,05	100,00	0,1005	949,772	4225,580	42,26
10 - 19	1,67	2,28	89,95	0,0254	888,128	3275,808	36,42
20 - 29	7,34	10,06	87,67	0,1147	826,421	2387,680	27,23
30 - 39	14,49	19,85	77,61	0,2558	676,858	1561,260	20,12
40 - 49	16,98	23,26	57,76	0,4027	461,291	884,402	15,31
50 - 59	12,79	17,53	34,50	0,5080	257,359	423,111	12,26
60 - 69	7,18	9,83	16,97	0,5794	120,556	165,752	9,77
70 - 79	4,52	6,19	7,14	0,8669	40,445	45,196	6,33
80 - x	0,69	0,95	0,95	1,0000	4,752	4,751	5,00
Summe	73,00	100,00			4225,580		

Tab. 3: Bremen – St. Veit: Sterbetafel auf der Grundlage der Femurbefunde. Zur Legende vgl. Tab. 2.

k_x	D_x	d_x	l_x	q_x	L_x	T_x	$e0_x$
0 - 9	5,50	8,87	100,00	0,0887	955,645	3880,056	38,80
10 - 19	5,20	8,38	91,13	0,0920	869,368	2924,411	32,09
20 - 29	3,71	5,99	82,74	0,0723	797,517	2055,043	24,84
30 - 39	11,03	17,79	76,76	0,2317	678,655	1257,526	16,38
40 - 49	20,21	32,60	58,97	0,5528	426,728	578,872	9,82
50 - 59	15,28	24,65	26,37	0,9348	140,470	152,144	5,77
60 - 69	0,89	1,44	1,72	0,8363	10,010	11,674	6,79
70 - 79	0,16	0,26	0,28	0,9091	1,536	1,664	5,91
80 - x	0,02	0,03	0,03	1,0000	0,128	0,128	5,00
Summe	62,00	100,00			3880,056		

Skelett-teil	S	FNr.	Alter	0	1	2	3	4	5	6	7	8	9	10	11	12	13	14	15	16	17	18	19	20
Femur	li	100	3-4				■	■																
	li	101	3-5				■	■	■															
	li	102	6-8							■	■	■												
	li	103	6-8							■	■	■												
	li	104	8-11									■	■	■	■									
	li	105	11-12												■	■								
	li	106	14-15															■	■					
	li	107	18-20																			■	■	■
Femur	re	252	2-3			■	■																	
	re	253	13-14														■	■						
	re	254	17-18																		■	■		
Schädel		101	0-1	■	■																			
		167	1-2		■	■																		
		102	1-3		■	■	■																	
		166	2-5			■	■	■	■															
		169	3-7				■	■	■	■	■													
		171	3-7				■	■	■	■	■													
		172	4-8					■	■	■	■	■												
		168	6-17							■	■	■	■	■	■	■	■	■	■	■	■			
		170	10-19											■	■	■	■	■	■	■	■	■	■	
Humerus	li	100	8-11									■	■	■	■									
		101	10-12											■	■	■								
		103	12-13													■	■							
		102	13-14														■	■						
		114	13-14														■	■						
		104	15-18																■	■	■	■		
		105	16-20																	■	■	■	■	■
Radius	li	104	12-14													■	■	■						
	re	205	15-19																■	■	■	■	■	
Ulna	li	100	15-19																■	■	■	■	■	
Becken	li	100	14-20															■	■	■	■	■	■	■
Tibia	li	112	15-18																■	■	■	■		
	re	209	15-16																■	■				

Abb. 2: Spannen der Altersdiagnosen subadulter Knochenfunde. Zur Nummerierung vgl. Anm. 11. S = Körperseite, dabei bedeutet li = links bzw. re = rechts.

Im Falle der Femora kann somit eine Klärung der Verhältnisse erreicht werden. Wie verhält es sich nun aber, wenn wir diesem Befund die Altersdiagnosen der Schädel gegenüberstellen? In dieser Beobachtungsgruppe treffen wir auf drei Individuen, die bei ihrem Tode jünger als zwei Jahre waren (Nr. 101, 102 und 167). Kann nicht der rechte Femur Nr. 252 (2,5 bis 3,4 Jahre) einem dieser Individuen zugesprochen werden? Insbesondere ist hier an die Schädelfunde Nr. 102 und 167 zu denken. Es wäre mit Blick auf die Rekonstruktion der Mindestindividuenzahl zu einfach, den Femur Nr. 252 aus der Betrachtung auszuschließen und anstatt dessen die drei genannten Schädelbefunde aufzunehmen. Das Problem schreibt sich nämlich fort, da nun die linken Femora Nr. 100 und 101 sowie das Schädelteil Nr. 166 in die Diskussion einbezogen werden müssten. Mit Sicherheit dürfen wir lediglich von zwei Kleinkindern im Alter unterhalb von drei Jahren (Schädel Nr. 101 und 167) ausgehen, die es in die Betrachtung der Mindestindividuenzahl und der demographischen Parameter einzubeziehen gilt. Für die anderen subadulten Schädelfunde kann eine Überschneidung zur Femora-Gruppe nicht eindeutig ausgeschlossen werden. Damit sind wir aber noch nicht am Ende der Diskussion angelangt: Dem Bisherigen gilt es nun die Altersdiagnosen der Humeri gegenüberzustellen. Hier fehlen kleinere Kinder im Material völlig, während vier Diagnosen im Bereich zwischen 12 und 14 Jahren liegen (Nr. 101 bis 103 und 114; vgl. Abb. 2). Im Endeffekt wird die Diskussion darauf hinauslaufen, dass wir mit den Humeri 102 (oder 114) und 103 zumindest zwei weitere kindliche Individuen in die Betrachtung aufnehmen müssen. Für alle weiteren Funde des postkranialen Skeletts subadulter Individuen bestehen Überschneidungen zu dem bisher erarbeiteten Sample, so dass sie in diesem Zusammenhang vernachlässigt werden können. Die Mindestindividuenzahl der Stichprobe St. Veit umfasst mithin 79 Individuen. Der Anteil der Kinder und Jugendlichen steigt somit auf 19 Prozent.

Ein Übertragen dieses Betrachtungsweges auf die Sterbealtersbefunde der erwachsenen Individuen läge nun auf der Hand, trifft jedoch auf vielfältige Schwierigkeiten. Zum einen liegen zum überwiegenden Teil aus methodischen Gründen keine differenzierten, mithin „engen“ Altersdiagnosespannen vor. Zum anderen gälte es, die Methode(n) voranzutreiben bzw. Rechenmodelle zu konzipieren und umzusetzen. Ob vor dem Hintergrund der Befundsituation und dem damit verbundenen erheblichen Aufwand mit einem wesentlich anderen Ergebnis zu rechnen wäre, mag überblicksmäßig an dieser Stelle bezweifelt werden. Mithin gehen wir nunmehr von 79 Personen aus, die sich in 15 subadulte Individuen – nachgewiesen durch Femora-Funde und ergänzt gemäß der eben geführten Diskussion – und 64 Erwachsenen, belegt durch die Schädelfunde, aufteilen (rekonstruiertes Sample).

Demographie

Das gesamte Sterbeverhalten der rekonstruierten Stichprobe ähnelt jenem der UN-Modellpopulation des Niveaus 32. Dort sind 46,6 Prozent der Individuen in den ersten beiden Dezennien verstorben. Der Anteil der Subadulten ist bei der Stichprobe St. Veit mit 19 Prozent deutlich geringer. Das Fehlen dieser Altersklasse im Fundgut ist weiterhin offensichtlich. ACSÁDI und NEMESKÉRI (1970, 246f.) folgend, könnte der Anteil der Kleinstkinder bezogen auf die Zahl der Erwachsenen geschätzt werden. Praktisch bedeutet dies, dass bei einer 20prozentigen Korrektur die Zahl der gestorbenen Kleinstkinder ein Fünftel (= 20 Prozent) der Zahl der gestorbenen Erwachsenen (Alter über 20 Jahre) beträgt. Im vorliegenden Falle müssten 12,8 Kleinstkinder (0 bis 0,9 Jahre) vorhanden sein. Konkret entfällt aber nur ein Befund zur Hälfte in diese Altersklasse; somit wären 12,3 Individuen hinzuzuschätzen. Die methodisch bedingte Schwäche dieses Verfahrens liegt in der zutreffenden Einschätzung des Korrekturfaktors. Es gibt nach Meinung des Verf. aber keinen hinreichenden Grund, für das Mittelalter pauschal eine Modifikationsgröße von 20 Prozent anzunehmen, während für ältere Zeitabschnitte ein wesentlich höherer Faktor verwendet wird.

Wir ziehen daher an dieser Stelle ein anderes Verfahren heran. Ausgehend von dem Befund, dass unter Vernachlässigung der Altersklasse der 0- bis 9Jährigen die größte Ähnlichkeit des Sterbeverhaltens der Stichprobe von St. Veit zu demjenigen der UN-Modellpopulation des Niveaus 34 besteht, wird die Anzahl der Kinder solange gesteigert, bis das gesamte Sterbeverhalten des Samples demjenigen des genannten UN-Niveaus entspricht. Dieses wird durch Hinzuschätzung von 27,81 kindlichen Individuen erreicht, entsprechend einem Korrekturfaktor von 44 Prozent. Der Anteil der 0- bis 9Jährigen steigt zwar auf rund 33 Prozent (vgl. Tab. 4), liegt aber dennoch um mehr als 12 Prozentpunkte unter demjenigen der UN-Modellbevölkerung des Niveaus 34. In der Altersklasse der Teenager überwiegen mit gut einem Prozentpunkt die Bremer die Werte der UN-Population. Dieser Befund erstaunt ein wenig, da es – wie die jüngere demographische Forschung zeigt – auch in dieser Altersklasse zu einer (geringen) Unterrepräsentativität im archäologischen Fundgut kommen kann.

Bei den jungen Erwachsenen (20 bis 29 Jahre) sind identische Werte zu beobachten, während in den folgenden drei Altersklassen der relative Anteil der Bremer Stichprobe denjenigen der UN-Modellbevölkerung deutlich übertrifft (vgl. Abb. 3). In den Altersklassen der Senilen (≥ 60 Jahre) kehren sich die Verhältnisse wieder um, wenngleich sich die zahlenmäßigen Unterschiede hier in moderaten Grenzen halten. Das zahlenmäßige Übergewicht bei den 20- bis 49Jährigen relativiert statistisch gesehen das Defizit bei den Kindern und – in geringerem Umfang – in den hohen Altersklassen. Die aufgezeigten Abweichungen in der Altersklasse der Kinder könnten – allerdings ohne eine methodische Absicherung – durch eine weitere Modifikation noch verkleinert werden. Der höhere Anteil der spätadulten und maturen Erwachsenen sänke dann geringfügig. Jedoch wird er auch dann als Bevölkerungscharakteristikum der Stichprobe von St. Veit erkennbar bleiben.

Tab. 4: Sterbetafel der rekonstruierten Stichprobe Bremen – St. Veit mit 44prozentiger Kleinstkinderkorrektur.[14] Zur Legende vgl. Tab. 3.

k_x	D_x	d_x	l_x	q_x	L_x	T_x	$e0_x$
0 – 9	35,31	33,06	100,00	0,3306	834,717	3104,088	31,04
10 - 19	7,17	6,71	66,94	0,1002	635,884	2269,371	33,90
20 - 29	7,68	7,19	60,23	0,1193	566,401	1633,487	27,12
30 - 39	14,49	13,57	53,05	0,2558	462,617	1067,086	20,12
40 - 49	16,98	15,90	39,48	0,4027	315,282	604,469	15,31
50 - 59	12,79	11,98	23,58	0,5080	175,899	289,187	12,26
60 - 69	7,18	6,72	11,60	0,5794	82,397	113,288	9,77
70 - 79	4,52	4,23	4,88	0,8669	27,643	30,891	6,33
80 - x	0,69	0,65	0,65	1,0000	3,248	3,247	5,00
Summe	106,81	100,00			3104,088		

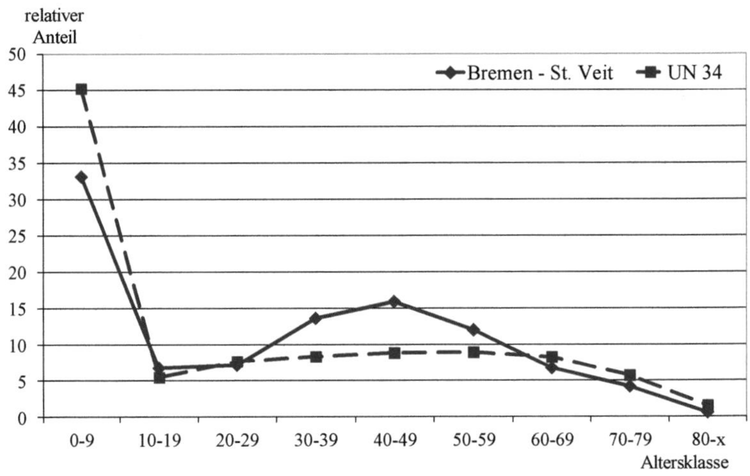

Abb. 3: relative Verteilung der Verstorbenen (d_x) in Altersklassen von zehn Jahren für die rekonstruierte Stichprobe Bremen – St. Veit unter Berücksichtigung einer 44prozentigen Kleinstkinderkorrektur und für die UN-Modellpopulation des Niveaus 34.

[14] Ohne die Kleinstkinderkorrektur lautet die erste Zeile:

k_x	D_x	d_x	l_x	q_x	L_x	T_x	$e0_x$
0 - 9	7,50	9,49	100,00	0,0949	952,532	4020,684	40,21

Mit den Schlagwörtern *Repräsentanz* und *historische Realität* lässt sich ein Dilemma paläodemographischer Forschung umreißen, wie es gerade auch an dieser Stelle der Betrachtung der Bremer Funde offenbar wird. Was ist demographische Repräsentanz oder wann ist eine Serie demographisch repräsentativ? „Die Gesamtverteilung der Altersklassen entspricht nur in seltenen Fällen der biologisch-statistischen Erwartung und rezenten Gruppen vergleichbarer Lebensweise. Der Anteil der Kleinstkinder, Kinder und Jugendlichen bis zum heiratsfähigen Alter muss auf über 50% angesetzt werden und dürfte bis zum 20. Lebensjahr an die 60% herankommen“ (KURTH 1963, 12f.). Diese geforderten Marken erreicht die Stichprobe von Bremen – St. Veit auch nach der methodisch vertretbaren Hinzuschätzung der verstorbenen, aber im Material fehlenden Neugeborenen und Kleinstkinder mittels 44-prozentigem Korrekturfaktors nicht. Ist die Stichprobe somit unrepräsentativ? ACSÁDI und NEMESKÉRI (1970, Tab. 90) führen in ihrer Modellsterbetafel für das 10. - 12. Jahrhundert in Ungarn einen durchschnittlichen Anteil verstorbener Subadulter von knapp 44 Prozent an – mithin ein Wert, dessen Größenordnung sich der vorliegende Bremer Befund schon eher nähert. Bei einer Zusammenstellung von 38 frühgeschichtlichen Skelettserien fanden DONAT und ULLRICH (1971, Tab. 1) nur wenige Gruppen mit repräsentativer Besetzung der Altersgruppen Infans und Juvenis; im Allgemeinen schwankt ihr Anteil zwischen 30 und 40 Prozent. Auf slawischen Nekropolen des 7. bis 12. Jahrhunderts variiert der Anteil der Kinder zwischen 9,6 und 49,6 Prozent (TOMAZO-RAVNIK 1976, Tab.2). STLOUKAL (1962a, Tab. 4 und ders. 1962b, Tab. 1) zufolge verstarben in ebenfalls slawischen Bevölkerungen zwischen 27,4 und 53,9 Prozent der Bevölkerung vor dem Eintritt ins Erwachsenenalter. Auf Schweizer Friedhöfen des 7. bis 16. Jahrhunderts variiert diese demographische Größe bei zwischen 20,5 und 51,8 Prozent (ULRICH-BOCHSLER und MEYER 1992, Tab. 3). Allein im ersten Lebensjahr können bis zu 31 Prozent der Geborenen bereits versterben (BACH und BACH 1980, 231).

Diese der Literatur entnommenen summarischen Angaben gilt es anhand des derzeitigen archäologischen Fundgutes zu überprüfen.[15] In einem Sample von 461 überwiegend europäischen Bevölkerungsstichproben ab dem neunten Jahrhundert n. Chr. sind durchschnittlich 19,4 Prozent der Individuen vor ihrem zehnten Geburtstag verstorben. Allerdings ist die Variationsbreite der Befunde beachtlich. Es finden sich immerhin 26 Stichproben – entsprechend 5,5 Prozent aller auswertbaren Beobachtungen –, in denen keine Todesfälle von Kindern belegt sind. Hier gilt es jedoch das jeweilige soziale Umfeld (insbesondere Kleriker) wie auch die Quellenbasis (kraniologische Studien) als Siebungsfaktor zu beachten. Dennoch kann vielen dieser Stichproben der Charakter einer normalen Bevölkerung zugebilligt werden. Zur Antwort auf die Frage nach den im Bestattungsplatz fehlenden Kindern kann mutmaßlich die Betrachtung der Maximalwerte beitragen: Der höchste Wert findet sich mit 78,4 Prozent bei der frühmittelalterlichen Stichprobe Mühlthal (Gruppen A und B zusammengefasst; vgl. ZIEGELMAYER 1968). Vor dem Hintergrund einer auf Fundamentbereiche eingeschränkten Grabungssituation wird allem Anschein nach hier die lokale Sitte, Kinder an einem separaten Platz – hier in der unmittelbaren Nähe der Kirche – zu bestatten, fassbar. Ähnliches ist für die

[15] Es werden zunächst die im jeweiligen Bestattungsplatz beobachteten Werte herangezogen. Eine Korrektur vermeintlich fehlender Altersgruppen unterbleibt zunächst (vgl. dazu später im Text).

Kircheninnenbestattungen von Sand (Kirche 2; ANDERSEN 1978) und Rohrbach (ULRICH-BOCHSLER 1988) anzuführen; dort verstarben jeweils 69,6 Prozent der Individuen vor ihrem zehnten Geburtstag. Nur wenig geringfügiger fallen die entsprechenden Verhältnisse bei der Stichprobe Florenz – St. Maria dell'Impruneta aus (68,2 Prozent; n_{gesamt} = 22; FORNACIARI 1980). Hier dürfte eher eine durch die Lokalität bestimmte Sonderbestattungssituation – zumal überbetont durch die Begrenztheit der archäologischen Untersuchung – denn die Realität einer urbanen Bevölkerung des 15. Jahrhunderts gefasst sein. Mit der Stichprobe Wangen an der Aare (64,1 Prozent; ULRICH-BOCHSLER und SCHÄUBLIN 1991) wird eine weitere Stichprobe aus einer Schweizer Kirche gefasst. Ferner ist aus Mühlthal eine weitere Teilserie (Gruppen C bis E; 60,4 Prozent; vgl. ZIEGELMAYER 1968) zu erwähnen. Die Bestattung spezieller Altersgruppen kann verständlicher Weise nicht ohne Auswirkungen auf die Sterbealtersrelationen der Gesamtpopulation bleiben. Angesichts der zumeist archäologisch nur in Teilen fassbaren Relationen muss die Frage gestellt werden, wann eine Bevölkerung als demographisch repräsentativ angesehen werden darf. Auch wenn die Forderung nach einem vollständig ergrabenen Bestattungsplatz (NEMESKÉRI 1972, 11) erfüllt sein sollte, ist auch dort nicht per se zu folgern, dass alle Individuen der Gemeinschaft im Fundgut vertreten sind. Es gibt vielfältige Gründe, warum jemand fern der Heimat bestattet wurde, wie auch mit Fremden im regulären Gräberfeld zu rechnen ist. Jedoch dürften diese Befunde eher erwachsene Individuen betreffen. Kindern – insbesondere kleineren – dürfte eine derartige Mobilität wohl kaum unterstellt werden.

Knapp ein Fünftel der Verstorbenen war bei ihrem Tode jünger als zehn Jahre. Ist dieses Ereignis gleichmäßig auf die einzelnen Jahrgänge verteilt oder sind einige stärker betroffen? Da die teilweise groben Altersdiagnosen in ontogenetischen Stufen eine detaillierte Betrachtung erschweren, wenden wir unsere Aufmerksamkeit an dieser Stelle der Kleinstkindersterblichkeit – also jener im ersten Lebensjahr – zu. Bei den 461 herangezogenen Vergleichsstichproben ab dem neunten Jahrhundert n. Chr. sind durchschnittlich knapp 4 Prozent der Individuen bereits im ersten Lebensjahr verstorben. Auch hier ist die Variationsbreite wiederum beachtlich: Bei 103 Serien finden sich überhaupt keine verstorbenen Kleinstkinder, während die Maximalwerte von den bereits genannten Serien Rohrbach (69,6 Prozent), Wangen an der Aare (53,9 Prozent), Mühlthal (49 bzw. 35,8 Prozent) und Florenz – St. Maria dell'Impruneta (39,4 Prozent) gestellt werden. Zumindest indirekt liegt der Schluss auf der Hand, dass verstorbene Neugeborenen und Säuglingen einer Sonderbestattungssitte bevorzugt unterliegen.

Sind diese Relationen der Anteile der verstorbenen Kinder während der elf Jahrhunderte unseres Beobachtungszeitraumes konstant oder treten Schwankungen auf? Letzteres ist für den Anteil der Kleinstkinder (0 – 0,9) Jahre) zu bemerken. Er verringert sich vom 8. bis 13. Jahrhundert stetig, um danach wieder anzusteigen[16] und ab dem 18. Jahrhundert sogar den Ausgangswert zu übertreffen (vgl. Abb. 4). Aufgrund dieser beiden unterschiedlichen Entwicklungen ist ihr Gesamtverlauf statistisch nicht signifikant (r_{xy} = +0,492). Anders verhält es

---

[16] Der Anstieg dürfte gemäß einer analogen Betrachtung in Intervallen von 50 Jahren um die Mitte des 14. Jahrhunderts eingesetzt haben.

sich, wenn der relative Anteil derjenigen Individuen betrachtet wird, die vor ihrem 10. Geburtstag verstarben.[17] Er verringert sich während des Beobachtungszeitraumes von 24,4 auf 15,4 Prozent ($r_{xy} = -0{,}705$); allerdings sind dabei zwischen dem 13. und 17. Jahrhundert mehr oder weniger gleichbleibende Verhältnisse anzutreffen. Bemerkenswert ist der Anstieg vom 18. zum 19. Jahrhundert. Dieser kann angesichts des Beobachtungsumfanges von 36 Stichproben wohl kaum auf Zufallskriterien beruhen. Hier dürften sich bereits Phänomene (speziell die gesteigerte Kindersterblichkeit) aus der Frühphase des demographischen Übergangs am Beginn der Industrialisierung bemerkbar machen. Ähnlich verläuft die Entwicklung des relativen Anteils aller subadulten Individuen: Von 33,0 Prozent im neunten Jahrhundert verringert sich diese Größe auf 23,2 Prozent im 18. Jahrhundert (vgl. Abb. 4). Die Phase der Stagnation ist weniger deutlich als zuvor: Die Mittelwerte steigen im 14 und 15. Jahrhundert wieder leicht an. Bemerkenswert ist wiederum der Anstieg vom 18. zum 19. Jahrhundert. Die gesamte Entwicklung bei den Subadulten ist statistisch schwach signifikant ($r_{xy} = -0{,}826$). Erstaunlicher Weise hat die Entwicklung bei den Kleinstkindern keinen Einfluss auf jene bei den beiden anderen Altersgruppen, auch wenn die Werte der Säuglinge dort mit berücksichtigt sind. Das bedeutet, dass die Entwicklung der Sterblichkeit bei den Kindern – unter Vernachlässigung der im ersten Lebensjahr Verstorbenen – eigentlich noch günstiger als dargestellt ist.

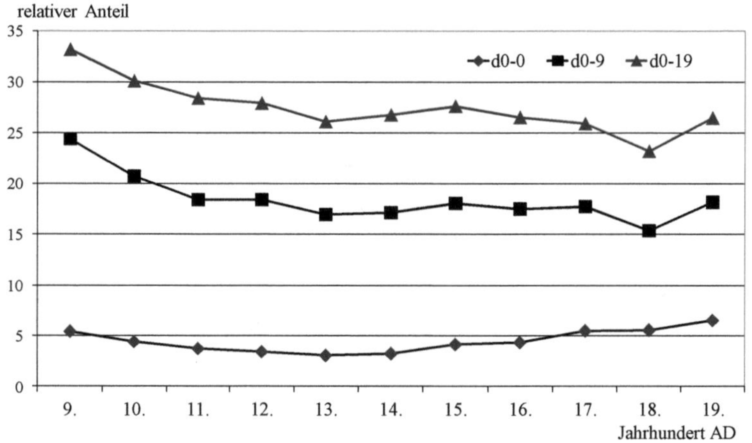

Abb. 4: Diachrone Entwicklung der relativen Anteile von Kleinstkinder (d0-0), Kindern (d0-9) und Jugendlichen (d0-19) – unter Einschluss der jeweils vorangehenden Altersklasse – dargestellt am Mittelwert des betreffenden Jahrhunderts.

[17] Diese Beobachtungsgröße schließt den relativen Anteil der verstorbenen Kleinstkinder ein.

Prägend für den gesamten Verlauf der Sterblichkeit dürfte der Anteil der Subadulten sein: Viele verstorbene Kinder bedingen eine niedrige Lebenserwartung bei der Geburt. Diese Annahme gilt es anhand eines Samples von 313 auf neuzeitlichen Zensusdaten beruhenden Stichproben zu überprüfen.[18] Insbesondere die relativen Anteile der bis zum zehnten Lebensjahr Verstorbenen sind hoch mit der Lebenserwartung bei der Geburt korreliert (im Mittel r_{xy} = –0,972; vgl. Abb. 5). Dieses gilt insbesondere für die Altersklasse der Neugeborenen und Säuglinge (Geburt bis Ende erstes Lebensjahr). Auch der logische Umkehrschluss, dass ein hoher Anteil von in senilen Altersklassen Verstorbenen sich auf die Lebenserwartung – wohl gemerkt bei der Geburt – auswirkt, bestätigt sich in erstaunlich hohem Maße. Insbesondere die Altersklasse der (Über-)Siebzigjährigen ist hochgradig mit dieser demographischen Größe korreliert (r_{xy} = +0,985). Die Verhältnisse bei den Jugendlichen bis maturen Individuen scheinen in diesem Zusammenhang keinen prägenden Einfluss auszuüben.

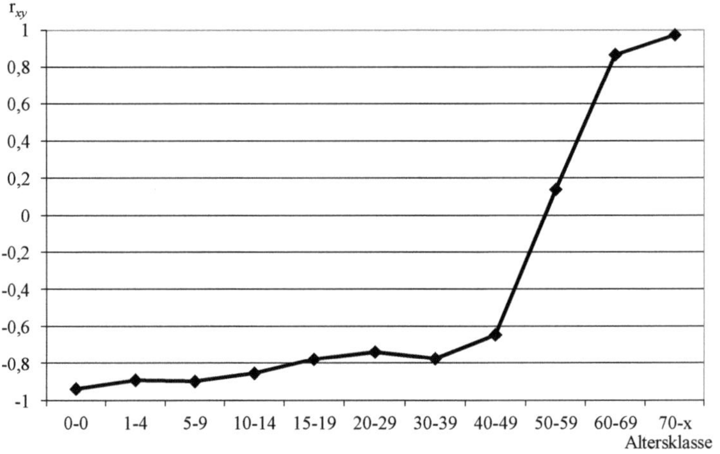

Abb. 5: Verhältnis des relativen Anteils der Gestorbenen je Altersklasse zur Lebenserwartung bei der Geburt dargestellt anhand des jeweiligen Korrelationskoeffizienten auf der Basis von 313 neuzeitlichen Zensusstichproben.

Die Übertragung auf den historischen Befund (Stichprobenumfang: 461 Serien) vermag dieses nur im Ansatz bestätigen, da keine der einzelnen Altersklasse ein signifikantes Abhängigkeitsverhältnis zur Lebenserwartung bei der Geburt aufweist. Lediglich der relative Anteil aller Subadulten ist schwach negativ (r_{xy} = –0,868) mit dieser demographischen Größe korreliert. Gleiches gilt – mit umgekehrtem Vorzeichen – für den relativen Anteil aller Erwachsenen (r_{xy} = +0,847).[19] Auch wenn dieser Befund bedeutet, dass sich ein hoher relativer Anteil von in subadulten Altersklassen Verstorbener nachteilig auf die Lebenserwartung bei

[18] Die Materialbasis ist identisch zu jener von F.W. RÖSING (1988a), dem für die Überlassung der Daten an dieser Stelle gedankt sei.

[19] Der Vollständigkeit halber sei erwähnt, dass die Lebenserwartung der 20Jährigen mit keinem relativen Anteil irgendeiner Altersklasse signifikant korreliert ist.

der Geburt auswirkt – bzw. ein hoher relativer Anteil von erst im Erwachsenalter Verstorbener den gegenteiligen Effekt bedingt –, so sind doch die Unterschiede in der Eindeutigkeit der beiden Befundgruppen (Zensusdaten versa archäologischen Stichproben) auffällig. Könnte dieses im Bereich der Altersklasse der (Über-)Siebzigjährigen noch durch Hinweis auf die methodischen Schwierigkeiten bei der Sterbealtersbestimmung älterer Erwachsenen begründet werden, so trifft dieses bei den Kindern keineswegs zu.

Die Diskussion fokussiert sich abermals auf den Anteil der Kleinstkinder. Ist der Anteil im vorliegenden Bremer Beispiel hinlänglich geschätzt worden? Dem Ansatz von RÖSING (1988a) folgend fügen wir die entsprechenden Werte in das Sample der Zensusdaten ein. Es zeigt sich keine auffällige Sonderstellung (vgl. Abb. 6). Selbst ein noch höherer Anteil verstorbener Kleinkinder wäre im Rahmen der historischen Vergleichsbefunde vertretbar.

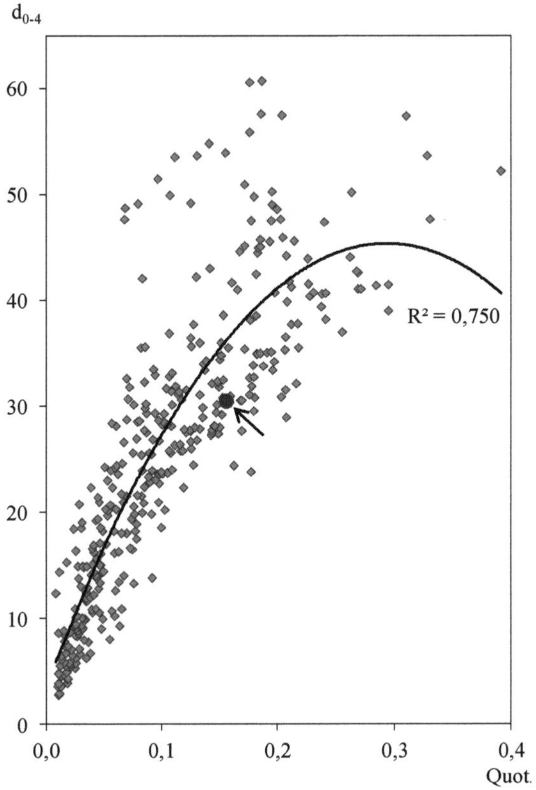

Abb. 6: Relativer Anteil der 0- bis 4jährigen Kinder (d_{0-4})im Verhältnis zum Index Quot. = d_{5-19}/d_{20-x} bei 313 neuzeitlichen Zensusserien und der Stichprobe Bremen – St. Veit (Punkt/Pfeil; nach Korrektur des Kleinstkinderdefizits, vgl. Text) mit eingetragener Regressionskurve und Bestimmtheitsmaß ($R^{2)}$ für Zensusdaten.

Dieser Befund bestätigt auch die Hinzuschätzung der fehlenden Kleinstkinder. Dieses gilt es nun für die Vergleichsserien nachzuholen. Den Ausgangspunkt bilden wiederum die Niveaus der UN-Modellbevölkerungen, zu denen jeweils die größte Ähnlichkeit besteht. Bei Vernachlässigung der 0- bis 9Jährigen streuen die 461 Vergleichsstichproben annährend normalverteilt zwischen den UN-Niveaus 23 und 40; der Mittelwert ($\bar{x}$ = 34,82) verfehlt knapp das Niveau 35.[20] Die erforderlichen Korrekturfaktoren – gemäß obigem Ansatz – schwanken zwischen 0 und 77 Prozent. Die Maximalwerte werden von der Stichprobe Seekirchen – St. Peter (71 Prozent; KAUFMANN 1981) und der hochmittelalterlichen Sammelserie Bitca Doamnei mit Trifesti (77 Prozent; BOTEZATU und ŞTEFĂNESCU 1970) gestellt. Waren bei den unkorrigierten Befunden knapp ein Fünftel der Verstorbenen unter 10 Jahren alt, so stellt jetzt allein die Altersklasse der Neugeborenen und Säuglinge (0 – 0,9 Jahre) eine identische Größe (20,3 Prozent). Vor ihrem zehnten Geburtstag verstarb gut ein Drittel der Bevölkerung (33,8 Prozent). Nicht einmal drei Fünftel erreichten das Erwachsenalter ($d_{20\text{-}x}$ = 58,3 Prozent). Erwartet, aber bislang nicht mit einer derartigen Datenmenge belegt, ist die diachrone Veränderung der Relation zugunsten des Anteiles der verstorbenen Subadulten. Ihr Anteil verringert sich vom 9. bis zum 13. Jahrhundert um mehr als drei Prozentpunkte. In den beiden folgenden Jahrhunderten steigt er leicht an, um sich danach bis zum 18. Jahrhundert auf knapp unter 38 Prozent zu verkleinern. Im 19. Jahrhundert steigt der relative Anteil der Nichterwachsenen – mutmaßlich infolge beginnender Industrialisierung einhergehend mit verschlechterten Lebensbedingungen – nahezu sprungartig an (vgl. Abb. 7). Diese Entwicklung sich statistisch gesehen schwach signifikant (r_{xy} = –0,843).

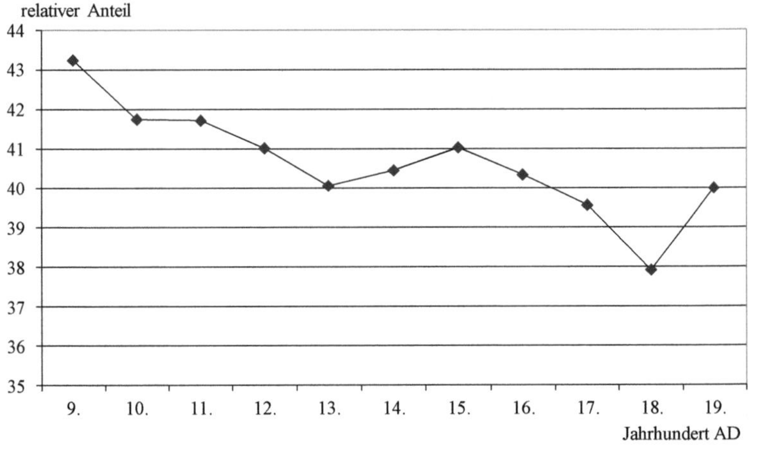

Abb. 7: Diachrone Entwicklung des relative Anteils von Kindern und Jugendlichen dargestellt am Mittelwert des betreffenden Jahrhunderts.

[20] Somit liegt mit dem oben ermittelten UN-Niveau 34 bei der Bremer Serie St. Veit ein dem Durchschnitt mittelalterlicher und neuzeitlicher Vergleichsserien entsprechender Befund vor.

Angesichts heutiger Verhältnisse[21] mag der Befund einer derart hohen Kindersterblichkeit von einigen bezweifelt werden (z.B. KÖLBL 2004). Insbesondere die Werte der Säuglingssterblichkeit, auf deren Größe die obige Korrektur abzielt, werden in der rezenten Demographie gern als Gradmesser des Lebensstandards angesehen (z.B. NEWLAND 1981 und RÖNNEBECK 1962: 35).[22] Selbst in der *Modernen Demographie*, deren Quellen amtliche Statistiken sind – und Korrekturen somit nicht erforderlich sein sollten –, ist im 19. Jahrhundert eine Säuglingssterblichkeit von bis zu 40 Prozent (z.B. Berlin 1870/71; STÖCKEL 1986, 222)[23] oder gar mehr (z.B. Oberamt Ulm 1859: 45,8 Prozent; MAIXNER 2002, Tab. 10) zu beobachten. Auch die *Historische Demographie*, deren Quellengrundlage Kirchenbücher, Sterberegister etc. – mit all ihren vermeintlichen Defiziten – sind, kennt ähnliche hohe Werte (z.B. Spandau – St. Nikolai 1875: 38,6 Prozent, GEHRMANN 1986: Tab.3 sowie Ulm 1821-1830: 47,5 Prozent, SCHMIDT 2004, Tab. 2.2)[24], wenngleich die durchschnittlichen Werte der Säuglingssterblichkeit mit Größen zwischen 20 und 27 Prozent (Beispiel: Altona und Spandau im 18. Jahrhundert, n. GEHRMANN 1994, Fig. 4) oder auf dem Lande mit unter 15 Prozent (Beispiel: Flögeln im 18. Jahrhundert, PECH 1981, Tab. 2.5.1) auch deutlich niedriger liegen. Die Quellenbasis der *Prähistorische Demographie* (vor allem Skelette und/oder Leichenbrände) erlaubt nur Altersdiagnosen in gewissen, teilweise großen Spannen. Zudem unterliegen insbesondere die (Kleinst-)Kinder unterschiedlichen Überlieferungsbedingungen (vgl. z.B. BROTHWELL 1987).

Die altersmäßige Zusammensetzung der Stichprobe entspricht nach Diskussion der Verhältnisse bei den Subadulten und nach Korrektur des Kleinstkinderdefizits durchaus erwartbaren Größen, wenngleich weiterhin mit einem mutmaßlich aus Erhaltungsgründen bedingten Fehlen von senilen Individuen (≥ 60 Jahre) zu rechnen ist. Diese Unterzahl dürfte sich aber in recht engen Grenzen bewegen, zumal diese Altersklasse bis in subrezente Zeiten in der überwiegenden Zahl der Vergleichsbefunde auch schwach besetzt ist. Auch wenn das Material von St. Veit seine Individualverbände bereits früh verloren hat und durch die erwähnten mehrfachen

[21] In Industrieländern liegen – laut verschiedenen Quellen im Internet – die Werte der Säuglingssterblichkeit deutlich unter einem Prozent (z.B. OECD-Länder: 0,57 Prozent). In der sogenannten Dritten Welt können Werte um 20 Prozent beobachtet werden (z.B. Angola 19,2 Prozent).

[22] Die noch feinere Unterteilung in peri-/neonatale (1. Monat) und post-neonatale (2.-12. Monat) Kindersterblichkeit ist anhand von Skelettuntersuchungen materialbedingt nicht durchgängig möglich. Der Anteil nur generell ins Säuglingsalter (1. Lebensjahr) bestimmten Individuen überwiegt zumeist deutlich jenen mit detaillierten Diagnosen (zu Ausnahmen s. GEJVALL 1960 und STLOUKAL 1962).

[23] Durch allgemeinen sozialen Wandel, verbesserte medizinische Versorgung sowie Steigerung der hygienischen Bedingungen und der Stillrate verringert sich dieser im Vergleich europäischer Hauptstädte Spitzenwert bis zum Beginn des Ersten Weltkrieges auf einen Wert unter die 16 Perzentilmarke – aus heutiger Sicht (vgl. Anm. 21) immer noch ein erschreckend hoher Wert. Weitere Vergleichswerte aus dem Bereich der *Modernen* Demographie: Stettin 1854-1858: 25,2 Prozent (WASSERFUHR 1862: 90), Königreich Sachsen 1865-1870: 27 Prozent (R: 15-45%, FICKERT 1876, 356) sowie Chemnitz 1851-1897: 34,4% (Mittelwert; PRINZING 1899: 707); des Weiteren zum Vergleich mit zeitgleichen Werten aus Europa wie auch Werte für bayerische Regierungsbezirke s. MAYR 1870 und MAIXNER 2002, Tab. 8 und 9. – Es sei darauf hingewiesen, dass es allgemein in Zentraleuropa erst ab dem letzten Viertel des 19. Jahrhundert und besonders im Verlauf des 20. Jahrhunderts zur deutlichen Absenkung der Säuglingssterblichkeit kommt (z.B. für die Schweiz, speziell die Stadt Zürich, vgl. FANCONI und SENTI 1937) .

[24] Vgl. weiterführend zu Stadt-Land-Unterschieden sowie saisonalen Aspekten vgl. IMHOF 1981.

Umlagerungen weiteren Störungen ausgesetzt war, ist die demographische Struktur der Alterszusammensetzung noch in wesentlichen Teilen erkennbar und zeigt auch demographische Gruppenspezifika auf.[25]

Greifen wir den von Ludwig Bücher tradierten Ausspruch Rudolf Virchows auf: „Wir müssen die Dinge nehmen, wie sie wirklich sind, nicht wie wir sie uns denken" (VASOLD 1988, 158).[26] Das führt zwangsläufig zu der von SAUNDERS, HERRING und BOYCE (1995) gestellten Frage, ob Skelettmaterial überhaupt die ursprüngliche Lebend-Bevölkerung akkurat widerspiegeln kann. Es stellt doch immer nur einen Ausschnitt einer Population dar, der in die eine oder eben die andere Richtung verschoben sein kann. Dieses gilt insbesondere für Sammlungsmaterial, dessen Grabzusammenhang nicht mehr bekannt oder rekonstruierbar ist (vgl. BELLO, SIGNOLI, RABINO MASSA und DUTOUR 2002). Die Diskussion der zumeist durch die *Historische Demographie* geprägten Modellvorstellungen versa archäologischem Befund und historischer Realität ist momentan keineswegs beendet. Wir beschreiten an dieser Stelle bewusst nicht den in jüngerer Zeit immer öfter benutzten Weg und folgern eine demographisch-soziale Sonderstellung für die vorgelegte Stichprobe. Die Befunde von St. Veit müssen – nach der methodisch vertretbaren Hinzuschätzung der fehlenden Kleinstkinder – mithin als gegeben angesehen werden. Somit lässt sich die Betrachtung der oben dargelegten altersmäßigen Zusammensetzung der Stichprobe in der Aussage kumulieren, dass ein neugeborenes Kind eine durchschnittliche Lebenserwartung von rund 31 Jahren hatte (vgl. Tab. 4). Aus heutiger Sicht ein recht ungünstiger Wert. Jedoch liegt er noch über dem Mittel zeitgleicher Befunde: Im neunten bis elften Jahrhundert beträgt die Lebenserwartung bei der Geburt durchschnittlich 28,5 Jahre.[27] Die Variationsbreite reicht dabei von fast schon unglaublichen 14,0 Jahren (Mühlthal – Gruppe A und B, ZIEGELMAYER 1968) bis zu für die Zeitstellung erstaunlichen 51,0 Jahren (Bremen – St. Petri-Dom, HENKE 1985).[28] Erwähnt sei noch der signifikante Anstieg ($r_{xy} = +0{,}9358$) der betrachteten demographischen Größe von 28,1 Jahren im neunten Jahrhundert bis zu 30,2 Jahren im 19. Jahrhundert, wobei im 18. Jahrhundert sogar noch mit 31,0 Jahren ein etwas günstiger Wert erreicht wird.[29]

Auch wenn man nicht der Hinzuschätzung der fehlenden Kleinstkinder folgen mag, so gibt es doch eine demographische Größe, die völlig unberührt von dieser Korrektur verbleibt: Die Lebenserwartung der Zwanzigjährigen. Ein Bremer aus dem Bereich um St. Veit dürfte zu diesem Zeitpunkt im Durchschnitt noch 27 weitere Lebensjahre vor sich gehabt haben. Er wird mutmaßlich mit 47 Jahren versterben (vgl. Tab. 4). Auch damit übertrifft die Bremer

---

[25] Zum Beispiel den höheren Anteil der im vierten bis sechsten Lebensdezennium Verstorbenen (vgl. Abb. 3).

[26] In diesem Sinne ist auch MOLLESON (1989: 29) bei der demographischen Betrachtung der römischen Bevölkerungsstichprobe von Poundbury Camp/Dorchester zu verstehen: "It is, I think, very probable that this was the situation in the community…".

[27] Der Stichprobenumfang pro Jahrhundert ist jeweils größer gleich 90 Stichproben. Berechnungsgrundlage bilden hierbei um das Kleinstkinderdefizit korrigierte Sterbetafeln. Der unkorrigierte Wert der Lebenserwartung bei der Geburt beträgt bei der Stichprobe Bremen – St. Veit 40,21 Jahre, während der Mittelwert der Vergleichsserien des neunten bis elften Jahrhunderts bei knapp 33 Jahren liegt.

[28] Auf beide Serien wird an verschiedenen Stellen in der vorliegenden Studie näher eingegangen. Sie dürften keineswegs repräsentativ für eine frühmittelalterliche Bevölkerung sein.

[29] Werte wurden auf der Basis von 461 frühmittelalterlichen bis neuzeitlichen Skelettserien berechnet.

Stichprobe die Vergleichswerte der Lebenserwartung 20Jähriger in der gegebenen Zeitstellung, die im Mittel pro Jahrhundert zwischen 23,8 und 24,6 Jahren liegen. Zufällig beträgt die Differenz in beiden Fällen rund drei Jahre. Die Variationsbreite reicht dabei von 11,1 Jahren (Tomice, MISZKIEWICZ 1973) bis zu 34,6 Jahren (Zons, HOLLACK und KUNTER 1998) bzw. 35,3 Jahren (Amsoldingen, ULRICH-BOCHSLER 1982). Auch für die Lebenserwartung der 20Jährigen ist diachron betrachtet eine Zunahme zu beobachten. Sie steigt von 24,6 Jahren im neunten Jahrhundert auf 27,1 Jahre im 19. Jahrhundert an.[30] Diese Zunahme ist aber nur schwach signifikant ($r_{xy} = +0,8456$).

Vom archäologischen Befund ausgehend sind Störungen des demographischen Befundes des Skelettkollektivs von Bremen – St. Veit zu erwarten gewesen. Dieses zeigt sich überaus deutlich bei der Relation der Geschlechter zueinander, für die an dieser Stelle kein exakter Indexwert genannt werden soll (vgl. Tab. 1). Insgesamt scheint ein leichtes zahlenmäßiges Übergewicht der Männer nicht von der Hand zu weisen sein. Dieser Befund entspricht durchaus den Erwartungen für früh- bis spätmittelalterlichen Bevölkerungen (vgl. CASELITZ 1981a sowie ders. 1983b).[31]

Die bisherigen Ausführungen bezogen sich auf die Gestorbenen. Deren relative Zusammensetzung (d_x in Tab. 4) ist zwar eine wichtige demographische Größe, jedoch für den weniger mit der Materie Vertrauten kaum mit seinen täglichen Erfahrungswerten in Bezug zu setzen. An dieser Stelle bietet sich die Rekonstruktion der Lebendbevölkerung an. Im Gegensatz zur Demographie rezenter Bevölkerungen, die diesen Altersaufbau in Form einer Alterspyramide anschaulich darzustellen vermag, muss dies bei nichtrezenten Populationen in Form einer Lebenspyramide geschehen (vgl. Diskussion bei CASELITZ 1984, 159ff.). Für die eigentliche Berechnung stehen zwei Ansätze zur Verfügung (vgl. CASELITZ 2005, 145f.), die in der wissenschaftlichen Diskussion noch nicht vollständig abgehandelt sind. Ein an mittelalterlich bis frühneuzeitlichen Serien durchgeführter Vergleich (CASELITZ 1984, 160) ergab nur ausgesprochen geringe Abweichungen zwischen der „Anzahl der Lebenden in Prozent“ nach GEBÜHR (1975) und der „relativen Anzahl der durchschnittlichen Individuenzahl in der jeweiligen Altersgruppe“ nach DRENHAUS (1976). Angesichts der oftmals mehrere Jahre betragenden Spanne der zugrunde liegenden Sterbealtersdiagnosen dürften die Abweichungen zwischen beiden Verfahren zu vernachlässigen sein.

Ein unbedachter Rückgriff auf die durch das Fundgut gegebene Anzahl der Verstorbenen birgt aber einen gravierenden Nachteil in sich: Die fehlenden Kleinstkinder blieben unberücksichtigt! Daher verwenden wir im Folgenden die um dieses Defizit korrigierten Werte (gemäß Tab. 4). Einem hypothetischen Besucher des frühmittelalterlichen Kirchspiels St. Veit hätte sich folgende altersmäßige Zusammensetzung der dortigen Bevölkerung geboten (vgl. Abb. 8): Nicht ganz die Hälfte (47,4 Prozent) bestand aus Kindern und Jugendlichen. Fast ein Drittel (33,2 Prozent) stellten die jungen Erwachsenen. Gut ein knappes Sechstel (15,8 Pro-

---

[30] Wie Anm. 27.

[31] Zum vermeintlichen Frauenüberschuss in spätmittelalterlichen und frühneuzeitlichen Städten vgl. WESOLY 1980 sowie für neuzeitliche Populationen allgemein CASELITZ 1984, 145ff. (spez. Tab. 6). Zu den auf die Sexualrelation einwirkenden Faktoren vgl. KEMKES-GROTTENTHALER 1997.

zent) der Bevölkerung war zwischen 40 und 59 Jahre alt. Unser Besucher dürfte auch einige ältere Personen angetroffen haben. Ihr Anteil lag bei 3,6 Prozent. Bei der grafischen Umsetzung des relativen Altersaufbaus in Klassen zu zehn Jahren wird der hohe Anteil der Subadulten offenbar (vgl. Abb. 8).

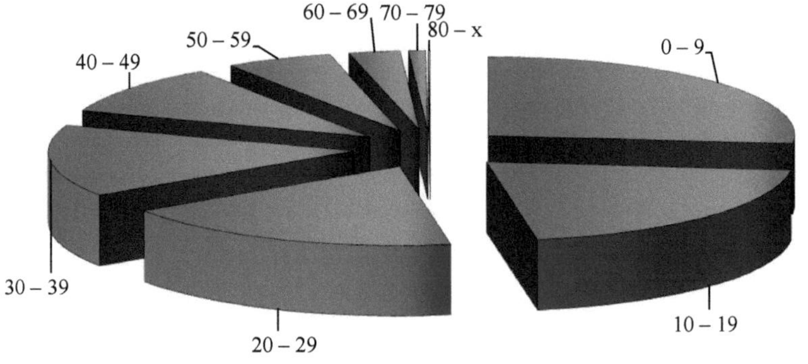

Abb. 8: Relativer Altersaufbau der Bevölkerungsstichprobe Bremen – St. Veit nach Korrektur des Kleinstkinderdefizites gemäß den Werten in Tab. 4 in Altersklassen von zehn Jahren.[32]

Der Anteil der Subadulten mag vor dem Hintergrund rezenter mitteleuropäischer Verhältnisse relativ hoch erscheinen. Im Vergleich zur rezenten deutschen Bevölkerung werden die Unterschiede offenbar (vgl. Abb. 9): Während sich die relativen Anteile bei der frühmittelalterlichen Population mit zunehmender Altersklasse in Form einer – allerdings schlanken Pagode (vgl. unten) – verringern, entspricht der Altersaufbau der rezenten Deutschen eher einer Urnenform.[33] Sie ist kennzeichnend für eine Bevölkerung mit deutlichem Geburtenrückgang. Typisch ist die starke (Über-)Alterung derartiger Populationen. Aufgrund der bisherigen Beobachtungen demographischer Entwicklungen sind langfristig sinkende Bevölkerungszahlen zu erwarten, da die nachkommenden Geburtsjahrgänge die vorherigen nicht zu ersetzen vermögen. Eine derartige Erscheinung ist typisch für die meisten europäischen Länder infolge des Geburtenrückgangs seit Mitte der 1960er Jahre.

[32] Die Wahl einer kleineren Klasseneinteilung ist angesichts der oftmals recht langen Spannen der Sterbealtersangaben nicht sinnvoll.

[33] Etwas ketzerisch, aber wohl zutreffender, könnte auch von einer Tannenbaumform gesprochen werden, dessen Stamm im Verlauf der Jahre immer höher wird, ohne dass es zur Vergrößerung der Krone kommt.

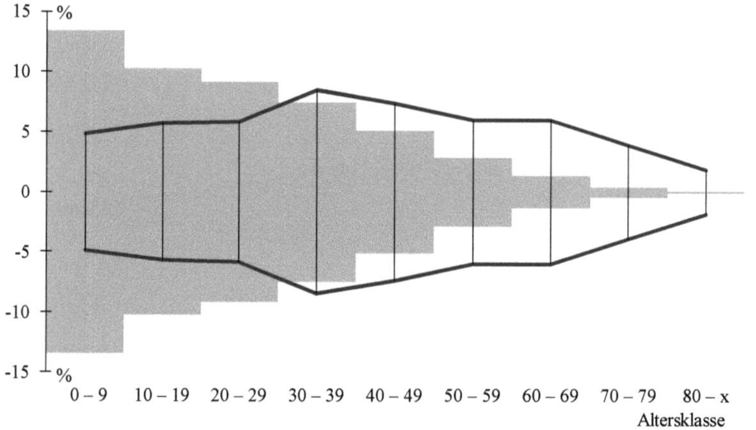

Abb. 9: Lebenspyramide der Bevölkerungsstichprobe Bremen – St. Veit (Lebendpopulation; gerasterte Fläche) im Vergleich zum Altersaufbau von Deutschland am 31.12.2000 (Linienzug; Quelle: Statistisches Bundesamt, Wiesbaden). Angeführt wird der relative Anteil in Spannenbreite pro Altersklasse ohne geschlechtsspezifische Aufteilung.

Aus diesen Unterschieden der Zusammensetzung an der – wenn unter Umständen eingeschränkten Repräsentativität – der Bremer Stichprobe zu zweifeln, wäre eine völlig falsche Folgerung. Vergleichen wir die ermittelte Alterszusammensetzung mit jener außereuropäischer Länder (vgl. Abb. 10). Der Altersausbau der rezenten indischen Bevölkerung gleicht einer Dreiecks- oder Pyramidenform.[34] Sie ist kennzeichnend für eine junge und rasch wachsende Bevölkerung mit einer gegenüber der Pagodenform stark verringerter Säuglings- und Kindersterblichkeit. Letztere Ausformung finden wir im rezenten Nigeria. Sie steht für eine sehr junge, rasch wachsende Bevölkerung mit relativ geringer Lebenserwartung bei der Geburt. Es werden zwar viele Kinder geboren, aber aufgrund einer hohen Sterblichkeit im Säuglings- und Kindesalter ergibt sich bei grafischer Umsetzung eine konkav durchgebogene Flanke. Ungefähr 45 Prozent der Bevölkerung sind Kinder von 0 bis 14 Jahren.[35] Vom statistischen Standpunkt her ähnelt die Bevölkerung von Bremen – St. Veit in ihrem Altersaufbau eher der indischen denn der nigerianischen Alterszusammensetzung, wenngleich der Unterschied zwischen den Korrelationskoeffizienten ausgesprochen gering ist. Es sei aber an dieser Stelle nachhaltig davor gewarnt, die dortigen soziokulturellen Bezüge unreflektiert auf die frühmittelalterliche Gruppe zu übertragen. Wir halten zunächst einmal fest, dass unser hypothetischer Besucher des damaligen Bremer Kirchspiels St. Veit von relativ viel Kindern und Jugendlichen umgeben war. Derartiges widerfährt uns Heutigen zum Beispiel in Dörfern von Bangladesch oder auf dem afrikanischen Kontinent.[36]

---

[34] Der Pyramidenform entsprach die deutsche und schweizerische Bevölkerung vor dem 1. Weltkrieg.

[35] Die Pagodenform gilt heute als typisch für sogenannte Entwicklungsländer, vor allem in Afrika.

[36] Zum Anteil von Kindern in eisenzeitlichen Lebendbevölkerungen vgl. CASELITZ 2002.

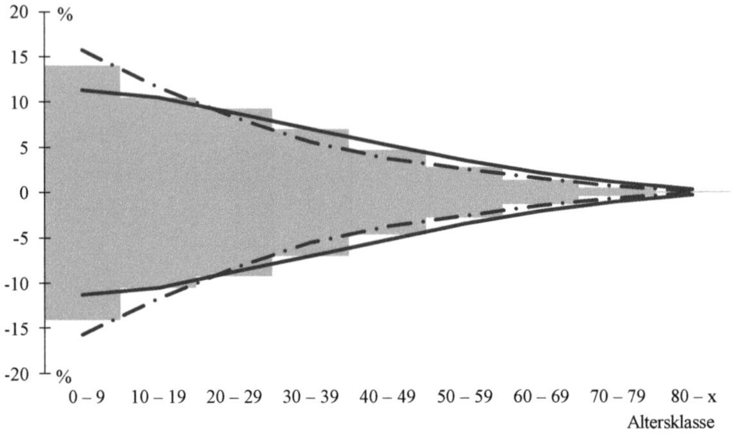

Abb. 10: Lebenspyramide der Bevölkerungsstichprobe Bremen – St. Veit (Lebendpopulation; gerasterte Fläche) im Vergleich zum Altersaufbau von Indien 2000 (durchgezogene Linie) und Nigeria 2000 (unterbrochene Linie; Quelle: U.S. Census Bureau, International Data Base). Angeführt wird der relative Anteil in Spannenbreite pro Altersklasse ohne geschlechtsspezifische Aufteilung.

Osteometrische Befunde

Die Erhebung osteometrischer Befunde stellt einen wesentlichen Punkt bei der Bearbeitung von Skelettmaterial dar. Obschon das Ergebnis zunächst eine mehr oder weniger umfängliche – und für den Außenstehenden oftmals mutmaßlich kaum informative – Auflistung von Mittelwerten und/oder Individualdaten ist, bilden diese Zahlen die Grundlage für die populationsbiologische Beschreibung und Einordnung der Funde. Zugleich gewährleisten diese Daten die Nachvollziehbarkeit und Überprüfung der Schlüsse und Kenntnisse.[37]

Bei der Auswahl der nach MARTIN (1957) möglichen Maße wird auf ein allgemein bewährtes Ensemble zurückgegriffen, das beim Schädel um die Länge des Processus mastoideus (nach KEEN 1950) ergänzt ist. Die Schädelkapazität wird nach der Methode von K. Pearson (aus MARTIN 1957, 473) errechnet, wobei die Maße S38d3 und S38d4 getrennt voneinander verwendet werden. Die Indices werden ergänzt um den Gesamtwölbungsindex nach MOLLISON (1938) und Vorschläge von RÖSING (1972). Bei den Längsknochen werden die Mittelwerte beider Körperseiten für sich und insgesamt aufgeführt. Das Maßensemble greift wieder auf MARTIN (1957) zurück und wird bei Radius und Ulna um Vorschläge von STEEL (1962) ergänzt. Bei den Tibia-Indices werden zusätzlich Relationen gemäß GIESELER (1927) aufgelistet. Die Körperhöhenschätzung erfolgt nach den Verfahren von PEARSON (1899), TROTTER und GLESER (1958) sowie OLIVIER und TISSIER (1975). Außerdem werden diese Schätzwerte noch gemittelt aufgeführt. Aufgrund des Materialumfanges (vgl. Tab. 1) sind die Angaben für Ulnae auf die rechte Körperseite und die Männer beschränkt.

[37] Vgl. das unten aufgeführte Beispiel der Stichprobe Schleswig – Nikolaifriedhof (im Text und Anm. 65)

Tab. 5: Gruppendaten der Stichprobe Bremen – St. Veit nach Geschlechtern getrennt. n = Individuenzahl (Beobachtungsumfang).

Schädel	Männer				Frauen			
	n	Mittelwert	Standard-Abweich.	Variationsbreite	n	Mittelwert	Standard-Abweich.	Variationsbreite
S1 größte Schädellänge	16	187,88	6,537	176 - 199	9	183,11	4,280	173 - 188
S5 Basislänge	4	99,75	8,043	87 - 108	3	93,00	4,320	87 - 97
S8 größte Schädelbreite	15	139,80	6,390	125 - 154	14	136,29	3,972	129 - 142
S9 kleinste Stirnbreite	21	96,67	4,411	89 - 105	17	93,88	3,984	86 - 104
S10 größte Stirnbreite	19	114,05	6,303	102 - 125	15	111,93	5,118	103 - 122
S12 Asterienbreite	14	108,57	4,153	102 - 116	8	107,63	2,870	103 - 111
S17 Basion-Bregma-Höhe	4	128,50	6,576	121 - 136	3	123,67	2,494	121 - 127
S20 Ohrhöhe	4	113,75	4,867	109 - 120	2	109,00	1,000	108 - 110
S23 Horizontalbogen	4	533,50	7,365	521 - 540	1	503	-	-
S24 Transversalbogen	4	300,50	9,605	286 - 313	1	288	-	-
S25 Mediansagittalbogen	4	376,25	3,269	371 - 379	3	361,33	4,922	355 - 367
S26 Frontalbogen	22	126,96	5,985	116 - 136	19	123,00	4,180	114 - 131
S27 Parietalbogen	25	125,24	7,463	109 - 141	21	122,48	6,115	107 - 137
S28 Occipitalbogen	6	119,17	5,459	111 - 126	7	121,29	8,972	110 - 136
S29 Frontalsehne	22	111,18	4,458	102 - 120	19	107,53	3,299	102 - 113
S30 Parietalsehne	26	113,39	5,962	101 - 126	21	110,62	4,111	100 - 121
S31 Occipitalsehne	7	95,43	4,030	89 - 100	7	96,57	4,895	91 - 103
PM Höhe Processus mastoideus	8	22,88	3,723	21 - 32	4	25,50	3,354	20 - 29
S38d3 Kapazität	4	1.436,25	63,263	1346 - 1514	3	1.280,00	27,800	1250 - 1317
S38d4 Kapazität	4	1.466,75	72,441	1358 - 1558	2	1.261,00	8,000	1253 - 1269

Schädel	Männer				Frauen			
	n	Mittelwert	Standard-Abweich.	Variationsbreite	n	Mittelwert	Standard-Abweich.	Variationsbreite
S40 Gesichtslänge	-	-	-	-	3	87,67	6,944	78 - 94
S45 Jochbogenbreite	3	134,67	3,859	131 - 140	2	120,50	1,500	119 - 122
S47 Gesichtshöhe	-	-	-	-	1	98	-	-
S48 Obergesichtshöhe	4	68,50	5,172	62 - 76	5	64,20	4,534	59 - 71
S51 Orbitabreite	8	42,13	2,088	39 - 45	8	41,00	1,225	39 - 43
S52 Orbitahöhe	8	33,38	2,826	29 - 37	4	31,25	1,299	29 - 33
S54 Nasenbreite	4	24,25	2,165	21 - 27	8	22,50	2,872	19 - 29
S55 Nasenhöhe	4	49,75	2,165	47 - 53	5	46,60	3,137	42 - 51
S69 UK-Kinnhöhe	13	31,54	2,590	27 - 36	7	29,29	1,829	26 - 32
I1 Längen-Breiten-Index	12	75,24	2,970	70,62 - 80,90	7	75,26	1,958	72,53 - 77,60
I- Basis-Längen-Index (RÖSING 1972)	4	52,52	3,554	46,77 - 55,67	3	51,93	1,244	50,29 - 53,30
I2 Längen-Höhen-Index	4	67,70	2,870	64,02 - 71,58	3	69,10	1,077	67,58 - 69,94
I3 Breiten-Höhen-Index	4	91,56	5,543	82,88 - 97,81	3	91,40	1,272	90,30 - 93,18
I4 Längen-Ohr-Bregma-Höhen-Index	4	59,94	2,089	57,67 - 63,16	2	61,46	2,120	59,34 - 63,58
I5 Breiten-Ohr-Bregma-Höhen-Index	4	81,03	4,033	74,66 - 85,40	2	81,96	0,135	81,82 - 82,09
I- Gesamtwölbungsindex	3	26,11	2,255	23,14 - 28,50	3	25,73	0,941	24,51 - 26,80
I9 Horizontalumfang-Höhen-Index	4	24,09	1,164	22,41 - 25,33	1	24,45	-	-
I- Schädelbögenindex	3	78,96	2,132	76,06 - 81,13	1	79,56	-	-

Schädel	Männer				Frauen			
	n	Mittelwert	Standard-Abweich.	Variationsbreite	n	Mittelwert	Standard-Abweich.	Variationsbreite
I12 Transversaler Frontalindex	18	84,88	4,287	80,17 - 96,08	15	83,91	2,637	79,13 - 88,35
I13 Transversaler Frontoparietalindex	11	69,21	3,525	61,81 - 75,00	8	67,79	2,378	64,79 - 71,32
I14 Transversaler Parietooccipital-Index	13	78,90	3,202	73,43 - 82,81	8	79,22	0,854	78,36 - 81,02
I19 Frontosagittalbogenindex	4	34,22	1,096	32,45 - 35,36	3	33,03	0,796	32,15 - 34,08
I20 Parietosagittalbogenindex	4	33,68	1,141	32,35 - 35,36	3	31,47	1,418	29,56 - 32,96
I21 Occipitosagittalbogenindex	4	32,10	1,510	29,82 - 33,51	3	35,41	1,893	32,96 - 37,57
I22 Sagittaler Frontalindex	22	87,60	1,328	85,61 - 90,83	19	87,45	1,681	84,30 - 90,40
I24 Sagittaler Parietalindex	25	90,40	1,639	87,31 - 93,10	21	90,39	1,891	86,36 - 93,46
I25 Sagittaler Occipitalindex	6	80,58	1,376	79,17 - 82,64	7	79,80	3,128	75,00 - 84,55
I29 Breiten-Höhen-Index der Hinterhauptsschuppe	6	89,33	3,653	84,07 - 94,34	6	90,88	5,386	85,05 - 98,06
I37 Schädelmodulus	4	152,92	3,296	148,00 - 156,67	3	146,00	2,867	142,67 - 149,67
I38 Gesichtsindex	-	-	-	-	1	80,33	-	-
I39 Obergesichtsindex	-	-	-	-	2	53,57	3,570	50,00 - 57,14
I42 Orbitalindex	7	77,56	6,265	65,91 - 85,71	4	77,29	4,962	69,05 - 82,05
I48 Nasenindex	3	50,67	0,474	50,00 - 51,06	5	51,00	3,817	46,67 - 56,86
I60 Kiefer-Index	-	-	-	-	3	94,12	3,187	89,66 - 96,91
I61 Gesichtsmodulus	-	-	-	-	1	99,33	-	-
I- Kinn-Gesichtshöhenindex (RÖSING 1970)	1	39,47	-	-	1	47,54	-	-

Schädel	Männer				Frauen			
	n	Mittelwert	Standard-Abweich.	Variationsbreite	n	Mittelwert	Standard-Abweich.	Variationsbreite
I69 Longitudinaler Craniofacialindex	-	-	-	-	3	48,91	2,786	45,09 - 51,65
I71 Transversaler Craniofacialindex	3	96,78	4,531	91,10 - 102,19	2	90,60	0,445	90,15 - 91,04
I73a Jugofrontalindex	3	70,57	2,737	68,57 - 74,44	2	73,84	1,570	72,27 - 75,41
I73b Jugofrontalindex	3	81,57	7,178	73,57 - 90,98	2	91,24	3,845	87,39 - 95,08

Humerus		Männer				Frauen			
		n	Mittelwert	Standard-Abweich.	Variationsbreite	n	Mittelwert	Standard-Abweich.	Variationsbreite
H1 größte Länge	li + re	24	331,96	12,950	314 - 355	7	309,14	12,667	294 - 323
	li	15	329,20	12,029	317 - 355	4	309,00	14,018	294 - 323
	re	9	336,56	13,124	314 - 353	3	309,33	10,625	296 - 322
H2 ganze Länge	li + re	23	326,13	13,113	307 - 346	6	302,83	12,047	291 - 319
	li	14	323,57	12,500	308 - 345	3	300,67	12,970	291 - 319
	re	9	330,11	13,051	307 - 346	3	305,00	10,614	292 - 318
H4 untere Epiphysenbreite	li + re	24	62,50	3,069	57 - 68	6	55,33	2,357	51 - 58
	li	14	63,21	2,858	58 - 67	3	55,33	3,091	51 - 58
	re	10	61,50	3,074	57 - 68	3	55,33	1,247	54 - 57
H5 gr. Durchmesser der Mitte	li + re	23	23,52	1,529	20 - 27	8	20,86	0,781	20 - 22
	li	14	23,07	1,334	20 - 26	4	20,75	0,829	20 - 22

Humerus		Männer				Frauen			
		n	Mittelwert	Standard-Abweich.	Variationsbreite	n	Mittelwert	Standard-Abweich.	Variationsbreite
H5 (Fts.)	re	9	24,22	1,548	22 - 27	4	21,00	0,707	20 - 22
H6 kl. Durchmesser der Mitte	li + re	23	18,52	1,347	16 - 21	8	15,63	0,857	14 - 17
	li	14	18,21	1,013	17 - 21	4	15,75	0,829	15 - 17
	re	9	19,00	1,633	16 - 21	4	15,50	0,866	14 - 16
H7 kl. Umfang der Diaphyse	li + re	25	64,84	3,183	59 - 71	8	56,38	2,997	52 - 61
	li	15	63,60	2,525	59 - 68	4	56,00	3,000	53 - 61
	re	10	66,70	3,164	60 - 71	4	56,75	2,947	52 - 60
H8 Umfang des Caput	li + re	10	145,8	4,996	139 - 156	2	129,00	4,000	125 - 133
	li	7	146,14	5,768	139 - 156	1	133	-	-
	re	3	145,00	2,160	142 - 147	1	125	-	-
H9 gr. transversaler Durchmesser des Caput	li + re	11	44,091	1,621	42 - 47	4	39,00	0,707	38 - 40
	li	7	44,429	1,591	42 - 47	2	39,00	0,000	39 - 39
	re	4	43,50	1,500	42 - 46	2	39,00	1,000	38 - 40
H10 kl. sagittaler Durchmesser des Caput	li + re	23	46,91	2,041	44 - 52	7	42,00	1,512	40 - 44
	li	15	46,87	2,247	44 - 52	4	42,50	1,500	40 - 44
	re	8	47,00	1,581	44 - 49	3	41,33	1,247	40 - 43
H7/H1 Längendicken-Index	li + re	22	19,48	0,828	17,94 - 21,21	7	18,21	1,507	16,77 - 20,75
	li	13	19,34	0,707	17,94 - 20,87	4	18,18	1,527	17,03 - 20,75
	re	9	19,69	0,938	17,96 - 21,21	3	18,25	1,480	16,77 - 20,27

Humerus		Männer				Frauen			
		n	Mittelwert	Standard-Abweich.	Variationsbreite	n	Mittelwert	Standard-Abweich.	Variationsbreite
H6/H5 Diaphysenquer-schnitt-Index	li + re	23	78,92	5,802	69,23 - 91,30	8	74,82	2,216	70,00 - 77,27
	li	14	79,17	5,703	69,23 - 91,30	4	75,87	0,946	75,00 - 77,27
	re	9	78,52	5,933	70,83 - 87,50	4	73,78	2,598	70,00 - 76,19
H9/H10 Index des Caput-Querschnittes	li + re	11	93,4	3,904	87,76 - 100,00	4	92,36	1,797	90,70 - 95,00
	li	7	94,13	3,876	88,46 - 100,00	2	90,70	0,000	90,70 - 90,70
	re	4	92,13	3,613	87,76 - 95,83	2	94,01	0,990	93,02 - 95,00
Körperhöhe n. Pearson	li + re	24	1655,08	37,408	1603 - 1722	7	1554,00	34,937	1512 - 1592
	li	15	1647,13	34,710	1612 - 1722	4	1553,50	38,558	1512 - 1592
	re	9	1668,33	37,982	1603 - 1716	3	1554,67	29,409	1518 - 1590
Körperhöhe n. Trotter und Gleser	li + re	24	1704,00	40,061	1648 - 1775	7	1618,86	42,364	1568 - 1665
	li	15	1695,53	37,186	1658 - 1775	4	1618,25	46,815	1568 - 1665
	re	9	1718,11	40,701	1648 - 1769	3	1619,67	35,560	1575 - 1662
Körperhöhe n. Olivier und Tissier	li + re	24	1696,29	41,034	1639 - 1769	7	1578,29	39,125	1531 - 1621
	li	15	1687,60	38,140	1649 - 1769	4	1577,75	43,321	1531 - 1621
	re	9	1710,78	41,595	1639 -1763	3	1579,00	32,690	1538 - 1618
Körperhöhe gemittelt	li + re	24	1685,21	39,340	1630 - 1755	7	1583,71	38,659	1537 - 1626
	li	15	1676,93	36,508	1640 - 1755	4	1583,25	42,822	1537 - 1626
	re	9	1699,00	40,011	1630 - 1749	3	1584,33	32,273	1544 - 1623

Radius		Männer n	Männer Mittelwert	Männer Standard-Abweich.	Männer Variationsbreite	Frauen n	Frauen Mittelwert	Frauen Standard-Abweich.	Frauen Variationsbreite
R1 größte Länge	li + re	7	246,57	14,090	228 - 270	3	237,67	6,182	229 - 243
	li	4	243,50	13,143	228 - 264	1	243	-	-
	re	3	250,67	14,267	236 - 270	2	235,00	6,000	229 - 241
R1b ganze Länge	li + re	7	244,43	13,668	226 - 267	2	233,00	6,000	227 - 239
	li	4	241,00	12,865	226 - 261	-	-	-	-
	re	3	249,00	13,367	135 - 267	2	233,00	6,000	227 - 239
R3 kl. Umfang der Diaphyse	li + re	8	42,38	2,913	38 - 47	4	37,00	2,236	34 - 40
	li	5	41,80	2,926	38 - 47	2	37,00	1,000	36 - 38
	re	3	43,33	2,625	41 - 47	2	37,00	3,000	34 - 40
Rp Tuberositasdurchmesser (nach STEEL 1962)	li + re	8	18,25	1,392	16 - 20	4	16,25	0,433	16 - 17
	li	5	18,00	1,673	16 - 20	2	16,00	0,000	16 - 16
	re	3	18,67	0,471	18 - 19	2	16,50	0,500	16 - 17
Rd distale Epiphysenbreite (n. STEEL 1962)	li + re	7	32,43	1,917	30 - 36	3	28,33	1,700	26 - 30
	li	4	32,00	1,581	30 - 34	1	29,00	-	-
	re	3	33,00	2,160	31 - 36	2	28,00	2,000	26 - 30
R3/R1 Längendicken-Index	li + re	7	17,26	0,488	16,67 - 17,80	3	15,42	0,835	14,81 - 16,60
	li	4	17,23	0,500	16,67 - 17,80	1	14,81	-	-
	re	3	17,29	0,469	16,67 - 17,80	2	15,73	0,875	14,85 - 16,60
R1b/R1 Längenindex	li + re	7	99,14	0,316	98,74 - 99,59	2	99,15	0,020	99,13 - 99,17
	li	4	98,98	0,181	98,74 - 99,18	-	-	-	-

Radius		Männer				Frauen			
		n	Mittelwert	Standard-Abweich.	Variationsbreite	n	Mittelwert	Standard-Abweich.	Variationsbreite
R1b/R1 (Fts.)	re	3	99,35	0,328	98,89 - 99,59	2	99,15	0,020	99,13 - 99,17
Rd/R1 Längen-Epiphysen-breiten- Index	li + re	7	13,16	0,348	12,70 - 13,87	3	11,91	0,490	11,35 - 12,45
	li	4	13,15	0,445	12,70 - 13,87	1	11,93	-	-
	re	3	13,16	0,131	13,01 - 13,33	2	11,90	0,550	11,35 - 12,45
Körperhöhe n. Pearson	li + re	7	1643,71	46,043	1583 - 1720	3	1595,00	20,704	1566 - 1613
	li	4	1633,75	43,054	1583 - 1701	1	1613	-	-
	re	3	1657,00	46,540	1609 - 1720	2	1586,00	20,000	1566 - 1606
Körperhöhe n. Trotter und Gleser	li + re	7	1707,57	56,775	1633 - 1802	3	1675,33	29,511	1634 - 1701
	li	4	1695,25	52,964	1633 - 1778	1	1701	-	-
	re	3	1724,00	57,521	1665 - 1802	2	1662,50	28,500	1634 - 1691
Körperhöhe n. Olivier und Tissier	li + re	7	1698,86	57,710	1621 - 1794	2	1665,50	24,500	1641 - 1690
	li	4	1684,50	54,413	1621 - 1769	-	-	-	-
	re	3	1718,00	56,409	1659 - 1794	2	1665,50	24,500	1641 - 1690
Körperhöhe gemittelt	li + re	7	1683,29	53,553	1612 - 1772	3	1644,33	21,546	1614 - 1662
	li	4	1671,00	50,145	1612 - 1749	1	1657	-	-
	re	3	1699,67	53,568	1644 - 1772	2	1638,00	24,000	1614 - 1662

Ulna		Männer			
		n	Mittelwert	Standard-Abweich.	Variationsbreite
U1 größte Länge	re	2	275,50	18,500	257 - 294
U3 kl. Umfang der Diaphyse	re	3	34.67	2,055	32 - 37
Up Coronoidhöhe (nach STEEL 1962)	re	2	36,50	2,500	34 - 39
Ud Capitulum-Durchmesser (nach STEEL 1962)	re	2	19,50	1,500	18 - 21
U3/U1 Längendicken-Index	re	2	13,15	1,250	11,90 - 14,40
Ud/U1 Längen-Capitulum-Index	re	2	7,07	0,070	7,00 - 7,14
Up/U1 Coronoid-Längen-Index	re	2	13,25	0,020	13,23 - 13,27
Körperhöhe n. Trotter und Gleser	re	2	1748,50	70,500	1678 - 1819
Körperhöhe n. Olivier und Tissier	re	2	1752,50	72,500	1680 - 1825
Körperhöhe gemittelt	re	2	1750,50	71,500	1679 - 1822

Femur		Männer				Frauen			
		n	Mittelwert	Standard-Abweich.	Variationsbreite	n	Mittelwert	Standard-Abweich.	Variationsbreite
F1 größte Länge	li + re	47	473,77	21,349	433 - 530	38	428,18	19,456	377 - 467
	li	24	474,75	22,249	443 - 530	16	429,75	17,512	400 - 467
	re	23	472,74	20,318	433 - 527	22	427,05	20,680	377 - 456
F2 ganze Länge in sog. natürlicher Stellung	li + re	46	469,48	20,607	428 - 525	38	423,74	19,288	373 - 459
	li	23	468,96	20,324	440 - 508	16	425,50	17,150	399 - 459
	re	23	470,00	20,872	428 - 525	22	422,46	20,611	373 - 456
F4 Trochanterlänge in sog. natürlicher Stellung	li + re	37	447,81	20,316	405 - 485	28	404,46	21,442	350 - 436
	li	18	446,83	20,990	412 - 485	9	407,11	18,835	378 - 431
	re	19	448,74	19,612	405 - 480	19	403,21	22,463	350 - 436
F6 sagittaler Durchmesser der Diaphysenmitte	li + re	50	30,00	2,173	26 - 34	39	26,05	1,632	23 - 30
	li	25	29,56	2,099	26 - 34	17	26,82	1,723	25 - 30
	re	25	30,44	2,156	27 - 34	22	25,46	1,269	23 - 29
F7 transversaler Durchmesser der Diaphysenmitte	li + re	50	28,66	2,006	24 - 33	38	25,79	1,417	22 - 29
	li	25	28,60	2,040	24 - 33	17	26,24	1,307	24 - 28
	re	25	28,72	1,970	25 - 32	21	25,43	1,400	22 - 18
F8 Umfang der Diaphysenmitte	li + re	49	91,63	5,340	80 - 101	37	81,14	3,807	74 - 89
	li	25	90,88	5,487	80 - 100	16	83,06	3,631	76 - 89
	re	24	92,42	5,066	84 - 101	21	79,67	3,242	74 - 89
F13 Obere Breite	li + re	45	104,56	5,768	94 - 117	37	91,54	4,464	81 - 99
	li	24	103,88	5,644	94 - 117	16	90,44	3,259	83 - 97
	re	21	105,33	5,809	96 - 117	21	92,38	5,038	81 - 99

Femur		Männer				Frauen			
		n	Mittelwert	Standard-Abweich.	Variationsbreite	n	Mittelwert	Standard-Abweich.	Variationsbreite
F18 vertikaler Durchmesser des Femurkopfes	li + re	36	48,31	2,654	42 - 53	25	41,88	1,583	39 - 45
	li	18	47,94	3,082	42 - 53	8	41,63	1,317	40 - 44
	re	18	48,67	2,082	45 - 52	17	42,00	1,680	39 - 45
F19 transversaler Durchmesser des Femurkopfes	li + re	31	47,16	2,490	42 - 52	24	41,25	1,507	38 - 44
	li	14	46,36	2,793	42 - 52	12	40,92	1,754	38 - 44
	re	17	47,82	1,977	45 - 51	12	41,58	1,115	40 - 43
F20 Umfang des Femurkopfes	li + re	17	153,88	8,996	134 - 167	13	133,08	3,496	128 - 139
	li	7	150,29	11,196	134 - 167	5	133,00	4,147	128 - 139
	re	10	156,40	5,869	146 - 164	8	133,13	3,018	128 - 138
F21 Epicondylenbreite	li + re	29	79,86	2,991	74 - 88	22	71,00	2,844	66 - 77
	li	13	79,85	2,931	75 - 84	10	71,50	2,335	67 - 75
	re	16	79,88	3,039	74 - 88	12	70,58	3,148	66 - 77
F8/F2 Längendicken-Index	li + re	44	19,59	1,083	16,95 - 21,90	36	19,15	1,060	17,05 - 21,31
	li	22	19,49	0,982	16,95 - 21,37	15	19,56	1,076	17,36 - 21,31
	re	22	16,68	1,167	17,78 - 21,90	21	18,87	0,950	17,05 - 20,63
(F6+F7)/F2 Robustizitäts-Index	li + re	45	12,56	0,701	10,91 - 14,16	37	12,24	0,728	10,91 - 13,80
	li	22	12,50	0,649	10,81 - 13,68	16	12,52	0,741	10,99 - 13,80
	re	23	12,62	0,742	11,43 - 14,16	21	12,04	0,645	10,91 - 13,32
F6/F7 Index des Diaphysenquerschnitts der Mitte	li + re	50	104,98	8,262	90,00 - 122,22	38	101,07	6,279	86,21 - 112,50
	li	25	103,65	7,740	93,10 - 122,22	17	102,35	6,099	89,29 - 112,50
	re	25	106,32	8,545	90,00 - 122,22	21	100,04	6,233	86,21 - 109,09

Femur		Männer				Frauen			
		n	Mittelwert	Standard-Abweich.	Variationsbreite	n	Mittelwert	Standard-Abweich.	Variationsbreite
F19/F18 Index des Caputquer-schnittes	li + re	26	98,65	1,124	96,15 - 100,00	18	98,82	1,392	95,56 - 100,00
	li	12	98,79	1,297	96,15 - 100,00	7	98,30	1,079	97,50 - 100,00
	re	14	98,53	0,935	97,83 - 100,00	11	99,16	1,463	95,56 - 100,00
(F18+F19)/F2 Robustizitätsindex des Kopfes	li + re	24	20,22	1,013	18,30 - 21,90	17	19,46	0,936	18,12 - 21,45
	li	11	19,77	1,119	18,30 - 21,90	6	19,14	1,002	18,12 - 20,80
	re	13	20,60	0,722	19,04 - 21,70	11	19,64	0,846	18,46 - 21,45
F7/F21 Epicondylen-Epiphysen-Breiten-Index	li + re	27	36,46	2,981	30,38 - 41,56	22	36,40	2,048	32,43 - 40,00
	li	12	36,65	3,064	30,38 - 41,56	10	37,24	1,912	34,29 - 40,00
	re	15	36,31	2,903	32,05 - 41,03	12	35,70	1,886	32,43 - 38,57
F13/F1 oberer Längendicken-Index (F1)	li + re	44	22,12	0,971	20,26 - 24,63	35	21,48	1,004	19,47 - 23,49
	li	24	21,89	0,967	20,26 - 23,40	14	21,10	0,932	19,47 - 23,25
	re	20	22,93	0,904	20,96 - 24,63	21	21,64	0,991	19,51 - 23,49
F13/F2 oberer Längendicken-Index (F2)	li + re	43	22,26	0,965	20,48 - 24,68	35	21,66	1,028	19,56 - 23,89
	li	23	22,04	0,980	20,48 - 23,55	14	21,32	0,916	19,56 - 23,31
	re	20	22,51	0,885	21,06 - 24,68	21	21,88	1,039	19,77 - 23,89
Körperhöhe n. Pearson	li + re	47	1695,00	40,140	1618 - 1801	38	1549,32	37,801	1450 - 1625
	li	24	1696,88	41,825	1637 - 1801	16	1552,44	34,097	1494 - 1625
	re	23	1693,04	38,204	1618 - 1795	22	1547,05	40,130	1450 - 1603
Körperhöhe n. Trotter und Gleser	li + re	47	1747,34	55,060	1642 - 1892	38	1598,66	47,992	1472 - 1694
	li	24	1749,83	57,344	1668 - 1892	16	1602,56	43,160	1529 - 1694
	re	23	1744,74	52,436	1642 - 1885	22	1595,82	51,035	1472 - 1667

Femur		Männer				Frauen			
		n	Mittelwert	Standard-Abweich.	Variationsbreite	n	Mittelwert	Standard-Abweich.	Variationsbreite
Körperhöhe n. Olivier und Tissier	li + re	46	1721,17	49,900	1621 - 1856	38	1591,74	40,513	1485 - 1666
	li	23	1719,91	49,181	1650 - 1814	16	1595,44	36,078	1540 - 1666
	re	23	1722,44	50,580	1621 - 1856	22	1589,05	43,257	1485 - 1657
Körperhöhe gemittelt	li + re	47	1722,02	49,159	1627 - 1846	38	1579,97	42,030	1469 - 1662
	li	24	1723,96	51,032	1653 - 1846	16	1583,50	37,713	1521 - 1662
	re	23	1720,00	47,039	1627 - 1845	22	1577,41	44,735	1469 - 1642

Tibia		Männer				Frauen			
		n	Mittelwert	Standard-Abweich.	Variationsbreite	n	Mittelwert	Standard-Abweich.	Variationsbreite
T1 ganze Länge	li + re	14	382,93	18,938	352 - 432	6	355,50	7,112	345 - 367
	li	8	390,13	19,284	368 - 432	2	361,00	6,000	355 - 367
	re	6	373,33	13,412	352 - 394	4	352,75	5,932	345 - 361
T1a größte Länge	li + re	24	391,92	19,877	357 - 443	16	366,50	11,608	345 - 394
	li	14	395,86	21,487	365 - 443	6	375,17	9,685	364 - 394
	re	10	386,40	15,800	357 - 409	10	361,30	9,339	345 - 377
T1b Länge	li + re	17	382,00	22,666	346 - 435	10	361,90	11,844	345 - 389
	li	11	388,91	23,259	354 - 435	4	372,50	10,235	363 - 389
	re	6	369,33	14,693	346 - 390	6	354,83	6,256	345 - 364
T3 größte proximale Epiphysenbreite	li + re	7	77,86	3,356	71 - 83	5	67,80	3,868	64 - 75
	li	4	77,75	4,437	71 - 83	1	68	-	-
	re	3	78,00	0,000	78 - 78	4	67,75	4,323	64 - 75

Tibia		Männer				Frauen			
		n	Mittelwert	Standard-Abweich.	Variationsbreite	n	Mittelwert	Standard-Abweich.	Variationsbreite
T6 größte distale Epiphysenbreite	li + re	24	49,83	3,037	45 - 58	13	43,69	1,435	40 - 46
	li	14	49,50	2,745	45 - 55	6	43,83	1,067	43 - 46
	re	10	50,30	3,348	45 - 58	7	43,57	1,678	40 - 46
T8a größter Durchmesser in Höhe des Foramen nutritiv.	li + re	25	36,28	1,929	34 - 41	16	31,88	2,891	27 - 36
	li	13	36,46	2,170	34 - 41	6	32,67	1,795	31 - 36
	re	12	36,08	1,605	34 - 39	10	31,40	3,292	27 - 36
T10 Umfang der Diaphysenmitte	li + re	22	88,59	4,735	82 - 102	15	78,33	4,315	71 - 86
	li	13	89,54	5,583	82 - 102	6	79,50	4,425	73 - 86
	re	9	87,22	2,572	83 - 92	9	77,56	4,058	71 - 83
T10b kleinster Diaphysenumfang	li + re	26	79,23	4,126	74 - 88	16	69,88	3,389	65 - 76
	li	14	79,79	4,739	74 - 88	6	71,50	2,814	68 - 76
	re	12	78,58	3,148	75 - 84	10	68,90	3,330	65 - 74
T10b/T1 Längendicken-Index	li + re	14	20,58	1,253	17,59 - 22,58	5	19,13	0,817	18,28 - 20,57
	li	8	20,33	1,323	17,59 - 21,74	2	18,99	0,455	18,53 - 19,44
	re	6	20,92	1,063	19,04 - 22,58	3	19,23	0,975	18,28 - 20,57
T1/T1b Kondylen-Index n. GIESELER 1927	li + re	11	100,75	0,965	99,31 - 103,06	4	100,49	0,421	100,00 - 101,14
	li	6	100,45	0,670	99,31 - 101,03	1	100,55	-	-
	re	5	101,12	1,124	100,26 - 103,06	3	100,47	0,485	100,00 - 101,14
T1a/T1b Kondylen-Index n. GIESELER 1927	li + re	17	102,49	0,671	100,99 - 104,17	10	102,05	0,523	101,29 - 103,13
	li	11	102,35	0,559	100,99 - 103,11	4	101,75	0,329	101,29 - 102,19
	re	6	102,73	0,782	101,79 - 104,17	6	102,25	0,533	101,70 - 103,13

Tibia		Männer				Frauen			
		n	Mittelwert	Standard-Abweich.	Variationsbreite	n	Mittelwert	Standard-Abweich.	Variationsbreite
T3/T1b Längenbreiten-Index n. GIESELER 1927	li + re	7	20,31	1,495	18,21 - 22,54	5	18,98	0,929	18,41 - 20,83
	li	4	19,31	1,124	18,21 - 21,01	1	18,63	-	-
	re	3	21,64	0,650	21,02 - 22,54	4	19,07	1,020	18,41 -20,83
T10/T1b Längenumfang-Index n. GIESELER 1927	li + re	16	23,52	1,267	19,77 - 25,21	9	21,82	1,079	20,00 - 23,58
	li	10	23,38	1,454	19,77 - 25,21	4	21,42	1,205	20,00 - 23,06
	re	6	23,76	0,818	22,56 - 25,14	5	22,15	0,834	21,11 - 23,58
T10b/T1b kleinster Längenumfang-Index n. GIESELER 1927	li + re	17	20,95	1,172	17,47 - 22,64	9	19,47	0,966	17,99 - 20,74
	li	11	20,70	1,283	17,47 - 21,92	4	19,21	0,946	17,99 - 20,38
	re	6	21,40	0,747	20,55 - 22,64	5	19,68	0,929	18,33 - 20,74
Körperhöhe n. Pearson	li + re	14	1686,50	45,000	1613 -1803	6	1572,00	16,803	1547 - 1599
	li	8	1703,63	45,793	1651 - 1803	2	1585,00	14,000	1571 - 1599
	re	6	1663,67	31,883	1613 - 1713	4	1565,50	14,098	1547 - 1585
Körperhöhe n. Trotter und Gleser	li + re	14	1751,29	52,768	1665 - 1888	6	1646,33	20,694	1616 - 1680
	li	8	1771,38	53,703	1710 - 1888	2	1662,50	17,500	1645 - 1680
	re	6	1724,50	37,370	1665 - 1782	4	1638,25	17,123	1616 - 1662
Körperhöhe n. Olivier und Tissier	li + re	17	1714,06	59,062	1620 - 1852	10	1636,30	27,375	1597 - 1699
	li	11	1732,09	60,583	1461 - 1852	4	1660,75	23,732	1639 - 1699
	re	6	1681,00	38,284	1620 - 1735	6	1620,00	14,468	1597 - 1641
Körperhöhe gemittelt	li + re	20	1717,20	53,062	1633 - 1848	12	1628,75	29,519	1587 - 1699
	li	13	1728,15	56,899	1641 - 1848	5	1649,8	30,036	1608 - 1699
	re	7	1696,86	37,353	1633 - 1748	7	1613,71	17,515	1587 - 1641

Bremer Vergleichsfunde

Skelettfunde aus dem Bereich zwischen Ratskeller und der Liebfrauen-Kirche stellen kein Novum dar. Bereits GILDEMEISTER (1879, 40) stellte einen dort ausgegrabenen Schädel vor, den er in das späte Mittelalter datiert wissen möchte. Das andere Material seiner rund 100 Schädel umfassenden Untersuchung stammt aus dem Umfeld von Dom und dem südlich davon gelegenen Willehadi-Kirchhof. Es wurde in den Jahren 1861/63 beim Bau der Neuen Börse (n = 300 – 400 Schädel[38]; vgl. BARKHAUSEN 1864, 22) und 1875/76 im Bereich des späteren Künstlervereins geborgen. Dieses Fundgut konnte aber nur selektiv untersucht werden. Mutmaßlich waren viele Schädel zerbrochen und wurden daher nicht aufbewahrt und/ oder gelangten als „Memento mori"-Objekt in private Hände. „Die Gelegenheit, eine große und wahrhaft grundlegende altbremische Schädelsammlung anzulegen, wurde leider versäumt" (VIRCHOW 1877, 264). Virchow konnte vier bzw. fünf Schädel dieses Fundkomplexes untersuchen und sie um zwei weitere ergänzen, die in den Bremer Bleikeller verbracht waren. Der Zeit entsprechend gelang es Virchow ferner, einen Schädel aus dem Bereich der Erweiterung des Ratskellers zu erwerben und zu untersuchen. Hier soll etwas später eine größere Anzahl von Schädeln gesammelt worden sein, die aber wohl nicht weiter untersucht wurden (vgl. VIRCHOW 1877, 277).

Die Schädel des Dom- und des Willehadi-Kirchhofes entstammen einer einzigen Bevölkerung (vgl. VIRCHOW 1877, 287). Von bevölkerungsbiologischem Interesse ist in diesem Zusammenhang eine Verordnung des Dompropstes aus dem Jahre 1287, in welcher bestimmt wird, dass auf dem Willehadi-Kirchhof die Leichen der in Bremen verstorbenen Fremden bestattet werden sollten. Dieses konnte aber durch den damaligen anthropologischen Befund nicht bestätigt werden. Für das von Gildemeister untersuchte Material (vgl. oben) gilt, „dass der Gesamtbefund ein Bild der Bevölkerung Bremens etwa zwischen dem 9. und 14. Jahrhundert wiedergibt" (GILDEMEISTER 1879, 26). Das Gros des Materials dürfte sogar dem 9. bis 11. Jahrhundert angehören. – Der Entstehungszeit der Arbeit von Gildemeister entsprechend ist diese Untersuchung typologisch ausgerichtet. Dennoch finden sich in dem steten Bemühen, erhobene Messwerte mit jenen anderer Schädelfunde zu vergleichen, bereits erste Ansätze, sich von der auf die Form bezogenen, eher intuitiven Betrachtung zu lösen. Aber dieses sollte – forschungsgeschichtlich gesehen – noch mehrere Jahrzehnte auf sich warten lassen. Erfreulicher Weise sind die osteometrischen Daten mitpubliziert. Allerdings folgen sie – wie auch die Angaben bei VIRCHOW (1877) – einem Maßkanon, der nicht in allen Fällen mit jenem von MARTIN (z.B. 1957) vorgeschlagenen – und immer noch aktuellen – zu parallelisieren war, so dass VON KROGH (1940) die zu seiner Zeit noch erhaltenen 139 Schädel neu bearbeiten musste.

Im Jahre 1926 wurden 20 Schädel beim Wiederaufbau des durch einen Brand zerstörten Baues des Künstlervereins, der sog. Glocke, gefunden, die VON KROGH (1940, 13) jenen in den Jahren 1875/76 geborgenen zur Seite stellt. Im selben Jahr wurden 113 Schädel- und

[38] Focke (in BARKHAUSEN 1864, 33ff.) weist auf weiteres Skelettmaterial aus dem Bereich des Willehadi-Kirchhofes hin. Zur archäologischen Situation vgl. auch BRANDT (1992: 214-220).

111 messbare Extremitätenknochen beim Erweiterungsbau des Bremer Ratskellers in einer Grube – mithin nicht mehr im Grabverband befindlich – freigelegt. Diese Deponie soll nach Cohn (zit. n. VON KROGH 1940, 13) im Jahre 1686 beim Bau der Alten Börse angelegt worden sein und Material des damaligen Liebfrauen-Kirchhofes aufgenommen haben. Es dürfte dem 15. – 16. Jh. zuzusprechen sein (VON KROGH 1940, 13f.). An dieser Zeitstellung könnten aber angesichts der in der vorliegenden Studie vorgestellten, naturwissenschaftlichen datierten Neufunde Zweifel angemeldet werden. Das von seiner Datierung her jüngste Skelettmaterial (ca. (16.–)18. Jh.; n = 12 Schädel) aus der Bremer Innenstadt lagerte im Bleikeller des Bremer Domes. Es wurde unter schwierigen Bedingungen durch VON KROGH (1940) untersucht. Auf jeden Fall stammt es aus einer Zeit vor dem Jahre 1811 – dem angeordneten Ende von Beerdigungen innerhalb der Stadt. Im Dom selber wurden bei archäologischen Grabungen ab dem Jahre 1973 mehrere Bestattungen, teils recht prominenter Personen (z.B. die Erzbischöfe Bezelin, Liebentius I., Unwan u.a.m.), aufgedeckt und von HENKE (1985) anthropologisch bearbeitet. Wegen der langen Datierungsspanne (9. – 18. Jh.) und der exponierten sozialen Stellung der früh- bzw. hochmittelalterlichen Individuen darf dieses Material aber nicht als repräsentative Stichprobe einer Bremer Bevölkerung angesehen werden (vgl. HENKE 1985, 3). Dennoch wurde neben einer intraspezifischen Betrachtung ein multivariater Populationsvergleich – in starker Anlehnung an den damaligen Forschungsstand (RÖSING und SCHWIDETZKY 1977) – unternommen. Dabei zeigte sich die Sonderstellung der früh- und hochmittelalterlichen Individuen (Gruppe Henke I), die sich nur verfahrensbedingt an das Sample der 57 anderen Bevölkerung anschlossen. Die neuzeitlichen Individuen der Bremer Domfunde (Gruppe Henke II) bilden mit den Serien Finmark, Kloster Lorsch und Amsterdam ein Subcluster (vgl. HENKE 1985; Taf. 68). Dieser Befund sollte aber wegen der abweichenden Datierung (vor 1100 n. Chr. für die beiden erstgenannten Stichproben) als zufallsbedingt interpretiert werden.

Wenige Jahre zuvor wurde das Material vom Bremer St.-Remberti-Kirchhof vorgestellt (vgl. CASELITZ 1983), das ähnlich wie das Fundgut von St. Veit alt umgelagert, also dem ursprünglichen Grabverband entrissen war. Insgesamt standen 50 Schädel und mehrere Längsknochen zur Verfügung, die in den Zeitraum von 1596 bis 1813 n. Chr. zu datieren sind. In einem Vergleich mit den anderen Bremer Stichproben konnten Aussagen zur Mikroevolution an der Unterweser getätigt werden, deren wichtigstes Ergebnis neben der Einordnung in den nordiden Bevölkerungstypus ein um ein bis anderthalb Jahrhunderte früherer Ansatz des Debrachykranisationsprozesses ist. Anhand eines multivariat-statistischen Vergleiches konnte eine große Ähnlichkeit zu norwegischen Stichproben erarbeitet werden. Offen ist bis dato die Frage nach dem Verhältnis der neuzeitlichen Funde aus dem Bremer Dom zu jenen vom St.-Remberti-Kirchhof, da beide Bearbeitungen zeitlich parallel, aber unabhängig voneinander entstanden.

Zum Ensemble der bremischen Skelettfunde ist noch der in den Zeitraum vom 3. bis zum Ende des 9. Jahrhunderts datierte Komplex vom Fuchsberg in Bremen-Mahndorf zu rechnen. Hier wurden zwischen 1936 und 1939 etwa 560 Bestattungen eines auf insgesamt über 1200 Grablegen geschätzten gemischt belegten Gräberfeldes geborgen. Eine erste Untersuchung des schlecht erhaltenen Skelettmaterials führte von Krogh durch (VON KROGH 1940, 10-11, s.a. ders. 1938 und 1953). Von den erhaltenen 115 Brandgräbern wurden acht von WOLF, BISCHOP und SCHULTZ (2001) vorgestellt. Der schlechte Erhaltungszustand des unverbrannten Skelettmaterials und die nur partielle Untersuchung der Leichenbrandkomplexe verhindern eine Einbeziehung sowohl in die Diskussion demographischer Parameter als auch in die im Folgenden angestrebte Betrachtung der Bevölkerungsentwicklung des Bremer Raumes. – Abschließend sei noch angemerkt, dass nach den Grabungen im Dom auch weiteres Skelettmaterial in Bremen geborgen wurde, so zum Beispiel im Ratskeller. Dieses Material wurde – nach Auskunft des ehemaligen Landesarchäologen (BRANDT in lett.) – an die Universität Bremen zur Untersuchung übergeben. Dort konnte es vom Verf. im Jahre 1979 besichtigt werden. Soweit bekannt, dürfte es aber noch unbearbeitet sein.

Bevölkerungsentwicklung in Bremen

Die Ausgangslage für die Betrachtung von Veränderungen und Entwicklungsprozessen am Bremer Skelettmaterial des Mittelalters und der Neuzeit erscheint auf den ersten Blick recht günstig zu sein (vgl. Abb. 11). Drei Stichproben (Domdüne, Liebfrauen- und Remberti-Kirchhof) erfüllen bei den wichtigsten Schädelmaßen der Männer die statistischen Grundanforderungen an die Beobachtungsmenge (vgl. Tab. 6). Neuzeitliche Domfunde und die im Bleikeller aufbewahrten Schädel werden für die folgende Betrachtung zu einer Gruppe zusammengefasst, so dass auch hier der Mindestbeobachtungsumfang von zehn Individuen – abgesehen von zwei Indices und der Körperhöhe – gegeben ist. Von ihrer Zusammensetzung sind die beiden letztgenannten Teilstichproben nicht unproblematisch. Bei dem Material aus dem Bleikeller handelt es sich nicht um die bekannten auf natürliche Weise mumifizierten Leichname[39], sondern um Schädelfunde aus der Bremer Innenstadt ohne exakte Fundstellenangabe. Sie stammen spätestens aus dem 18. Jahrhundert (VON KROGH 1940, 28f.). Ferner sei darauf verwiesen, dass dieses Fundgut von Laien – mutmaßlich selektiert nach dem Erhaltungszustand – gesammelt wurde, so dass eher robustere, denn grazilere Schädel in den Bleikeller gelangten (vgl. VON KROGH 1940, Anm. auf S. 29). Bei den neuzeitlichen Skeletten[40] aus dem Dom dürfte es sich – nicht nur wegen des Beisetzungsortes, sondern auch gemäß den Erkenntnissen der Untersuchung der Textilreste (vgl. PETRASCHECK-HEIM 1977) – im Wesentlichen um Würdenträger der Hansestadt und Geistliche der evangelischen Kirche handeln. Zumindest letztere müssen nicht zwingend Einheimische gewesen sein. Wenngleich die hier gebildete Stichprobe *Dom und Bleikeller* eine Art Notlösung darstellt, um dieses Bremer Material zumindest im Ansatz einbeziehen zu können, so ist ihre bevölkerungsbiologische

[39] Abgesehen von einem angeblich um 1450 beim Dombau verunglückten Dachdecker, der im Jahre 1984 als vermeintlicher Offizier des Dreißigjährigen Krieges enttarnt wurde, ruhen hier seit 1590 Lady Stanhope, die auf Reisen verstorben war und wegen irgendwelcher Schwierigkeiten nicht nach England überführt werden konnte, und – nach 1648 – der schwedische General von Winsen und sein im Duell erstochener Adjutant. Etwas später kamen noch eine schwedische Gräfin und im 18. Jahrhundert ein beim Duell getöteter Student, ein englischer Major und der Bremer Arbeiter Konrad Ehlers hinzu.

[40] Die Mittelwerte dieser Teilgruppe wurden aus den Individualdaten (HENKE 1985, Tab.1 – 6) neu berechnet, da erhebliche Abweichungen zu jenen in der Originalarbeit angegebenen auftraten.

und soziale Repräsentanz kritisch zu verstehen und bei der folgenden Betrachtung entsprechend zu werten.

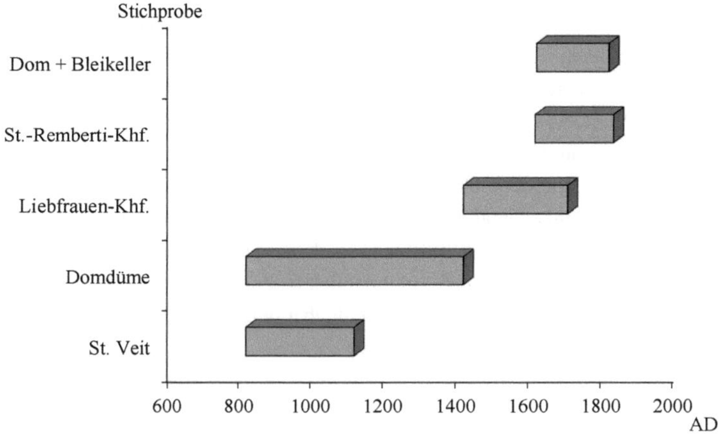

Abb. 11: Datierungsspannen der Bremer Stichproben.

Werden nur die üblicherweise verwendeten Schädelmaße der Funde von St. Veit herangezogen, so unterliegen sie zumeist dem Manko des zu geringen Beobachtungsumfanges (vgl. Tab. 6). Es läge auf der Hand, diese ob der Überschneidung der Datierungsspanne den Funden von der Domdüne zuzuordnen. Eine solche Vorgehensweise dürfte an dieser Stelle den Forschungsstand aber nicht voranbringen, sondern ihn nur in redundanter Weise fortschreiben. Des Weiteren wäre von Seiten der Statistik zudem zu prüfen, ob beide Teilstichproben einer Grundgesamtheit entstammen. Dieses ist aber nicht realisierbar, da die Individualdaten der Funde von der Domdüne nicht vorliegen. Um die Auswirkungen des Zufalls, bedingt durch einen zu geringen Beobachtungsumfang, zu minimieren, beschränken wir die Betrachtung auf jene Maße, die an mindestens zehn männlichen Individuen der Stichproben nehmbar waren.

Die Bremer Schädel sind – zumindest ab dem 9. Jahrhundert n. Chr. – nach der Klassifikation von HUG (1940) durchgängig als lang zu bezeichnen. Die Mittelwerte der größten Schädellänge verringern sich vom 9. bis zum 19. Jahrhundert. Dabei ist die Konstanz in den ersten sechs Jahrhunderten des Betrachtungszeitraumes durch die Teilstichproben St. Veit und Domdüne bedingt, deren Mittelwerte im Falle dieses Maßes völlig deckungsgleich sind (vgl. Tab. 6 und Abb. 12). Die aufgezeigte Abnahme ist statistisch hochsignifikant ($r_{xy} = -0{,}955$). Auf der Suche nach der Begründung dieser Erscheinung stellt sich nunmehr die Frage, ob hinter den scheinbaren Sprüngen in der Entwicklung die langen Spannen der Datierung der einzelnen Stichproben als ursächlich zu gelten haben oder ob äußere Einflüsse – insbesondere Migrationsphänomene – das Bild bedingen. Lösen wir uns einmal von den einzelnen Stichproben und betrachten die Entwicklung auf die Jahrhunderte bezogen (vgl. Abb. 13).[41] Auffällig erscheint sprunghafte Verringerung der größten Schädellänge im 15. Jahrhundert und die gleichförmige Abnahme vom 16. zum 18. Jahrhundert. Die Abnahme der Mittelwerte ist statistisch signifikant (r_{xy} = +0,889).[42] Bei Vernachlässigung der ersten fünf Jahrhunderte – mutmaßlich bedingt durch die lange Datierungsspanne der Stichprobe Domdüne – steigt der Korrelationskoeffizient in negativer Ausprägung deutlich an (r_{xy} = –0,980), so dass von einem hochsignifikanten Verhältnis zwischen Verringerung der größten Schädellänge und jünger werdenden Zeitstellung auszugehen ist. Gehen wir hypothetisch einmal von einer kontinuierlichen Entwicklung aus. Die optimale Anpassung an die Verhältnisse liefert ein Polynomzug vierter Ordnung (Bestimmtheitsmaß R^2 = 0,980).[43] Folgt man diesem Modell, so käme es im 20. Jahrhundert nicht nur zu einem Stillstand, sondern sogar zu einem Ansatz zur leichten Umkehr der aufgezeigten Entwicklung – mutmaßlich bedingt durch die geringere Verminderungsrate im 19. Jahrhundert. An dieser Stelle fehlt aber derzeit die durch Fundgut zugebende Materialbasis.

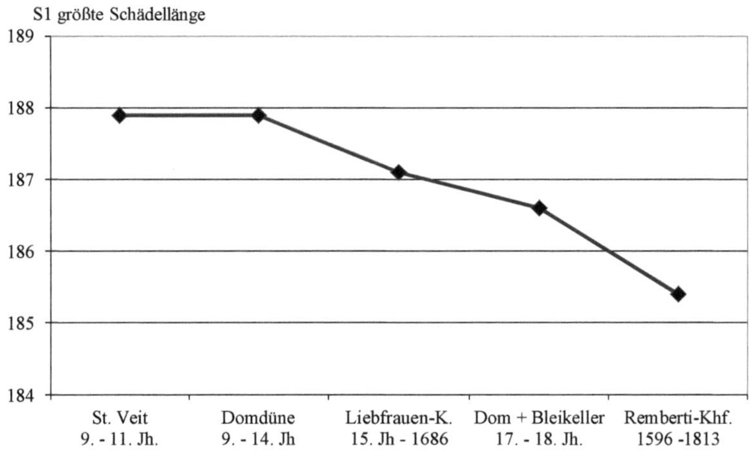

Abb. 12: Entwicklung der größten Schädellänge (Maß S1) bei Bremer Stichproben.

[41] Das bedeutet, dass aus den Mittelwerten der jeweils in ein Jahrhundert entfallenden Stichproben ein anhand des Beobachtungsumfanges gewichteter Durchschnittswert gebildet wird.

[42] Der Korrelationskoeffizient stellt ein Maß für die lineare Abhängigkeit zweier Datenreihen dar. Die Werte variieren zwischen +1 (vollkommene Abhängigkeit, alle Daten liegen auf einer ansteigenden Geraden) und -1 (totale Unabhängigkeit, alle Daten liegen auf einer absteigenden Geraden). Werte um Null sprechen für ein indifferentes Abhängigkeitsverhältnis.

[43] Polynome werden als optimal bezeichnet, wenn die Summe der quadratischen Abweichungen zwischen Beobachtungswert und Polynom minimal ist. Als Gütemaß wird das Bestimmtheitsmaß verwendet.

Tab. 6: Beobachtungsumfang und Mittelwerte der wichtigsten Maße und Indices männlicher Individuen Bremer Stichproben nach VON KROGH (1940), CASELITZ (1983 et hic) und HENKE (1985). Angaben in Millimetern. Die Körperhöhe für die neuzeitlichen Domfunde wurde aus den Individualdaten pro Skeletteil neu berechnet. * = aus Mittelwerten neu berechnet.

	St. Veit		Domdüne		Liebfrauen-K.		Remberti-Khf.		Dom + Bleikeller		Dom		Bleikeller	
Schädelmaße	9. – 11. Jh.		9. – 11./14.. Jh.		15. Jh. – 1686		1596 -1813		17. – 18. Jh.		17. – 18. Jh.		18. Jh.	
S1 größte Schädelbreite	16	187,9	76	187,9	58	187,1	31	185,4	10	186,6	5	182,2	5	191,0
S5 Basislänge	4	99,8	54	100,0	42	99,8	31	97,9	11	98,7	6	96,7	5	101,2
S8 größte Schädelbreite	15	139,8	76	143,0	61	146,1	31	142,9	11	146,8	6	148,7	5	144,6
S9 kleinste Stirnbreite	21	96,7	75	96,6	57	97,2	31	97,4	12	98,2	7	96,3	5	100,8
S17 Basion-Bregma-Höhe	4	128,5	54	128,9	42	128,8	31	124,6	10	127,7	6	126,8	4	129,0
S20 Ohrhöhe	4	113,8	63	113,5	55	113,5	31	112,6	10	108,9	6	112,0	4	104,3
S45 Jochbogenbreite	3	134,7	48	133,1	27	134,3	30	132,2	10	136,5	6	136,3	4	136,7
S48 Obergesichtshöhe	4	68,5	49	71,3	42	70,4	29	73,4	10	69,9	7	68,6	3	72,8
S51 Orbitalbreite	8	42,1	49	41,6	28	41,0	31	42,0	11	42,0	7	42,6	4	41,0
S52 Orbitalhöhe	8	33,4	49	33,4	28	33,5	31	33,7	11	35,0	7	35,9	4	33,5
S54 Nasenbreite	4	24,3	49	24,6	27	24,5	30	24,4	11	23,7	7	23,6	4	24,0
S55 Nasenhöhe	4	49,8	49	51,2	27	50,4	31	52,1	11	53,3	7	52,7	4	54,3
Schädelindices														
I1 Längen-Breiten-Index	12	75,2	76	76,2	58	78,6	31	77,1	10	79,0	5	82,2	5	75,8
I2 Längen-Höhen-Index	4	67,7	54	68,8	45	69,0	31	67,3	10	70,9	5	69,8	5	72,0
I3 Breiten-Höhen-Index	4	91,6	53	89,5	42	87,9	31	87,4	11	89,9	6	85,3	5	95,4
I39 Obergesichts-Index	-	-	48	53,5	27	52,6	28	55,7	8	49,8	6	49,4	2	51,0
I42 Orbital-Index	7	77,6	49	80,4	28	81,8	31	80,3	11	83,7	7	84,5	4	82,3
I38 Nasal- Index	3	50,7	49	48,0	27	48,4	30	47,0	11	44,6	7	44,9	4	44,0
I73a Jugofrontal-Index	3	70,6	50	73,4	39	72,3	30	73,8	9	71,6	6	71,1	3	72,7
Körperhöhe														
Berechnungsbasis														
Humerus	15	1.676,9	*	1.678,7	*	1.724,6	11	1.729,5	5	1.710,4	5	1.710,4	-	-
Femur	24	1.724,0	*	1.723,4	*	1.717,6	14	1.696,3	7	1.730,0	7	1.730,0	-	-
Tibia	13	1.728,2	*	1.733,7	*	1.734,4	8	1.696,5	8	1.725,4	8	1.725,4	-	-
Mittelwert		1.709,7		1.711,9		1.725,6		1.707,4		1.721,9		1.721,9	-	-

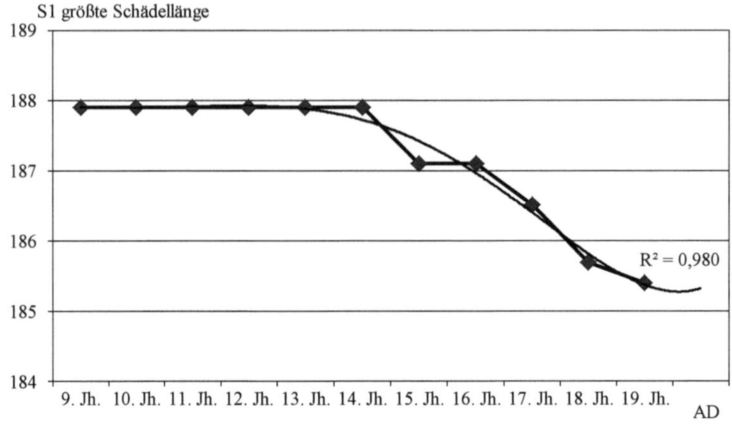

Abb. 13: Diachrone Entwicklung der größten Schädellänge (Maß S1) in Bremen (Rauten) und Polynomzug vierter Ordnung. R^2 = Bestimmtheitsmaß.

Bei einem Schädel handelt es sich um einen dreidimensionalen Körper. Veränderungen einer Variablen dürften daher nicht ohne Folgen auf andere Messstrecken verblieben sein. So wird die Verkürzung der Schädellänge nicht ohne Auswirkungen auf andere Maße der mediansagittalen Achse geblieben sein. Die sich in diesem Zusammenhang anbietende Betrachtung der Sehen- und Bogenmaße des Neurocraniums (Maße S25 bis S31) muss wegen fehlender Maßangaben bei den meisten Bremer Stichproben unterbleiben. Lediglich die Basislänge (Maß S5) steht zur Verfügung, wenngleich sie im Falle der Funde von St. Veit durch den geringen Beobachtungsumfang eingeschränkt ist. Gemäß der Klassifikation von HUG (1940) sind die Bremer Basislängen als lang einzustufen. Auch diese Messgröße nimmt bei den männlichen Schädeln aus Bremen vom 9. bis 19. Jahrhundert ab (Abb. 14). Die Unterschiede zwischen den Mittelwerten der beiden ältesten Bremer Stichproben sind entgegen ihrer grafischen Umsetzung in der Realität mit 0,2 Millimetern ausgesprochen gering und dürften wegen der geringen Individuenanzahl bei den Funden von St. Veit zufallsbedingt sein. Insgesamt ist auch diese Entwicklung signifikant (r_{xy} = –0,886). Betrachten wir wiederum die diachronen Verhältnisse (Abb. 15), so findet die Verkürzung der Basislänge vor allem vom 16. bis 18. Jahrhundert statt. Die Signifikanz nimmt über den gesamten Erfassungszeitraum etwas ab (r_{xy} = –0,811). Fassen wir den Mittelwert der Stichprobe St. Veit als zufallsbedingt auf und betrachten die Entwicklung ab dem 14. Jahrhundert, so spricht der Korrelationskoeffizient (r_{xy} = –0,953) sogar für eine hochsignifikante Erscheinung. Ein interessantes Phänomen zeigt sich bei Annahme eines kontinuierlichen Prozesses: Gemäß der Aussagen der Polynomberechnung wäre in Bremen während des 20. Jahrhunderts mit einer ausgesprochen deutlichen Zunahme der Basislänge zu rechnen, deren Größe dann sogar den Ausgangswert vom 100 Millimetern übertrifft. Eingedenk der Verringerung bzw. des hypothetischen Gleichbleibens der Schädellänge im 20. Jahrhundert muss die Frage gestellt werden, wie sich eine –

ebenfalls hypothetische – Verlängerung der Basislänge am Schädel ausgewirkte. Hier wäre an eine deutliche Verlängerung des Obergesichts – sowohl in horizontaler als auch vertikaler Dimension – zu denken. Die Ausdehnung in der Senkrechten kann beim gegebenen Maßensemble (vgl. Tab. 6) mit Hilfe der Obergesichtslänge (S48) gefasst werden. Bezogen auf die Stichproben ist kaum von signifikanter Zunahme zu sprechen (r_{xy} = +0,725). Diese findet sich erst und zudem in ausgesprochen geringem Umfang bei diachroner Betrachtungsweise (14. – 19. Jh.; r_{xy} = +0,801). Die Veränderungen in horizontaler Ebene könnten zwar durch entsprechende Maße gefasst werden; diese sind jedoch bei den Untersuchungen am Bremer Material nicht erhoben worden.

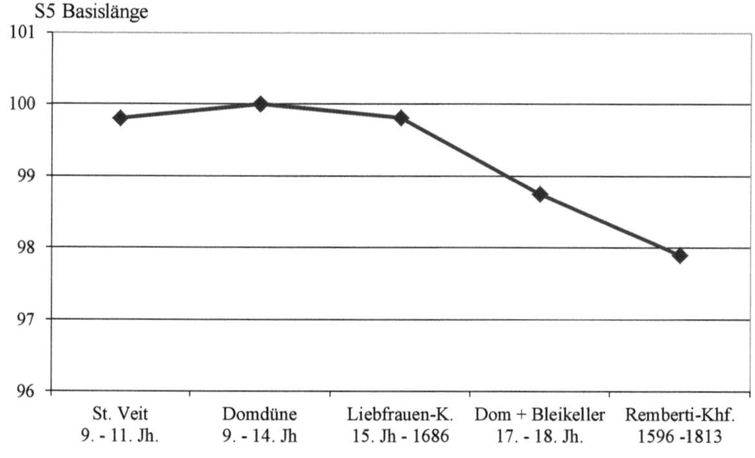

Abb. 14: Entwicklung der größten Basislänge (Maß S5) bei Bremer Stichproben.

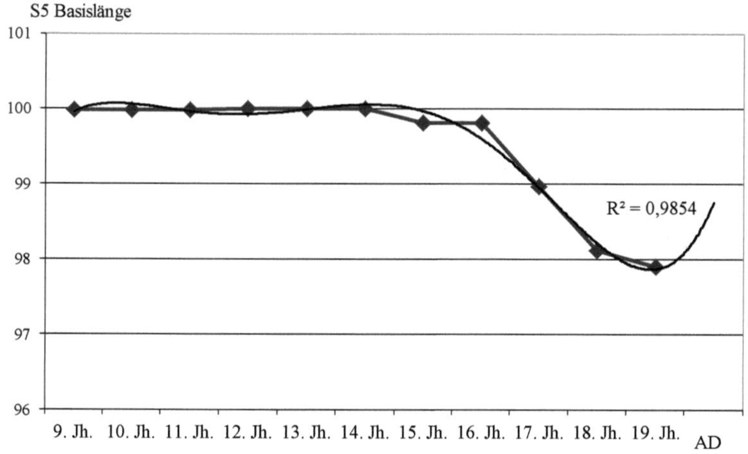

Abb. 15: Diachrone Entwicklung der Basislänge (Maß S5) in Bremen (Rauten) und Polynomzug fünfter Ordnung. R^2 = Bestimmtheitsmaß.

Bislang betrachten wir ausschließlich Maße der Längendimension des Schädels. In frontaler Ansicht wird das Erscheinungsbild eines Schädel – respektive eines Kopfes – vor allem durch die Breitendimensionen geprägt. Als wichtigstes Maß bietet sich hier zunächst die größte Schädelbreite (Maß S8) an. Die Mittelwerte der Bremer Stichproben sind gemäß der Klassifikation von HUG (1940) als mittelbreit (St. Veit, Domdüne und St.-Remberti-Kirchhof) bzw. breit (Liebfrauen-Kirchhof sowie Dom und Bleikeller) zu bezeichnen. Obschon dieses Maß in seiner absoluten Dimension kleiner ist als das der größten Schädellänge, fällt die Variationsbreite der Mittelwerte dieses Breitenmaßes (R = 139,8 – 146,8) mit sieben Millimetern deutlich größer aus.[44] Die größte Schädelbreite nimmt innerhalb der Bremer Stichproben zu (Abb. 16). Erst bei der von ihrer Zeitstellung her jüngsten Teilserie (St.-Remberti-Kirchhof) ist ein geringerer Wert zu beobachten. Dieser Befund ist auffällig, da sich diese Stichprobe mit der Sammelserie Dom und Bleikeller zeitlich überschneidet. Der durchschnittliche Unterschied von fast vier Millimetern mag unseren oben geäußerten Vorbehalt der letztgenannten Serie gegenüber stützen, wenngleich sich deren Werte in der bisher geführten Betrachtung nicht weiter absetzten, sondern sich sogar gut einfügten. Bevor nun unterschiedliche Sozialklassen (Führungsschicht [Dom] versa Vorstadtbevölkerung) als Begründung angeführt werden – und zudem die Zufallsbedingtheit des aufgezeigten Befundes (r_{xy} = +0,562) außer Acht gelassen wird –, gilt es einen Blick auf die diachrone Entwicklung zu werfen (Abb. 17): Die größte Schädelbreite steigt sprunghaft vom 14. zum 15. Jahrhundert an, um sich ab dem 16. Jahrhundert stetig zu vermindern. Allerdings ist die gesamte Entwicklung (r_{xy} = +0,537) als auch jene im eingeschränkten Zeitrahmen (14. – 19. Jh.; r_{xy} = –0,288) zufallsbedingt. Dementsprechend problematisch ist die Projektion in die Zukunft: Ein Polynom vierter Ordnung erbringt – trotz nicht optimalem Bestimmtheitsmaßes (R^2 = 0,8022) – einen gut interpretierbaren Befund, demzufolge es zu einer weiteren Abnahme der Schädelbreite auf knapp 139 Millimetern im 20. Jahrhundert kommt; dieser Wert unterschritte somit den mittelalterlichen Ausgangswert von 142,5 Millimetern. Anhand der bisherigen Betrachtung der Bremer Stichproben wäre mithin eine Verringerung der Schädellänge und –breite zu konstatieren. Konstruktionstechnisch gesehen bedeutet dieses eine Verkleinerung des Raumkörpers; bevölkerungsbiologisch wäre am ehesten von einer Grazilisierung des Schädels zu sprechen. Dieses widerspricht der bisherigen Lehrmeinung einer seit dem Beginn des Mittelalters in Mitteleuropa einsetzenden Verrundung des Schädels (sog. Brachycranisation; vgl. unten). Folgen wir dem statistischen Ansatz und wählen den Polynomzug mit dem optimalen Bestimmtheitsmaß aus (6. Ordnung, R^2 = 0,9076; vgl. Abb.17). Jetzt steigt die größte Schädelbreite vom 19. zum 20. Jahrhundert zwar an und die Forschungsmeinung wäre unterstützt, wenn der Zuwachs von acht Millimetern nicht geradezu unglaublich hoch ausfiele. An dieser Stelle könnte die Suche nach der Begründung in zwei unterschiedliche Richtungen verlaufen: Diskussion der sozialen Zusammensetzung der Stichproben – was anhand der historischen Situation mutmaßlich wiederum zu fragwürdigen Ergebnissen führte – versa Kritik am gewählten statistischen Verfahren, dem eine gewisse Heuristik nicht abzu-

[44] Die Variationsbreite der Mittelwerte der Schädellänge beträgt bei den Bremer Stichproben 2,5 Millimeter (R = 185,4 – 187,9).

sprechen sein dürfte. Mithin sind wir – wie so oft bei der Betrachtung osteoarchäologischer Befunde – an einer Nahtstelle zwischen natur- und geisteswissenschaftlichem Denkansatz angelangt.

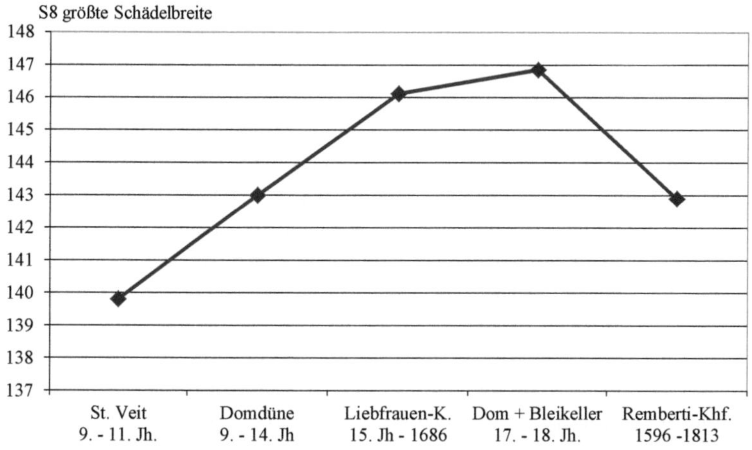

Abb. 16: Entwicklung der größten Schädelbreite (Maß S8) bei Bremer Stichproben.

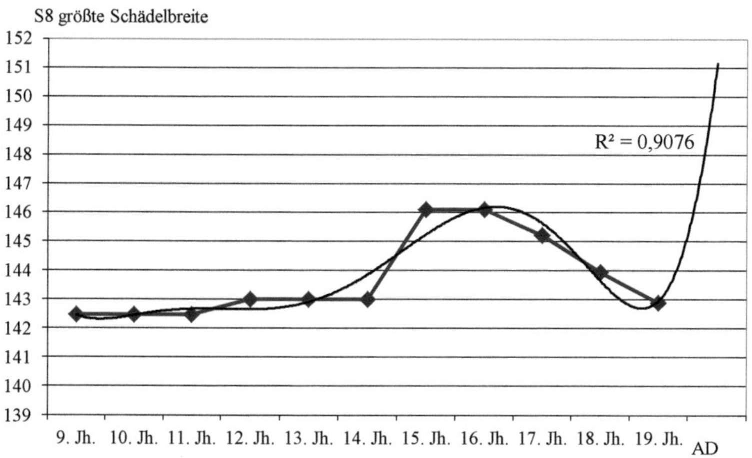

Abb. 17: Diachrone Entwicklung der größten Schädelbreite (Maß S8) in Bremen (Rauten) und Polynomzug sechster Ordnung. R^2 = Bestimmtheitsmaß.

Wenden wir uns einem weiteren Breitenmaß zu. Die kleinste Stirnbreite (Maß S9) konnte bei der Stichprobe St. Veit relativ häufig gemessen werden. Die Mittelwerte der beiden mittelalterlichen Stichproben erreichen nahezu identische Größen (vgl. Tab. 6), was wiederum für eine Grundgesamtheit spräche. Mit Ausnahme der Sammelserie Dom und Bleikeller sind die Mittelwerte der kleinsten Stirnbreite innerhalb der Bremer Befunde gemäß der Klassifikation von HUG (1940) als mittelbreit zu bezeichnen. Die Zunahme innerhalb der Serienbefunde ist kaum signifikant (r_{xy} = +0,744, vgl. Abb. 18). Die Entwicklung ist weitgehend identisch zu jener der größten Schädelbreite, wenngleich die Variationsbreite – absolut wie relativ – nun wesentlich geringer ist. Die diachrone Betrachtung liefert hingegen signifikante Bezüge (r_{xy} = +0,887; vgl. Abb. 19); die Beschränkung auf den Zeitraum 14. – 19. Jahrhundert erbringt keine Verbesserung dieses Befundes (r_{xy} = +0,838). Dieses mag an der geringen Differenz der Mittelwerte zu Beginn des Betrachtungszeitraumes liegen, die angesichts der Beobachtungsumfänge nicht als Fehler der kleinen Zahl verstanden zu werden braucht. Die diachrone Entwicklung beider Breitenmaße (S8 und S9) verläuft jedoch unerwartet andersartig: Nach gemeinsamem deutlichen Anstieg vom 14. zum 15. Jahrhundert und stichprobenbedingter Konstanz im Zeitraum 15. bis 16. Jahrhundert nimmt die kleinste Stirnbreite in den folgenden Jahrhunderter weiter zu. Erst zum 19. Jahrhundert hin vermindert sich der Mittelwert dieser Messstrecke wieder. Zum 20. Jahrhundert hin dürfte mit einer weiteren Verringerung der kleinsten Stirnbreite zu rechnen sein. Das bedeutet nunmehr, das sich das Neurocranium zur subrezenten Zeit hin verkürzt – oder in der Längsdimension konstant verbleibt, sich in seinem mittleren bis hinteren Abschnitt verbreitert und zugleich im frontalen Bereich verschmälert. Wenn dieser Befund auch Hypothese ist, so ist durch das ossuäre Material zumindest eine Abnahme der beiden Breitendimensionen des Schädels (Maße S8 und S9) vom 18. zum 19. Jahrhundert belegt.

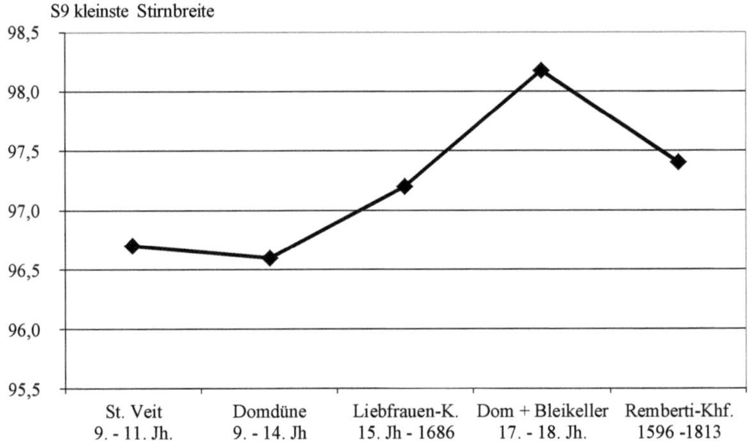

Abb. 18: Entwicklung der kleinsten Stirnbreite (Maß S9) bei Bremer Stichproben.

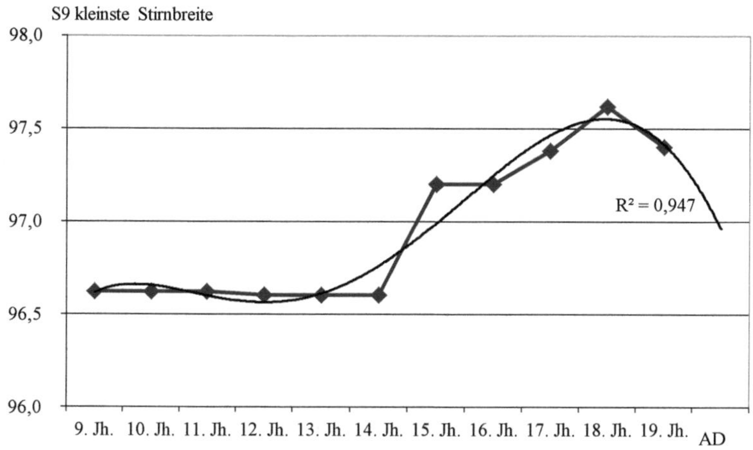

Abb. 19: Diachrone Entwicklung der kleinsten Stirnbreite (Maß S9) in Bremen (Rauten) und Polynomzug fünfter Ordnung. R^2 = Bestimmtheitsmaß.

Die anderen metrischen Befunde der üblicherweise für einen Bevölkerungsvergleich verwendeten Schädelmaße unterliegen bei den Funden von St. Veit dem statistischen Phänomen des Fehlers der kleinen Zahl.[45] Allerdings fallen die Unterschiede zwischen den Stichproben St. Veit und Domdüne bei der Basion-Bregma-Höhe (Maß S17), Ohrhöhe (Maß S20), Orbitahöhe (Maß S52) und Nasenbreite (Maß 54) ausgesprochen gering aus. Hierin bestärkt sich wiederum die Vermutung einer Grundgesamtheit.

Gesicht und Kopf prägen nachhaltig das physische Erscheinungsbild eines Menschen. Hinzukommt noch die Körperhöhe. Diese Messgröße wird bei einem Vergleich (prä-)historischer Bevölkerungen aber nur zu gern vernachlässigt. Der weit überwiegende Teil aller bisherigen Publikationen zur Schätzung der Körperhöhe basiert auf den Längenmaßen der grossen Gliedmaßenknochen und [er]gibt bevölkerungsspezifische Regressionsgleichungen (RÖSING 1988, 588). Die Probleme beginnen mithin bereits bei der Auswahl der zutreffenden Schätzverfahren.[46] Bevölkerungsspezifische Phänomene, der fast durchgängig zu beobachtende Ausschluss von vertikalen Schädelmaßen (z.B. Maß S17 Basion-Bregma-Höhe) sowie Körperseitenunterschiede können die Schätzung zusätzlich erschweren bzw. einen großen Schätzfehler zur Folge haben. Diese Problematik wird auch bei den Bremer Befunden offen-

[45] Der sogenannte *Fehler der kleinen Zahl* stellt in der anthropologischen bzw. osteoarchäologischen Forschung ein nahezu durchgängiges Problem dar. Nur zu gern wird er dazu verwendet, an vorliegendem Datenmaterial getroffene Aussagen zumindest in Frage zu stellen. Bei der Zeitreihenanalyse – durchaus vergleichbar der oben durchgeführten Fortschreibung der Entwicklung ins 20. Jahrhundert hin – sollte die Zahl Fünf nicht unterschritten werden. Ähnlich verhält es sich gemäß den Erfahrungswerten (vgl. SCHWIDETZKY 1967, 141f.) bei multivariat-statistischen Bevölkerungsvergleichen: Schon bei einem Beobachtungsumfang von fünf Individuen sind grobe Irrtümer ausgeschlossen und ab sieben Individuen verändern sich die Relationen nicht mehr in nennenswerter Weise. Allerdings gelten diese Zahlen für einen auf mehreren Merkmalen beruhenden Vergleich. Für den singulären Merkmalsvergleich benutzen wir die Mindestzahl von zehn Individuen, damit der Mittelwert nicht in übergebührlichem Maß vom Einzelindividuum geprägt wird.

[46] Dieses drückt sich auch sprachlich aus: Es wird zumeist von Körperhöhenschätzungen und nicht –berechnungen gesprochen.

bar. Für die Körperhöhenschätzung konnte bei den Stichproben St. Veit, St.-Remberti-Kirchhof und neuzeitliche Domfunde auf die Individualmaße zurückgegriffen werden, während für das Material von der Domdüne und vom Liebfrauen-Kirchhof die Körperhöhe anhand der Mittelwertsangabe geschätzt werden musste. Für die Schätzung wurden die Verfahren von OLIVIER und TISSIER (1975), PEARSON (1899) sowie TROTTER und GLESER (1958) gleichwertig herangezogen, wobei die Schätzung getrennt für die Maße des Humerus, Femurs und der Tibia durchgeführt wurde. Für die Mittelwertsangabe (vgl. Tab 6) wurde die jeweils am häufigsten vertretene Körperseite verwendet.

Die Aussage, dass die Männer der Stichprobe St. Veit durchschnittlich 1,71 m hoch gewesen sind[47], klingt zunächst plausibel und ist selbst für den Laien gut mit eigenen Erfahrungswerten vergleichbar. Die Männer der Stichprobe Domdüne sind fast gleichhoch. Eine Zunahme der Körperhöhe scheint in Bremen erst zur Stichprobe Liebfrauen-Kirchhof hin zu erfolgen, die bereits an den Beginn der Neuzeit datiert wird (vgl. Abb. 20). Danach kommt es wieder zu einer Abnahme der Schätzwerte. Bemerkenswert ist, dass die Variationsbreite dieser Größe innerhalb der Bremer (Mittelwerts-)Befunde mit gut 1,5 Zentimetern recht gering ist (R = 171,0 – 172, 6 cm) und damit im Bereich des Schätzfehlers liegt. Die Entwicklung ist zudem statistisch nicht signifikant (r_{xy} = +0,353).[48]

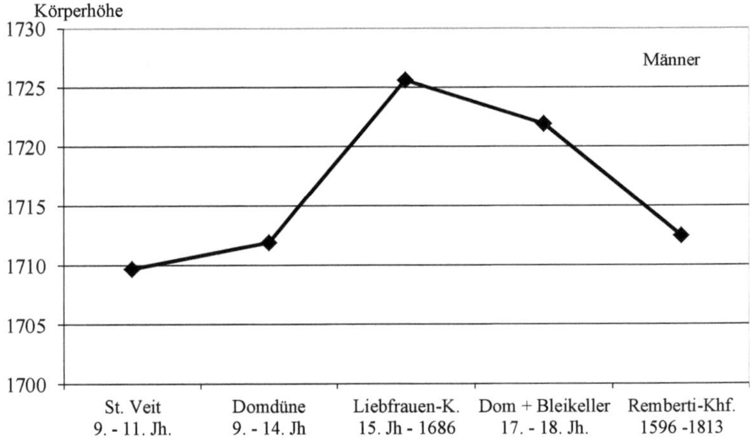

Abb. 20: Entwicklung der Körperhöhenschätzung bei Bremer Stichproben.

[47] In Anthropologie und Forensik wird der Begriff „hoch" benutzt, während umgangssprachlich von „groß" gesprochen wird. Da – wie wir oben bei der Diskussion einiger Schädelmaße gesehen haben – auch andere Messwerte als groß bezeichnet werden, ist die Bezeichnung „hoch" zutreffender. – Ihre weiblichen Zeitgenossen waren durchschnittlich 159 cm hoch.

[48] Dieses muss angesichts der Form der Entwicklung und des linearen Korrelationsansatzes nicht weiter verwundern. Erst bei ausschließlichem Rückgriff auf die Humeruslänge ergäbe sich eine schwache Signifikanz (r_{xy} = 0,825); die aufgezeigte Entwicklung bliebe aber mit Ausnahme der Befunde vom St.-Remberti-Kirchhof bestehen. – Erwähnt sei noch, dass die Körperhöhenschätzungen für die Teilstichprobe Bleikeller entfallen, so dass die Werte der Stichprobe Dom und Bleikeller nicht die statistisch erforderlichen Beobachtungsmenge erbringen.

Die diachrone Betrachtung erbringt ähnliche Bezüge (Abb. 21).[49] Die Verminderung der Körperhöhe ab dem 16./17. Jahrhundert entspricht durchaus den Beobachtungen an weiteren deutschen Serien und setzt anderweitig bereits früher an (vgl. zusammenfassend WURM 1985, s.a. KOMLOS 1998). Bemerkenswert ist eher der Anstieg vom 14. zum 15. Jahrhundert. Die heute noch anhaltende Zunahme der Körperhöhe europider Bevölkerungen (sog. accelerationsbedingte Körperhöhenprogression; vgl. WURM 1985a) stellt ein erst ab der Mitte des 19. Jahrhunderts zu beobachtendes Phänomen dar. Es ist durch das ossuäre Fundgut aus Bremen (noch) nicht zu belegen, deutet sich aber bei Fortschreibung der Werte und deren grafischer Umsetzung (vgl. Abb. 21) bereits an.

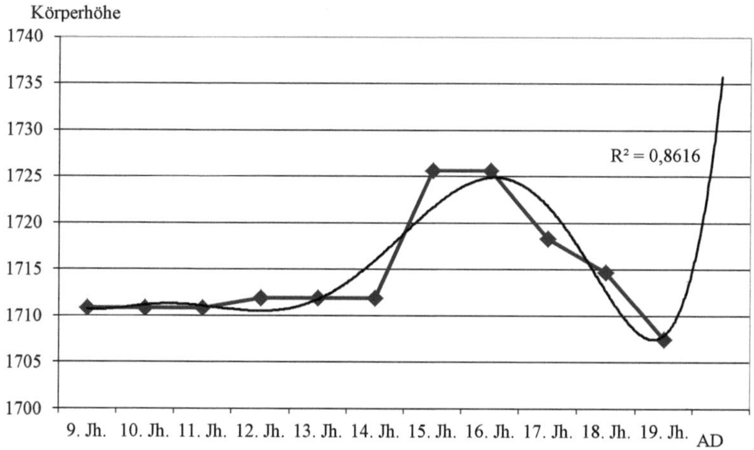

Abb. 21: Diachrone Entwicklung Körperhöhenschätzung in Bremen (Rauten) und Polynomzug sechster Ordnung. R^2 = Bestimmtheitsmaß. Nur Männer.

Greifen wir noch einmal die – vermeintliche – Feststellung auf, dass die Männer der Stichprobe St. Veit durchschnittlich 171 cm hoch gewesen sind. Dieser Wert ist zwar gut vergleichbar mit den Befunden zeitgleicher norddeutscher Stichproben, z.B. Haithabu (169 cm, SCHAEFER 1963, 180), Spandau (169,8 cm, HERRMANN 1989, 185), Remlingen (171 cm, MAY und DUNKEL 1993, 115), sowie der englischen Serien North Elmham Park (172 cm, WELLS und CAYTON 1980, Tab. 19), Jarrow (171,7 cm, WELLS 2000, Tab.11) außerdem Björned (172 cm, GRUNDBERG und HÅRDING 2003, Tab. 6) sowie den schwedischen Serien Lund – St. Stefan I (172 cm, PERSSON und PERSSON 1980, Tab. 4) und Sigtuna 1 (173,8 cm, KJELLSTRÖM, TESCH und WIKSTRÖM 2005, Tab. 13), obgleich – erstaunlicher Weise – unterschied-

[49] Die gesamte Entwicklung – basierend auf den drei genannten Längsknochen – dürfte zufallsbedingt sein (r_{xy} = 0,308). Eine schwache Signifikanz ergibt sich erst bei getrennter Auswertung im Falle der Humeri (r_{xy} = 0,879) bzw. der Femora (r_{xy} = 0,843).

liche Berechnungsverfahren angewendet wurden.[50] Der Bremer Befund setzt sich aus den Mittelwerten von drei Längsknochenmaßen zusammen (n_{min} = 13; vgl. Tab. 6). Bemerkenswert ist die große Ähnlichkeit zwischen den Ergebnissen der Körperhöhenschätzungen auf der Grundlage der Femora (172,4 cm) und der Tibiae (172,8 cm). Auffällig erscheint hingegen die Abweichung zu den Humeri-Befunden (167,7 cm). Ähnliches findet sich bei der Stichprobe Domdüne und – in umgekehrter Ausrichtung – bei den Funden vom St.-Remberti-Kirchhof. Erst ein Rückgriff auf die Werte getrennt nach Körperseiten bringt Klarheit: Die im Fundgut zahlenmäßig deutlich häufiger vertretenen linken Humeri erlauben eine Körperhöhenschätzung in der genannten Größenordnung. Werden hingegen die neun rechten Humeri herangezogen, so beträgt die geschätzte Körperhöhe 170 cm. Dahinter steht ein seitenmäßiger Unterschied von „nur" sieben Millimetern bei der größten Humeruslänge (Maß H1). Messgenauigkeit, Schätzwertfehler sowie der Fehler der kleinen Zahl als auch das kaum realisierte Samplingverfahren bei den letzten beiden Fundbergungen des Materials von St. Veit wären nun aus methodischer Sicht anzuführen. Ebenso gälte es einmal Seitenunterschiede und Proportionsverhältnisse zu betrachten. Beim letztgenannten Punkt stellt sich konkret die Frage, ob die Längen der Armknochen stets positiv mit jenen des Beinskeletts korreliert sind. Eine der wenigen entsprechenden Betrachtungen ergab Unterschiede von bis zu 15 cm bei einem Vergleich von Körperhöhenschätzungen anhand der einzelnen Längsknochen eines Skelettes (vgl. KRIESEL 1998). Dieser Befund widerspricht der Ansicht von MAY und DUNKEL (1993, 115), „dass mit großer Wahrscheinlichkeit keine höhere Genauigkeit der Körperhöhenschätzung erzielt werden kann, wenn man diese aus mehr als einem Langknochen gewinnt."

Im Grunde genommen ist die Schätzung der Körperhöhe und vor allem ein Vergleich der Werte mit vielen sprichwörtlichen Fallstricken behaftet (vgl. auch WURM und LEIMEISTER 1986), so dass wir uns an dieser Stelle der Meinung von RÖSING (1988, 589) anschließen, dass „die eigentlichen Längsknochenmaße prinzipiell aussagekräftiger sind als die errechneten Körperhöhe." Umgesetzt auf die Bremer Verhältnisse ergibt sich ein unerwarteter Befund: Die größte Femurlänge (Maß F1) steigt vom Früh- zum Hochmittel leicht an, um sich vom Spätmittelalter stetig zu verringern, während die größte Humeruslänge sich ab dem 14. Jahrhundert vergrößert (vgl. Abb. 22). Die gesamte Entwicklung bei den Oberschenkelknochen ist jedoch zufallsbedingt (r_{xy} = –0,563) und bei den Humeri nur schwachsignifikant (r_{xy} = +0,819). Erst bei einer Betrachtung der Verhältnisse ab dem 14. Jahrhundert ergibt sich bei den Femora eine signifikante Entwicklung (r_{xy} = –0,964), während jene bei den Oberarmknochen in ihrer Aussagekraft nahezu unverändert bleibt (r_{xy} = +0,839). Die Verhältnisse bei den Tibiae können in diesem Zusammenhang vernachlässigt werden: Zum einen verändert sich ihre Länge – mit Ausnahme des jüngsten Wertes – kaum (vgl. Abb. 22) und zum anderen könnte sich angesichts des eingeschränkten Beobachtungsumfanges bei den beiden jüngeren Bremer Stichproben der *Fehler der kleinen Zahl* bemerkbar machen. Es kommt mithin zu Veränderungen der Proportionsverhältnisse bei den Stylopodien. Bezogen auf die Mittel-

[50] Zu Körperhöhenschätzungen früh- und hochmittelalterlicher Bevölkerungen zwischen der Ostseeküste und Böhmen vgl. SIMON (1982, Tab.12), mit weiter gespanntem Zeitrahmen vgl. SCHOTT (1961, Tab. 3) sowie für den südslawischen Raum vgl. ŠTEFANČIČ (1995, Tab. 13).

wertsentwicklung ist dieser Prozess allerdings nicht signifikant (r_{xy} = –0,791). Erst wenn Humerus- und Femurlänge mit Hilfe des Femora-Humeral-Index[51] in direkte Relation zueinander gestellt und über die Jahrhunderte betrachtet werden, ergibt sich – abgesehen von der Verringerung im Zeitraum 12. – 14. Jahrhundert – ein Anstieg des Indexwertes (vgl. Abb. 23). Das bedeutet, dass sich der Oberarmknochen deutlich gegenüber dem Oberschenkelknochen – in der Längsdimension – vergrößert. Diese Entwicklung ist ab dem 14. Jahrhundert signifikant (r_{xy} = +0,931) und dürfte sich mutmaßlich im 20. Jahrhundert fortsetzen.[52] – In Bezug auf die Körperhöhe und die Proportionen von Zeugo- und Stylopodium ist noch viel methodische Basisarbeit zu leisten, bevor die dem Skelettverband entrissenen Knochen von Bremen – St. Veit im Vergleich gewertet werden könnten. So mögen die körperseitenbezogenen Mittelwerte dieser Stichprobe erst einmal für sich stehen (vgl. Tab. 6).

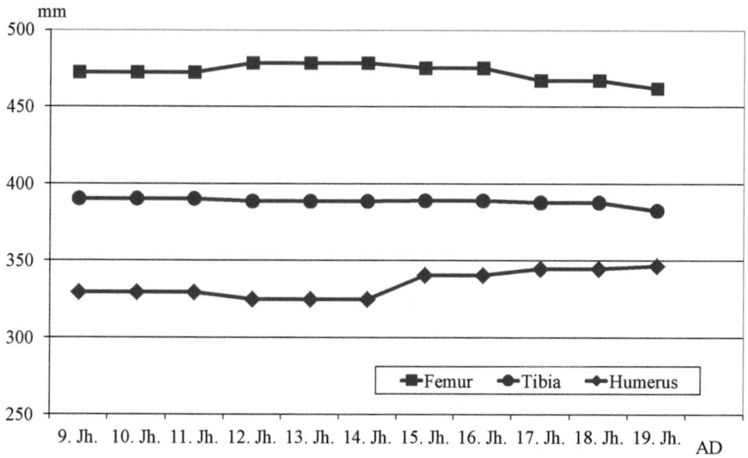

Abb. 22: Diachrone Entwicklung der größten Länge der Humeri, Femora und Tibia in Bremen. Angaben in Millimetern. Nur Männer.

[51] Abweichend zu der Definition bei MARTIN (1957, 591) wird hier aufgrund der Datenbasis auf die jeweilige größte Länge von Humerus und Femur zurückgegriffen. Die Berechnungsformel lautet mithin: H1*100/F1. Die Multiplikation mit dem Faktor 100 erfolgt – wie bei Indexwerten üblich – zur besseren Verdeutlichung der Ergebnisse.

[52] Nicht verschwiegen werden soll, dass die Entwicklung – ab dem 9. Jahrhundert betrachtet – zufallsbedingt ist (r_{xy} = 0,780).

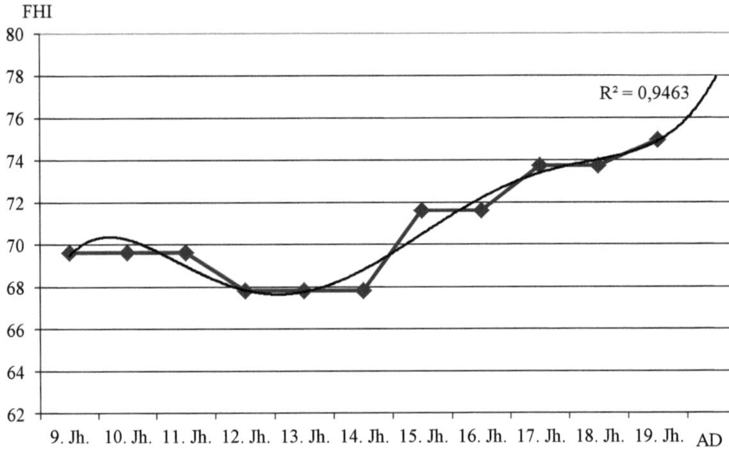

Abb. 23: Diachrone Entwicklung des Femora-Humeral-Index in Bremen und Polynomzug fünfter Ordnung. R^2 = Bestimmtheitsmaß.

Die anhand der einzelnen Schädelmaße geschilderten Entwicklungstendenzen werden deutlicher, wenn auf Indices zurückgegriffen wird, durch die das Verhältnis zweier metrischer Merkmale zueinander anschaulich beschrieben werden kann. In der anthropologischen Literatur ist – in Bezug auf den Schädel – der sogenannte Längen-Breiten-Index ein gern gewähltes Verhältnismaß. Wenn auch die Funde von St. Veit – wie auch die Mittelwerte der anderen Bremer Stichproben – als mesokran[53] einzustufen sind, so verändert sich dieser Index in zeitlicher Dimension: Er steigt bis in die Neuzeit hinein an (vgl. Abb. 24). Lediglich bei der Stichprobe vom St.-Remberti-Kirchhof ist – ähnlich wie bei der Körperhöhenschätzung – ein geringerer Indexwert zu beobachten. Ein ähnlicher Befund ergibt sich bei der Betrachtung des Längen-Höhen-Index, der im Falle der Stichprobe St. Veit aber auf statistisch unsicheren Füßen steht. Die Bremer Schädel werden – zumindest – ab dem Beginn des Mittealters kürzer und zugleich breiter sowie geringfügig höher. Diese Aussage gilt tendenziell, da die Entwicklung statistisch nicht abzusichern ist (LBI[54]: $r_{xy} = +0{,}653$ bzw. $+0{,}699$; LHI: $r_{xy} = +0{,}146$ bzw. $-0{,}563$).

Die Zunahme vom Mittelalter bis zum Übergang zur Neuzeit und ein Absinken in der eigentlichen Neuzeit ist ein hinlänglich bekanntes Phänomen des Längen-Breiten-Index und wird unter dem Begriff „Brachykranisation“ (auch „Brachycephalisation“) beschrieben. Darunter ist eine Verrundung des Schädels zu verstehen, die durch Verkürzung des Schädels bei gleichzeitiger Verbreiterung bewirkt wird. Während über die auslösenden Faktoren keine Einigkeit herrscht, steht nach gängiger Lehrmeinung fest, dass besonders seit dem eigent-

[53] Zur Problematik der Stufeneinteilung und -grenzen vgl. GERHARDT 1938.

[54] Der erste Korrelationskoeffizient bezieht sich auf die Betrachtung in der Abfolge der Stichproben, während die zweite Angabe die jahrhundertgemäße Entwicklung als Grundlage hat.

lichen Mittelalter (etwa ab dem 10. Jahrhundert) ein Brachykranisationsschub stattfand (vgl. z.B. KONDOVA und CHOLAKOV 1994, NECRASOV 1974 sowie WIERCINSKI 1963 und 1974). Seit etwa einem Jahrhundert lässt sich wieder eine gewisse Entrundung (Debrachykranisation) feststellen (KNUSSMANN 1980, 345; vgl. auch SCHWIDETZKY 1970, 104ff.). Die Bremer Befunde spiegeln kleinräumig diese Evolutionstendenzen wider, wenngleich der Trend zur Debrachykranisation bei der Stichprobe St.-Remberti-Kirchhof zeitlich gesehen etwas verfrüht auftritt. Dies ist aber durch den immer noch dürftigen Stand der wissenschaftlichen Untersuchung neuzeitlichen Skelettmaterials bedingt, so dass der Beginn der Debrachykranisation mutmaßlich auch ein oder anderthalb Jahrhunderte früher anzusetzen wäre.

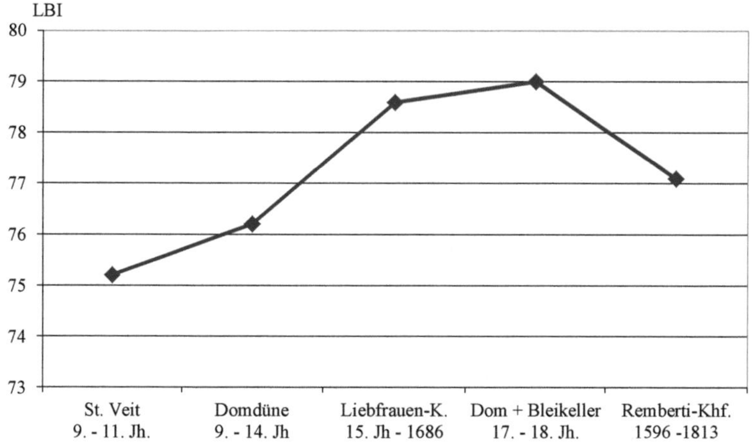

Abb. 24: Entwicklung der Längen-Breiten-Index (LBI) bei Bremer Stichproben.

Der Prozess der Brachykranisation bzw. Debrachykranisation sollte aber nicht nur für sich allein betrachtet werden. Zeitgleich ist eine analoge Entwicklung bei der Schädelhöhe zu beobachten. Wenngleich nunmehr die weiteren Schädelindices der vorgelegten Stichprobe zu betrachten wären,[55] so wollen wir nunmehr der Frage nachgehen, in wie weit die Funde von St. Veit und jene von der Domdüne als einheitlich – mithin einer Grundgesamtheit entstammend – zu verstehen sind. Bei zahlreichen Schädelmaßen wie auch den Körperhöhenschätzungen ergaben sich für beide Stichproben recht nahe stehende Werte. Die Vermutung einer Ähnlichkeit müsste bei einem multivariatstatistischen Vergleich zu einem geringen Abstandswert führen. Grundlage sind die in Tab. 6 aufgelisteten zwölf Schädelmaße der Bremer Män-

[55] Der geringe Beobachtungsumfang zwingt uns dazu, auf eine weitere Betrachtung der einzelnen Schädelindices zu verzichten. Diese findet sich für die anderen Bremer Stichproben im Ansatz bei CASELITZ (1983, 65). Zur Verteilung hoch- und spätmittelalterlicher Schädelindex-Werte und – darauf aufbauend – europider Rassentypen sei auf CASELITZ (1983a, 138-148, spez. Abb. 5-10) verwiesen. Dort wird auch die Stichprobe Bremen – Liebfrauen-Kirchhof berücksichtigt. Zum methodischen Hintergrund und vor allem zur Aussagekraft eines Vergleiches von Indices vgl. BERGMANN und AUE-HAUSER (1980).

ner.[56] Das Ergebnis entspricht nicht der Erwartung: Die Stichproben Domdüne und Liebfrauen-Kirchhof sind sich innerhalb des Bremer Samples am ähnlichsten (vgl. Abb. 25). Erst danach fügt sich die Stichprobe St. Veit diesem Zusammenschluss an. Sie steht den beiden erstgenannten näher als den Funden vom St.-Remberti-Kirchhof, deren Angliederung – wie jene der Sammelserie Dom und Bleikeller – fast schon als verfahrensbedingt angesehen werden muss.[57]

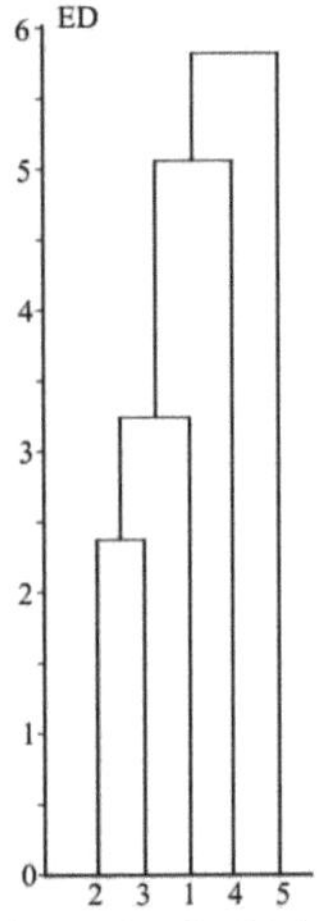

Abb. 25: Relationen Bremer Stichproben zueinander auf der Basis von zwölf Schädelmaßen dargestellt anhand eines auf Average Link-Clustering beruhenden Dendrogrammes euklidischer Abstände (ED). Nummerierung: 1 = St. Veit, 2 = Domdüne, 3 = Liebfrauen-Kirchhof, 4 = St.-Remberti-Kirchhof sowie 5 = Dom und Bleikeller.

Die auf den ersten Blick nichterwartungsgemäße Stellung der Stichprobe St. Veit hätte sich – jenseits ihrer nunmehr erfolgten statistischen Absicherung – auch bei einem direkten Vergleich der einzelnen Mittelwertsangaben ergeben: Die zu St. Veit jeweils ähnlichste Merkmalsausprägungen finden sich in fast gleicher Häufigkeit bei den Stichproben Domdüne und Liebfrauen-Kirchhof. Nur in 21,4 bzw. 14,3 Prozent der Fälle treten die beiden anderen Bremer Serien als nächste „Verwandte" auf – oder anders ausgedrückt: Fast zwei Drittel der bevölkerungsbiologischen Position der Stichprobe St. Veit sind durch ihre Ähnlichkeit zu den Serien Domdüne und Liebfrauen-Kirchhof bestimmt. Auch wenn diese Aussage in sich schlüssig erscheinen mag, so vernachlässigt sie die Zeitdimension. Auf jeden Fall finden die drei älteren Bremer Stichproben zueinander und erst danach schließen sich in deutlichem Abstand die beiden neuzeitlichen Serien an.

[56] Auf die Indexangaben kann verzichtet werden, da die dort gefassten Relationen bereits durch Heranziehung der realen Messstrecken in die Berechnung einfließen. Die Körperhöhenschätzung wird wegen der im Text diskutierten methodischen Schwächen vernachlässigt. Auch wird bei den Stichproben auf eine Eliminierung der gering besetzten Maße verzichtet, da sich der innerbremische Vergleich ansonsten nur auf drei Schädelmaße stützte und die Funde von St. Veit unberücksichtigt verblieben. – Zum methodischen Ansatz vgl. das folgende Kapitel.

[57] Die Höhe der Euklidischen Abstandswerte ist stets eine relative Aussage und darf nicht mit anderen Abstandsberechnungen verglichen werden. Die Aussagen gelten mithin nur innerhalb des jeweiligen Stichprobenrahmens. Die Ermittlung einer Schnittebene – im Sinne einer Trennlinie (vgl. unten) – kann im vorliegenden Falle entfallen, da das Verhältnis der Bremer Stichproben zueinander betrachtet werden soll.

Die bisherige Betrachtung der innerbremischen Bevölkerungsbeziehungen berücksichtigte lediglich die Schädelmaße. Wie oben bereits angedeutet wird das Erscheinungsbild eines Menschen auch wesentlich durch seine Körperhöhe bestimmt. Ihre Einbeziehung liegt, wenn auch in der anthropologischen Forschung ausgesprochen selten realisiert, auf der sprichwörtlichen Hand. Zur Vermeidung der oben diskutierten Probleme um die korrekte Schätzung dieser Messgröße greifen wir auf die größte Länge von Humerus und Femur zurück.[58] Das Ergebnis des multivariatstatistischen Abstandsvergleiches entspricht unserer oben geäußerten Erwartung: Die Stichproben St. Veit und Domdüne fügen sich innerhalb des Bremer Samples als erstes zusammen (vgl. Abb. 26). In etwas höherem Abstandsniveau schließt sich die Serie Liebfrauen-Kirchhof an. Die Stichproben St.-Remberti-Kirchhof und Dom plus Bleikeller rücken jetzt näher zusammen, setzen sich aber immer noch ausgesprochen deutlich von den drei anderen Serien – bzw. derem Zusammenschluss – ab. Wenn auch wegen der fehlenden Individualdaten der Stichprobe Domdüne ein direkter Messgrößenvergleich mittels statistischen Prüfverfahren nicht möglich ist und somit die Frage nach der vermuteten Grundgemeinschaft offen bleiben muss, so spricht das Ergebnis dieser Abstandsanalyse doch zumindest für eine gewisse Nähe der zeitgleichen Serien St. Veit und Domdüne.

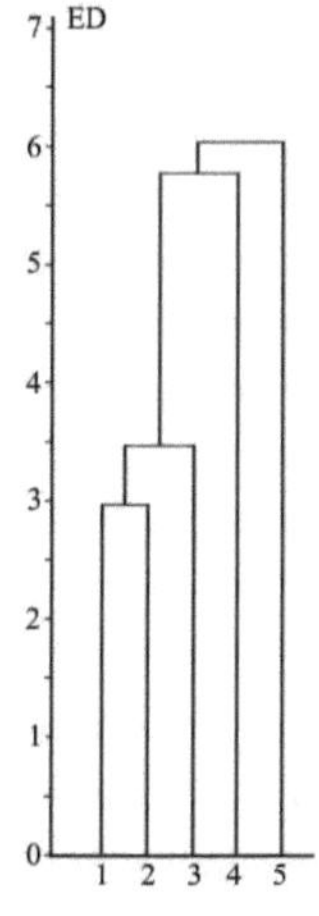

Abb. 26: Relationen Bremer Stichproben zueinander auf der Basis von zwölf Schädel- und zwei Längsknochenmaßen dargestellt anhand eines auf Average Link-Clustering beruhenden Dendrogrammes euklidischer Abstände (ED).
Nummerierung: 1 = St. Veit, 2 = Domdüne, 3 = Liebfrauen-Kirchhof, 4 = St.-Remberti-Kirchhof sowie 5 = Dom und Bleikeller.

Die abschließende Frage mag dem deutlichen Abstand der beiden jüngeren Bremer Serien gelten. Abgesehen von Phänomen im weiteren Umkreis der Brachykranisation dürften auch soziale Elemente (z.B. Zuwanderung aus weniger nahe liegenden Gebieten) zum Absetzen dieser beiden Stichproben beitragen haben. Hier gälte es die Position der Bremer Bevölkerungen innerhalb eines regional größeren Rahmens und deren mutmaßliche Veränderungen im jeweiligen Zeitrahmen zu betrachten[59], was an dieser Stelle aber den gegebenen Rahmen sprengte.

[58] Die Einbeziehung der größten Länge der Tibien unterbleibt, da zum einen bei der Stichprobe St. Veit keine hinlängliche Beobachtungsmenge vorliegt und zum anderen sich dieses Maß innerhalb der Bremer Stichproben nicht deutlich verändert (vgl. Abb. 22).

[59] Ansätze dafür finden sich bei CASELITZ (1983 und 1991) sowie RÖSING und SCHWIDETZKY (1981).

Bremer Bevölkerungsbeziehungen im Früh- und Hochmittelalter

„Wir wissen leider zu wenig über die erste Besiedlung der Stadt Bremen und über die Elemente der Bevölkerung, welche von vornherein zusammentrat. Man wird kaum bezweifeln können, dass sächsische Elemente dazu gehörten. Indes wird man schwerlich fehlgreifen, wenn man annimmt, dass auch Teile der friesischen Landbevölkerung, welche sowohl das westliche, als das östliche Ufer der Weser-Mündung bewohnte, frühzeitig in die Stadt hineingezogen wurden, wenn man nicht selbst annehmen will, was an sich keineswegs unwahrscheinlich ist, dass schon vorher das nachmalige Stadtgebiet eine friesische Bevölkerung besaß“ (VIRCHOW 1877, 287). Wenn diese Aussage auch heute noch auf der Hand liegen mag, bedarf sie doch der Überprüfung. Den Ausgangspunkt für eine Betrachtung der bevölkerungsbiologischen Stellung bildet die aus dem persönlichen Erfahrungsbereich eines jeden bekannte Tatsache, dass Menschen nach ihrem körperlichen Aussehen bestimmten geographischen Räumen zugeordnet werden können. Diese Möglichkeit ist keineswegs nur in einem weltweiten Rahmen, etwa innerhalb der Großrassen (Europide, Negride und Mongolide), gegeben, sondern es kann auch in kleinräumigeren Arealen eine entsprechende Zuweisung erreicht werden. Wenn die Unterscheidung zum Beispiel eines Südeuropäers von einem Skandinavier auch Ungeübten ohne Schwierigkeiten gelingt, so treten bei der Übertragung dieses Differenzierungsversuches auf entsprechendes Skelettmaterial ernsthafte Probleme auf, die zumeist auf fehlende Praxis im Umgang mit derartigem Fundgut zurückzuführen sind. Hier sind nun zwar die relevanten äußerlichen Merkmale eines Lebenden – wie zum Beispiel Hautpigmentation und Augen- oder Haarfarbe – nicht mehr vorhanden, aber die Schädel können auch aufgrund ihrer Maße unterschieden werden. Dabei bedient sich die Wissenschaft heute nicht mehr der eigentlichen Schau-Methode, sondern benutzt Verfahren der multivariaten Statistik, die zumeist den Einsatz moderner Rechenanlagen erfordern.

Trotz aller Technik sollte aber nicht das Ziel der Bemühungen außer Acht gelassen werden. Es darf nicht nur um die morphometrische Strukturierung im Sinne einer rassischen (Fein-)Differenzierung gehen, sondern durch die sich ergebenden Aufgliederung können auch Hinweise auf gemeinsame kulturelle, wirtschaftliche und allgemein-historische Beziehungen gegeben werden. Dabei ist wiederum von der Überlegung auszugehen, dass zwischen Bevölkerungen Interaktionen stattfinden, in deren Folge es auch zu Überschneidungen, Überlagerungen oder Verdrängungen in der typologischen Zusammensetzung der einzelnen Populationen kommen kann. Vereinfachend ausgedrückt heißt dies, dass zum Beispiel bei einer Kolonisation eines Gebietes durch die Bevölkerung A die dort bisher lebende Gruppe B verdrängt wird, sich mit ihr biologisch vermischt oder in ihr aufgeht. Derartige Vorgänge bleiben meist nicht ohne Auswirkungen auf die physische Gestalt der beteiligten Elemente. Dazu noch ein anderes anschauliches Beispiel, das einer gewissen Aktualität nicht entbehrt: Männer der Gruppe C wählen ihre Ehefrauen aus den Töchtern der Gruppe D aus. In den Kindern dieser Verbindungen mischen sich Elemente beider Gruppen. Je mehr Männer der Gruppe C diesen Weg der Partnerwahl beschreiten, desto größer ist in der folgenden Generation der Anteil von Elementen der Gruppe D in der Gruppe C – bedingt sowohl durch die integrierten Frauen der Gruppe D als auch durch die gemeinsamen Kinder. Im Extremfall wird man dann eigentlich von einer neuen Gruppe sprechen müssen. Es sei daran erinnert, dass bei der Untersuchung einer Bevölkerung im Grunde genommen stets ein Typenspektrum gefasst wird, das zumeist als Mischprodukt mehrerer Typen miteinander zu verstehen ist. Um Missverständnissen vorzubeugen, sei festgehalten, dass es nun aber keineswegs um die rassische Konservierung von Gruppen geht, sondern gemäß osteoarchäologischem Ansatz sollen nur Beziehungen und – bei günstigen Fundbedingungen – Veränderungen in zeitlicher Dimension aufzeigt werden.

Betrachteten wir bislang die Relationen innerhalb der Bremer Bevölkerungen, so gilt es jetzt, diese in einen gesamteuropäischen Rahmen zu stellen. Die Beobachtungsmengen an den einzelnen Maßen der Stichprobe St. Veit bestimmen die Auswahl der heranzuziehenden Schädelmaße.[60] Es werden zunächst die zehn am häufigsten besetzten Messstrecken verwendet.[61] Damit unterscheidet sich die Basis deutlich von dem üblicherweise in der anthropologischen Forschung genutzten Maßsample, das neben jeweils zwei Maßen der Augenöffnung und der knöchernen Nase auch mit der Obergesichtshöhe das Gesichtsskelett stärker einbezieht (vgl. RÖSING 1974, 120, Ansatz 3). Abgesehen von der Kinnhöhe können im vorliegenden Fall keine Maße der Höhe einbezogen werden. Ferner kommt es durch die mediansagittalen Bogen- und Sehnenmaße des Os frontale und Os parietale, die indirekt auch in der größten Schädellänge sublimiert sind, zu einer Überbetonung der Längsdimension des Schädeldaches. Das Übergewicht liegt in den Maßen des Neurocraniums, während die Proportionen des Gesichts – abgesehen von der Kinnhöhe – materialbedingt nicht berücksichtigt werden. Damit könnten bereits Zweifel an der biologischen Relevanz der Betrachtung aufkommen, wenn nicht bereits an anderer Stelle (CASELITZ 1984a, ders. 1991 sowie CASELITZ und LEHNE 1999, 32-36) hinlänglich gezeigt werden konnte, dass auch ein eher ungewöhnliches Maßsample zu biologisch sinnvollen Ergebnissen führt. Damit ist zugleich auch die Gelegenheit gegeben, die früh- bis hochmittelalterliche Beziehungen europider Bevölkerungen aus einem anderen Blickwinkel zu betrachten, als dieses bislang geschehen ist (vgl. vor allem RÖSING und SCHWIDETZKY 1977 sowie dies. 1981). Die Bremer Befunde werden mithin von vornherein nicht in den aktuellen Forschungsstand eingepasst, sondern diesen gilt es anhand geänderter Materialbasis zu überprüfen und gegebenenfalls zu aktualisieren.

Beim Material von St. Veit unterschreitet kein herangezogenes Maß den Umfang von zehn individuellen Beobachtungen. Somit dürfte diese Serie bereits mehr als nur eine Tendenz der Beziehungen aufweisen.[62] Dieses statistische Kriterium sollte auch bei den Vergleichsserien erfüllt sein, führt aber – neben der Wahl des Maßensembles – zu einer merklichen Reduzierung der Vergleichsserien. Deren Datierungsspanne soll sich ferner mit jener der Funde von Bremen – St. Veit überschneiden, deren Zeitrahmen – eingedenk der Gemein-

[60] Die Einbeziehung der Körperhöhe – repräsentiert durch jeweilige Längsknochenmaßen – hätte die Anzahl der Vergleichsserien stark reduziert und unterbleibt daher.

[61] S1: größte Schädellänge, S8: größte Schädelbreite, S9: kleinste Stirnbreite, S10: größte Stirnbreite, S12: Asterienbreite, S26: Frontalbogen, S27: Parietalbogen, S29: Frontalsehne, S30 Parietalsehne und S69 Kinnhöhe (Maße nach MARTIN 1957).

[62] Vgl. Anm. 45.

samkeiten mit der Serie Bremen – Domdüne und deren jüngeren Datierungsende – um das 12. Jahrhundert erweitert wurde. Neben Serien im eigentlichen Sinne konnten für einige Regionen noch Sammelserien aus Einzelfunden und Kleinststichproben gebildet werden. Bei ihrer Einbeziehung können die Funde von Bremen – St. Veit lediglich 39 Vergleichsbevölkerungen gegenüber gestellt werden.[63] Da mit Ausnahme der Serie Sta. Maria de Hito [26][64] keine weiteren westeuropäischen Stichproben vertreten wären, wurden in einem zweiten Durchgang auch Stichproben berücksichtigt, bei denen ein oder zwei Maße des Messstrecken-Ensembles nicht gegeben sind. Diese galt es mittels Regressionsberechnungen zu konstruieren (vgl. unten). Die Anzahl der Vergleichsstichproben vergrößert sich dann auf 73 Serien. Angemerkt sei noch, dass in allen Fällen ausschließlich Männer berücksichtigt werden. Für eine entsprechende Betrachtung weiblicher Individuen ist der Beobachtungsumfang der Bremer Serie nicht hinlänglich groß genug.

Die geographische Verbreitung der Vergleichsbefunde erscheint bedingt durch Forschungsstand und Auswahl der Messstrecken recht heterogen (vgl. Abb. 27). Der nordwestdeutsche Raum weist eine auf den ersten Blick erfreuliche Dichte an Beobachtungen auf. Allerdings beginnt die Datierung der Serien Harsefeld [2] und Lüneburg [3] erst im 12. Jahrhundert, während es sich bei den anderen drei niedersächsischen Stichproben [4, 5 und 8] um Sammelmaterial – mit in einem Fall [4] sogar in die Neuzeit hineinreichender Datierungsspanne – handelt. Bedauerlich ist in diesem Zusammenhang, dass für die Skelette des Gräberfeldes von Gladebeck (SCHAFBERG 1995) keine osteometrischen Angaben vorliegen. Eine zeitlich „passgenaue“ Vergleichsserie zu den Bremer Befunden stellt die Stichprobe Haithabu [6] dar, die sich regional – und mutmaßlich bevölkerungsgeschichtlich – in der Serie Schleswig – Nikolaifriedhof [7] fortschreibt. Bei deren statistischer Überprüfung fiel der Mittelwert der größten Stirnbreite (Maß S10) auf. Bei Rückgriff auf die Originalpublikation (CHARLIER 1979, Tab. 16a) zeigte sich, dass der Bearbeiterin hier ein Fehler unterlaufen sein muss: Der ungewöhnlich hohe Wert der Standardabweichung und die erstaunliche Variationsbreite deuten – insbesondere vor dem Hintergrund der Verhältnisse bei der etwas jüngeren Serie Schleswig – Dominikanerkloster (CASELITZ 1983a) – auf einen durchgängigen Messfehler hin. Das betreffende Maß wurde für unseren heutigen Vergleich mittels Regressionsberechnungen neu konstruiert.[65]

---

[63] In vier Fällen wird der geforderte Mindestbeobachtungsumfang unterschritten: Bei der Sammelserie Slowakei [79] liegen für zwei Maße (S10 und S12) nur jeweils 9 Beobachtungen vor, während bei den beiden baltischen Serien [50 und 51] für das Maß S69 Kinnhöhe nur jeweils 6 Beobachtungen zur Verfügung stehen. Auf die Zusammenfassung zu einer Sammelserie wird in diesem Fall verzichtet, da die kritische Zahl Fünf (vgl. oben) noch überschritten wird.

[64] Die in eckigen Klammern stehenden Zahlen beziehen sich durchgängig auf die in der Tabelle 7 genannte Nummerierung, wie sie auch in der Abbildung 27 verwendet wird.

[65] Statt 104,67 mm dürfte ein Mittelwert um 119,54 mm realistischer sein. Da in der Arbeit von CHARLIER (1979) die Individualdaten nicht aufgelistet sind, dürfte ohne Neu-Vermessung der Funde keine Klärung der Verhältnisse erreichbar sein.

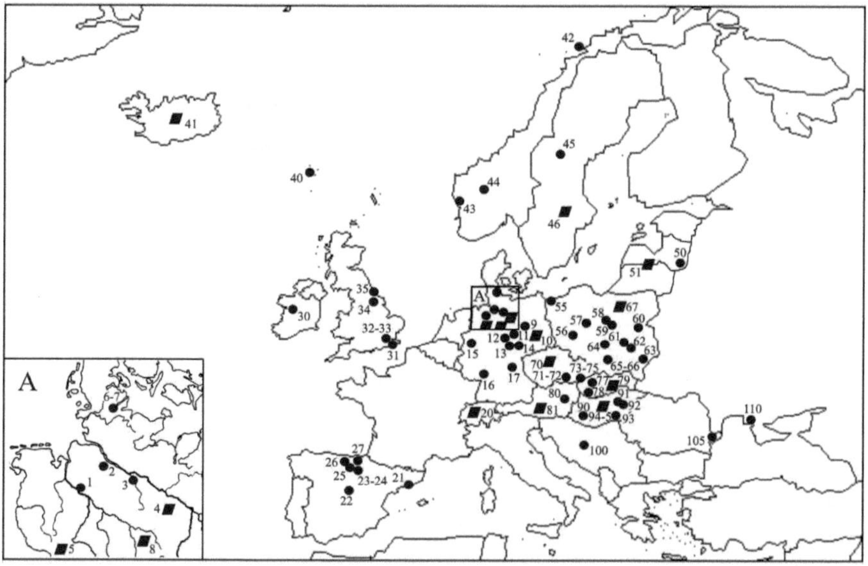

Abb. 27: Früh- und hochmittelalterliche Vergleichsstichproben mit Detailkarte für Norddeutschland. Zur Nummerierung vgl. Tab. 7. Quadrate kennzeichnen Sammelserien.

Tab. 7: Zum Bevölkerungsvergleich herangezogene früh- und hochmittelalterliche Stichproben. Datierung in Jahren n. Chr. Über der jeweiligen Mittelwertsangabe steht der zugehörige Beobachtungsumfang in Klammern; fehlt diese Angabe, so handelt es sich um mittels multipler Regression rekonstruierten Werte (zum Verfahren vgl. im Text). Nr. = Nummer in Abbildung 27.

Fundort	Nr.	Literaturquelle	Datierung	S1	S8	S9	S10	S12	S26	S27	S29	S30	S69
Abrahám	78	Stloukal und Hanáková 1971	1000 - 1099	(32) 187,0	(32) 142,0	(32) 98,0	120,61	(31) 112,2	(31) 130,0	(33) 128,7	(31) 113,1	(33) 115,1	(29) 33,6
Baltikum – Sammelserie	51	vgl. Tab. 8	700 - 1299	(22) 185,86	(20) 138,95	(18) 98,67	(18) 119,83	(11) 111,64	(8) 127,50	(8) 121,50	(8) 111,00	(8) 109,50	(6) 30,00
Barcelona-Montjuich	21	Prevosti und Prevosti 1951	1000 - 1399	(34) 187,88	(30) 139,60	(31) 98,87	(29) 118,03	111,01	(29) 127,03	(37) 134,46	(30) 111,90	(30) 120,03	(21) 31,95
Bergen	43	Schreiner 1939	1150 - 1549	(30) 187,6	(31) 144,5	(31) 98,8	(22) 120,5	(30) 114,7	(31) 127,8	(31) 127,3	(31) 113,1	(31) 114,2	32,07
Bremen – St. Veit	1	Caselitz (hic)	800 - 1099	(16) 187,88	(15) 139,80	(21) 96,67	(19) 114,05	(14) 108,57	(22) 126,96	(25) 125,24	(22) 111,18	(26) 113,39	(13) 31,54
Brzeg Głogowski	56	Piontek 1981	900 - 1099	(15) 184,53	(17) 136,88	(13) 95,77	(5) 119,40	(10) 114,70	126,37	125,86	(10) 111,30	(13) 113,77	(13) 30,62
Caranca – Castros de Lastra	24	Arenal und de la Rua 1987	1000 - 1099	(16) 191,30	(16) 139,80	(15) 93,50	(14) 119,30	(15) 115,00	(14) 131,90	(14) 127,50	(13) 116,00	(13) 117,20	33,89
Čipulić–Bugojno	100	Klug 1988	800 - 1499	(59) 192,64	(58) 141,78	(48) 98,27	(34) 122,27	(43) 114,98	(35) 130,37	(51) 131,69	(35) 114,26	(51) 117,92	(70) 32,50
Csongrád-Felgyö	92	Bartucz und Farkas 1956	975 - 1099	(17) 181,59	(17) 140,71	(17) 96,82	(17) 119,29	(17) 110,82	(17) 127,65	(17) 121,12	(17) 111,41	(17) 110,18	(14) 33,00
Czarna Wielka	60	Modrzewska 1964	1000 - 1199	(30) 177,80	(32) 145,88	(32) 98,00	(32) 120,19	(31) 110,32	(31) 130,87	(32) 121,63	(31) 114,26	(32) 108,56	(32) 32,31
Czersk	59	Belniak 1979	1100 - 1249	(81) 187,3	(82) 140,7	(92) 97,4	(78) 120,0	(78) 109,8	(86) 128,1	(85) 128,0	(87) 112,3	(87) 115,3	(56) 31,2
Dinogeţia	105	Maximilian 1959 Popovici 1972	900 - 1199	(23) 187,4	(21) 142,4	(23) 98,9	(13) 121,54	(13) 112,69	(14) 129,71	(14) 129,93	(14) 113,86	(14) 116,57	32,53
Ducové–Kostolec	77	Hanáková et al. 1984	800 - 1470	(258) 185,47	(264) 143,62	(261) 98,66	(261) 122,25	(244) 110,91	(261) 129,62	(267) 129,18	(262) 112,76	(267) 115,18	(249) 32,64

Fundort	Nr.	Literaturquelle	Datierung	S1	S8	S9	S10	S12	S26	S27	S29	S30	S69
Espenfeld	13	Bach und Bach 1971	1000 - 1199	(65) 189,7	(66) 139,1	(68) 96,3	(60) 118,7	(67) 110,6	(69) 127,9	(74) 130,9	(65) 110,9	(70) 117,6	(44) 33,7
Gallen Priory	30	Howells 1941	500 - 1699	(117) 190,38	(113) 145,27	(120) 98,48	122,98	114,52	(104) 130,48	(103) 129,31	(60) 114,25	118,01	(88) 33,94
Gnesen – Kathedrale	57	Kaszycka 1989	900 - 1699	(16) 182,6	(17) 145,4	(17) 98,8	(14) 123,5	(11) 113,0	127,99	125,17	(14) 112,0	(12) 111,8	(12) 29,6
Gorysławice	61	Charzewska 1963	1000 - 1124	(9) 184,78	(9) 138,33	(9) 95,67	(9) 119,33	(7) 106,86	126,09	126,88	(9) 109,78	(7) 113,71	(6) 33,50
Grafendobrach	17	Stenger-Remmele 1993	800 - 924	(16) 193,31	(17) 141,53	(16) 97,79	(13) 119,62	(17) 114,47	(16) 133,14	(15) 132,60	(13) 114,54	(15) 117,43	(14) 33,71
Haithabu	6	Schaefer 1963 Helmuth 1977	800 - 1090	(29) 186,38	(28) 138,11	(28) 94,18	(23) 114,22	(21) 111,14	(17) 125,29	(16) 127,19	(17) 110,76	113,74	(18) 32,33
Harsefeld – Kreuzgang	2	Boenisch und Sperwien 1989	1101 - 1647	(15) 186,4	(16) 143,7	(17) 98,6	(11) 121,3	(16) 115,4	(17) 130,5	(18) 128,7	(17) 112,9	(18) 114,0	(12) 29,9
Heidal	44	Schreiner 1939	900 - 1699	(62) 187,1	(60) 141,2	(58) 96,0	(44) 119,8	(60) 111,0	(61) 128,9	(62) 126,8	(61) 113,4	(62) 114,2	(30) 34,5
Hythe – St. Leon. Church	31	Stoessinger und Morant 1932	1000 - 1599	(112) 177,9	(112) 146,7	(109) 98,6	(102) 124,8	(97) 112,7	(112) 127,2	(112) 122,3	(112) 111,4	(112) 108,9	31,84
Island – Sammelserie	41	Steffensen 1953	900 - 1550	(58) 186,7	(52) 141,8	(44) 95,8	119,89	111,65	(52) 126,6	(50) 126,8	(48) 111,1	(47) 114,5	32,62
Jena – Michaeliskirche	14	Bach 1961	1100 - 1500	(27) 186,5	(31) 143,0	(35) 97,7	(38) 120,1	(29) 111,7	(33) 127,1	(32) 125,3	(33) 111,1	(32) 113,3	(29) 32,1
Kékesd	93	Wenger 1968	700 - 899	(20) 183,90	(20) 143,70	(20) 99,40	(20) 123,55	(19) 111,58	(20) 127,20	(20) 131,05	(20) 112,70	(20) 116,25	(18) 33,39
Kirkjubo und Sand	40	Andersen 1978	1100 - 1799	(23) 188,44	(22) 140,82	(23) 97,87	118,76	113,33	(19) 129,84	(14) 125,50	(19) 113,63	(14) 112,50	31,62
Konskie	64	Dambski 1955	1000 - 1099	(35) 183,94	(35) 136,63	(30) 95,27	(30) 116,70	(32) 108,19	(22) 124,86	(30) 122,90	(23) 111,43	(29) 114,62	(20) 33,20
Krakow– Sw. Wojciecha	65	Wróbel 2001	1000 - 1499	(33) 187,7	(31) 145,9	(35) 97,8	(22) 123,3	(30) 114,3	128,27	129,18	(37) 111,8	(36) 115,9	(18) 32,4

Fundort	Nr.	Literaturquelle	Datierung	S1	S8	S9	S10	S12	S26	S27	S29	S30	S69
Krakow–Zakrzowek	66	Kaczanowski 1977	1000 - 1299	(20) 186,20	(20) 140,75	(18) 99,06	(13) 120,46	(20) 108,90	128,07	126,97	(18) 111,89	(22) 113,64	(14) 32,29
Labastida – Santa Eulalia	25	Rodriguez 1981	800 - 999	(19) 187,80	(16) 141,04	(15) 95,20	(12) 118,89	(15) 112,40	(14) 121,42	(15) 128,73	(12) 114,20	(17) 116,38	34,93
Lofoten	42	Schreiner 1939	1150 - 1550	(4) 184,8	(4) 135,0	(5) 91,4	(4) 108,5	(4) 111,8	(4) 126,3	(4) 118,8	(4) 113,8	(4) 107,8	31,87
London – Spitalfield	32	Morant und Hoadley 1931	1197 - 1688	(335) 180,7	(349) 144,1	(316) 97,8	(237) 123,0	111,80	(352) 127,3	(429) 124,4	(352) 111,6	(425) 111,3	32,14
London – St.Nicholas Shambles	33	White 1988	1000 - 1199	(11) 184,54	(13) 141,54	(9) 94,11	119,28	110,32	(8) 128,13	(9) 127,33	(8) 109,25	(9) 113,11	31,91
Lüchow-Danneberg (S)	4	Caselitz 1991	700 - 1850	(12) 187,17	(13) 142,46	(17) 98,24	(14) 122,43	(16) 112,25	(16) 128,06	(13) 128,46	(16) 112,31	(15) 114,73	(13) 31,15
Ludsa (Lettgallen)	50	von Knorre 1930	800 - 1199	(14) 184,5	(12) 137,2	(14) 99,6	(12) 118,5	(12) 112,5	(11) 130,3	(14) 126,4	(11) 114,0	(14) 113,8	(6) 28,3
Lüneburg – Befund 211	3	Caselitz und Lehne 1999	1174 - 1410	(12) 189,67	(12) 143,33	(13) 99,23	(11) 120,00	(11) 112,27	(13) 126,77	(10) 127,70	(13) 111,69	(10) 115,20	(1) 30
Mikulčice 1	73	Stloukal 1962, ders. 1963 sowie Stloukal und Vyhnánek 1976	800 - 899	(58) 186,1	(57) 143,8	(58) 99,3	(55) 122,0	(46) 113,3	127,51	128,01	(55) 111,3	(55) 114,5	(48) 33,3
Mikulčice 11	74	Stloukal 1981a	800 - 899	(13) 185,2	(12) 140,5	(13) 97,0	(10) 122,1	(8) 112,0	(13) 127,0	(10) 129,8	(13) 110,6	(10) 115,9	(12) 32,8
Mitteldeutschland – Sammelserie	10	vgl. Tab. 8	800 - 1399	(28) 184,46	(31) 139,58	(30) 97,97	(19) 118,89	(25) 114,55	(15) 128,73	(18) 127,68	(13) 111,85	(16) 115,64	(17) 31,35
Nagykörös	91	Pap 1979	1000 - 1299	(22) 188,91	(23) 138,91	(23) 97,52	(22) 112,50	(22) 112,14	(22) 128,36	(22) 128,64	(22) 112,77	(22) 115,55	(18) 30,44
Österreich – Sammelserie	81	vgl. Tab. 8	800 - 1799	(29) 184,87	(30) 143,39	(28) 98,21	(25) 122,64	(12) 115,33	(19) 127,26	(19) 125,67	(19) 111,83	(20) 114,76	(21) 32,05
Östl. Niedersachsen – Sammelserie	8	vgl. Tab. 8	1100 - 1299	(25) 187,68	(22) 141,91	(23) 96,91	(6) 125,67	(8) 111,38	(21) 127,96	(8) 127,75	(21) 111,67	(2) 116,80	(2) 33,50
Pfalz Tilleda	11	Müller 1990	1000 - 1524	(94) 188,5	(79) 139,5	(87) 97,5	(86) 120,5	(82) 121,5	127,55	128,09	112,74	116,18	(82) 31,5

Fundort	Nr.	Literaturquelle	Datierung	S1	S8	S9	S10	S12	S26	S27	S29	S30	S69
Polen – Sammelserie	67	vgl. Tab. 8	800 - 1399	(72) 188,45	(64) 137,41	(56) 97,93	(19) 118,00	(25) 112,52	(17) 126,53	(18) 125,17	(22) 111,91	(28) 115,25	(29) 31,17
Pottschach	80	Geyer 1931	800 - 999	(4?) 189,2	(4?) 138,0	(4?) 93,5	(4?) 123,0	111,85	(4?) 133,0	(4?) 135,6	(4?) 115,7	(4?) 121,3	(4?) 31,2
Przemysl	63	Kaliszewska 1967 Malinowski 1971	1100 - 1499	(16) 178,94	(16) 145,38	(10) 97,80	(10) 125,00	(10) 109,90	127,07	125,26	(10) 110,60	(10) 111,80	(2) 33,50
Rajhrad	72	Hanáková, Stana und Stloukal 1986	850 - 924	(84) 186,48	(82) 141,52	(80) 97,73	(82) 121,07	(77) 110,40	(85) 128,08	(83) 130,29	(84) 111,95	(82) 115,61	(91) 32,82
Reckahn	9	Schott 1967	1150 - 1349	(58) 183,60	(67) 145,98	(58) 98,28	(60) 122,55	(64) 112,62	(58) 127,18	(67) 127,07	(57) 110,27	(67) 113,29	(52) 27,52
Rohnstedt	12	Hrdina und Hrdina 1984	700 - 1099	(53) 190,6	(45) 139,1	(55) 97,8	(46) 121,0	(46) 111,0	(53) 130,6	(56) 131,1	(54) 112,4	(55) 117,2	(36) 35,5
Samborzec	62	Sarama 1956	1100 - 1133	(16) 187,75	(16) 139,19	(16) 96,00	(16) 120,63	(15) 111,47	(15) 128,27	(16) 121,63	(15) 114,07	(16) 115,00	(15) 35,13
San Juan de Momoitio	27	Arenal und de la Rua 1987	1000 - 1299	(17) 191,91	(16) 140,75	(18) 97,81	(17) 121,65	(17) 111,44	(17) 133,76	(16) 135,09	(16) 116,56	(16) 129,84	35,30
San Millan de la Co.	23	Martin und du Souich 1981	800 - 949	(10) 191,50	(17) 140,29	(13) 97,27	(14) 121,07	113,46	(11) 133,18	(16) 132,22	(11) 115,45	(16) 120,00	33,13
Scarborough	35	Little 1943	1000 - 1538	(43) 185,84	(40) 146,25	((43) 99,53	123,05	114,53	(33) 129,24	(33) 125,82	(33) 114,70	(33) 113,88	32,85
Schleswig – Nikolaifriedhof	7	Charlier 1979	1050 - 1275	(32) 188,13	(27) 140,96	(40) 95,50	(36) 119,54	(33) 112,58	(39) 125,72	(37) 125,76	(39) 111,14	(37) 114,23	(69) 31,25
Schweden – Sammelserie	46	vgl. Tab. 8	900 - 1612	(21) 189,38	(21) 141,81	(21) 98,18	(21) 119,33	(10) 112,62	(21) 131,81	(21) 127,81	(12) 116,33	(12) 116,50	(18) 31,89
Schweiz – Sammelserie	20	vgl. Tab. 8	700 - 1899	(24) 186,58	(23) 147,30	(21) 98,10	(19) 122,95	(15) 113,60	(16) 131,81	(16) 127,62	(15) 113,33	(15) 115,47	(8) 33,13
Sepúlveda	22	Gonzalez Ruiz 1979	1000 - 1199	(43) 182,42	(43) 136,74	(42) 94,00	(41) 112,24	108,93	(40) 130,20	(43) 126,76	(40) 112,40	(42) 114,33	31,65
Słupno	58	Pyzuk-Lenarczyk 1998	1100 - 1899	(14) 183,21	(15) 132,13	(15) 94,67	(15) 115,27	(14) 106,93	125,74	118,87	(15) 111,13	(15) 106,27	(1) 30

Fundort	Nr.	Literaturquelle	Datierung	S1	S8	S9	S10	S12	S26	S27	S29	S30	S69
Slowakei – Sammelserie	79	vgl. Tab. 8	800 - 1299	(42) 186,24	(42) 141,26	(38) 97,13	(9) 120,67	(9) 114,22	(12) 127,08	(11) 128,00	(12) 111,92	(11) 114,18	(38) 33,16
Speyer– Germansberg	16	Schwidetzky 1955	1000 - 1499	(18) 184,0	(18) 148,9	(17) 96,8	123,3	113,73	(16) 128,6	(14) 124,4	(16) 111,5	(14) 110,7	(4) 33,0
Sta.Maria de Hito	26	Galera 1989	800 - 1199	(51) 192,68	(39) 142,12	(48) 97,82	(24) 122,08	(25) 111,24	(54) 130,94	(50) 131,82	(55) 114,44	(50) 118,32	(27) 34,63
Syrokog	110	Zinevic und Kruts 1968	700 - 999	(15) 193,1	(13) 136,3	(15) 96,7	(12) 118,3	(13) 110,2	(15) 128,3	(14) 135,1	(15) 112,7	(14) 120,5	(9) 33,2
Tschechien – Sammelserie	70	vgl. Tab. 8	700 - 1699	(30) 181,50	(32) 143,81	(35) 98,26	(29) 121,62	(16) 112,06	(23) 128,83	(28) 125,57	(23) 113,39	(28) 112,86	(32) 33,56
Ungarn 1 – Sammelserie	94	vgl. Tab. 8	800 - 999	(41) 183,73	(40) 141,30	(40) 97,60	(34) 118,32	(31) 110,97	(27) 124,96	(24) 128,00	(27) 111,07	(20) 114,15	(27) 32,30
Ungarn 2 – Sammelserie	95	vgl. Tab. 8	900 - 1199	(76) 181,05	(76) 143,47	(75) 98,15	(55) 120,07	(41) 113,41	(31) 125,23	(31) 126,07	(30) 112,50	(30) 111,43	(54) 32,83
Velké Bílovice	75	Měřínský und Stloukal 1983	780 - 924	(13) 185,0	(13) 141,3	(14) 97,5	(12) 121,0	(10) 108,6	(13) 127,5	(13) 132,9	(14) 110,2	(13) 117,3	(10) 32,5
Westerhus	45	Gejvall 1960	1100 - 1350	(61) 187,44	(62) 142,00	(61) 98,64	(60) 121,18	(62) 112,66	(61) 128,25	(63) 127,25	(60) 112,77	(62) 114,61	(57) 34,14
Westfalen – Sammelserie	5	vgl. Tab. 8	777 - 1099	(12) 194,25	(13) 143,39	(15) 98,67	(12) 122,17	(12) 115,08	(12) 129,58	(11) 129,64	(13) 113,31	(13) 119,46	(14) 30,79
Wolin-Młynowka	55	Wokroj 1969 Piontek 1986	800 - 1199	(27) 190,69	(28) 139,86	(24) 97,73	(19) 119,58	(16) 112,0	125,66	131,05	(7) 109,00	(6) 117,33	(7) 29,43
York – St.Helen-on-the-Walls	34	Dawes und Magilton 1980	950 - 1549	(160) 182,4	(169) 144,6	(143) 98,9	121,74	(162) 113,8	(154) 128,1	(175) 123,7	(154) 112,4	(175) 111,0	(102) 30,8
Zalavár-Kápolna	90	Wenger 1970	1000 - 1199	(48) 186,08	(47) 140,81	(46) 95,85	(46) 115,41	(45) 110,76	(42) 129,00	(48) 127,38	(42) 113,71	(48) 112,90	(35) 32,49
Znojmo-Hradiště	71	Lorencová 1969	1000 - 1249	(15) 187,67	(16) 147,13	(15) 100,73	(14) 121,86	(14) 116,64	(14) 129,50	(15) 128,20	(14) 113,64	(15) 114,47	(11) 32,18
Zons	15	Hollack und Kunter1998	740 - 1408	(35) 191,60	(40) 141,85	(33) 99,30	(30) 121,70	114,21	(30) 128,77	(32) 131,41	(30) 114,77	(32) 118,38	32,98

Tab. 8: Einzelbefunde für die in Tab. 7 aufgeführten Sammelserien.
Datierung in Jahren n. Chr.

Serie	Fundorte	Datierung	Autor
Baltikum	Nawry/Litauen	1000 - 1199	Wrzosek 1937
	Poszuszwie/Litauen	900 - 999	Miszkiewicz 1956
	Tammiku/Estland	1100 - 1299	Mark 1965
	Żworble/Litauen	700 - 899	Miszkiewicz 1956
Mitteldeutschland	Alt-Käbelich	800 - 1099	Müller 1985
	Berlin-Nikolaikirchhof	1100 -1399	Müller 1963
	Camburg/Saale	800 - 1199	Eichhorn 1906
	Großschwabhausen	780 - 899	Simon 1977
	Gustävel	1100 - 1199	Schott 1962
	Reitwein/Oder	800 - 1099	Virchow 1892
östliches Niedersachsen	Holle	600 - 899	Asmus 1938[66]
	Növenthien	1100 - 1299	Nemeskéri, Harsányi und Gerencsér 1973
	Scharzfeld	1100 - 1299	Saller 1933
Österreich	Attersee	1100 - 1449	Winkler und Heinrich 1985
	Ebelsberg	900 - 1299	Winkler und Großschmidt 1988
	Edramsberg	800 - 999	Rosenauer 1939
	Eggendorf	900 - 999	Jungwirth 1962
	Heiligenkreuz	1135 - 1244	Jungwirth 1967
	Jedenspeigen	1200 - 1299	Winkler, Plenk und Losert 1988
	Katzeldorf	800 - 899	Geyer und Prestos 1941
	Linz	800 - 1199	Rosenauer 1939
	Mattsee	800 - 999	Winkler 1980
	Micheldorf/Georgenberg	800 - 999	Kloiber 1976 sowie Winkler und Urschitz 1984
	St. Georgen	1000 - 1799	Winkler und Prohazka 1991
Polen	Bazar Nowy	1000 - 1199	Miszkiewicz 1956 und Wolański 1954
	Bilczew	1000 - 1299	Gorczyca und Olinska 1989
	Czersk	1100 - 1149	Wiercinska 1972
	Gorá	1000 - 1099	Kozikowska 1960
	Komorowo	950 - 1099	Malinowski, Malinowski und Lorkiewicz 1994
	Lubieszewo	1100 - 1299	Malinowski 1973
	Lutomiersk	1000 - 1099	Kapica 1959
	Niemcza	930 - 990	Szwedzinska 1976
	Płock-Podolszyce	1000 - 1199	Łuczak 1992
	Płowce II	1100 - 1299	Łuczak und Nowakowski 1975
	Rumin	1050 - 1349	Gorczyca und Olinska 1989
	Siemianowo	1000 - 1399	Wrzesińska und Wrzesiński 1996
	Sowinki	900 - 1099	Kozak 1996
	Wrocław - pl. Dominikanskim	1100 - 1199	Gronkiewicz, Kwiatkowski und Mess 1993
Schweiz	Chironico	1000 - 1899	Sauter 1946
	Kirchlindach	700 - 1399	Ulrich-Bochsler 1983
	Küssnach	750 - 999	Cueni 1998
	Liesal	900 - 1299	Bay 1942
	Schwyz	730 - 1120	Hug 1974
	Zürich - Lindenhof	1000 - 1299	Büchi 1950
	Zürich - Wasserkirche	1100 - 1199	Büchi 1946
Schweden	Kongahälla	1000 - 1612	Tengroth und Löfgren 1955
	Lund	1000 - 1099	Lindegard und Löfgren 1949
	Lund - Domkirche	1000 - 1299	Hjortsö und Krakau 1944
	Röstahammarn	1000 - 1099	Fürst 1905
	Visby - St. Clement	900 - 1199	Backman 1911

[66] Die ältere Forschung nimmt eine etwas ältere Datierung für dieses Gräberfeld an (etwa 550 bis 800 n.Chr.).

Serie	Fundorte	Datierung	Autor
Slowakei	Ducové	850 - 949	Jakab, Ruttkay und Stloukal 1980
	Galante	900 - 999	Jakab 1981
	Nitra - Dolné Krškany	800 - 899	Vondráková 1984
	Nové Zámky	950 - 1199	Jakab 1977
	Shalka nad Váhom-Shalka	1100 - 1299	Vondráková 1997
	Stúrove-Obide	900 - 1099	Vondráková 1997a
	Závada	800 - 899	Jakab 1983
Tschechien	Kupařovice	1000 - 1099	Stloukal 1973a
	Litomerice	1100 - 1149	Hanáková, Gabriel und Vyhnanek 1986
	Louňovice	1100 - 1299	Hanáková, Radoměrský und Vyhnánek 1982
	Prag - Pankrác	1050 - 1349	Stloukal 1981
	Prag - sv. Benedikt	1080 - 1234	Hanáková und Stloukal 1984
	Prag - sv. Kliment	1000 - 1699	Hanáková und Huml 1982
	Rajhardice - "U Sýpky"	700 - 1099	Stloukal 1978
	Skalice	1000 - 1099	Stloukal 1973
	Šlapanicích	1000 - 1049	Hanáková und Stloukal 1986
	Stare Kourim	900 - 999	Chochol 1953
Ungarn 1	Benepuszta	900 - 999	Liptak 1957
	Budapest-Obuda	900 - 999	Acsádi und Nemeskéri 1958
	Csorna-Hosszúdomb	800 - 899	Bottyán 1971
	Dunaalmás	900 - 999	Éry 1970
	Eger	800 - 999	Nemeskéri und Gáspárdy 1954
	Komáron-Szemere	800 - 999	Gáspár 1928
	Nagylók	900 - 999	Acsádi und Nemeskéri 1958
	Ókécske	900 - 999	Liptak 1957
	Pótharaszti-Puszta	900 - 999	Nemeskéri 1948
	Sobor	800 - 999	Gáspár 1928
	Sopron-Préháztelep	800 - 899	Bottyán 1970
	Szabadbattyán	900 - 999	Acsádi und Nemskéri 1958
	Szob-Kiserdö	900 - 999	Nemeskéri 1948
	Szomód	900 - 999	Acsádi und Nemskéri 1958
	Timár I und II	900 - 999	Pap 1983
	Üllö	800 - 999	Nemeskéri und Gáspárdy 1954
Ungarn 2	Adony	1000 - 1099	Acsádi und Nemeskéri 1958
	Aldebrö-Mocsáros	900 - 1099	Marcsik 1967
	Áporka	900 - 1099	Nemeskéri 1948a
	Áröktö-Dongóhalom	900 - 1099	Thoma 1956
	Budapest	1000 - 1099	Nemeskéri 1950
	Csepel	1000 - 1199	Nemeskéri 1949
	Csongrád-Vendelhalom	950 - 1049	Liptak 1957
	Esztergom	1000 - 1199	Bakay und Kiszely 1972 sowie Marcsik 1974
	Gerendás	980 - 1120	Pap 1979a
	Gáva - Market	900 - 1099	Nemeskéri et al. 1961
	Harta	900 - 1099	Marcsik 1974
	Pomáz-Lugi	900 - 1099	Acsádi und Nemeskéri 1958
	Sárosd	1000 - 1099	Acsádi und Nemeskéri 1958
	Szalkszentmár	900 - 1099	Marcsik 1974
	Százhalombatta-Dunafüred	1000 - 1099	Acsádi und Nemeskéri 1958
	Százhalombatta Felsösánc	1000 - 1099	Acsádi und Nemeskéri 1958
	Szentendre	900 - 1099	Acsádi und Nemeskéri 1958
Westfalen	Osnabrück-Schölerberg	800 - 920	Caselitz 1983b
	Paderborn	777 - 1099	Henke 1986
	Werther	800 - 1099	Henke 1983

Während für das nordwestliche Europa [30–41] sowie für Norwegen und Schweden [42–46] immerhin eine hinlänglich erscheinende Anzahl an Vergleichsserien vorliegt, ist das Fehlen von früh- bis hochmittelalterlichen Skelettfunden in Dänemark, Frankreich und den Beneluxstaaten evident. Erfreulicher sieht es für den Norden bzw. Nordosten der iberischen Halbinsel[67] aus, während aus Italien und den Ländern des Balkans kaum Stichproben vorliegen und auch die Mindestmenge für eine Sammelserie nicht erreicht wird. Ebenso entzieht sich der geographisch russische Raum – insbesondere wegen des gewählten Maßensembles – unserem Zugriff. Ähnliches gilt auch für das Baltikum, wenngleich von dort zwei Serien [50–51] einbezogen werden können. Der überwiegende Teil des Vergleichsmaterials stammt aus Polen [55–67], Tschechien [70–75], der Slowakei [77–79] und vor allem Ungarn [90–95]. Hier ließe sich der keineswegs geringe Beobachtungsumfang bei den Sammelserien sicherlich noch steigern.[68] Für Ungarn lag eine derart große Beobachtungsmenge bei den Einzel- und Kleinstserienfunden vor, dass in zwei zeitlich unterschiede Sammelserien [94-95] differenziert werden konnte. Dieses dürfte angesichts des starken historischen Wandels in diesem Raum während des Früh- und Hochmittelalters möglicher Weise zur Klärung bevölkerungsbiologischer Fragen ein wenig beitragen, obschon hier mit kleinräumigen diachronen Überschneidungen zu rechnen ist. Bemerkenswert erscheint der süddeutsche Raum; hier wäre angesichts der relativ guten Befunddichte merowingerzeitlicher Stichproben mit mehr frühmittelalterlichen Befunden zu rechnen gewesen. In Tabelle 7 wird eine Aufstellung der herangezogen Serien und verwendeten Mittelwerte gegeben, die nach Möglichkeit aus den Individualdaten neu berechnet wurden.[69]

Bedient sich die deutschsprachige Anthropologie heute zumeist des approximierten verallgemeinerten Abstandes nach PENROSE (1954) zur Ermittlung der Abstände bzw. Ähnlichkeiten zwischen Bevölkerungen, so ziehen wir an dieser Stelle bewusst ein anderes multivariat-statistisches Verfahren heran, das nicht nur in der Archäologie eindrucksvolle Ergebnisse (z.B. CASELITZ, 1988, ders. 1989, GLESER 1995 und SEIDEL 2004; in der Anthropologie: LALUEZA FOX et al. 1996) geliefert hat, sondern auch aus methodischen Aspekten gewisse Vorteile aufzuweisen scheint – z.B. die ausschließliche Berücksichtigung der herangezogenen Stichproben bei der Normierung (vgl. CASELITZ und MICHL 1988). Abgesehen von den Berechnungsalgorithmen sind die Verfahrensschritte weitgehend identisch. Jede Bevölkerungsstichprobe wird mit jeder anderen des Ensembles verglichen. Zunächst wird eine Matrix der Abstands- bzw. Ähnlichkeitswerte erstellt, aus welcher der Abstand zwischen den einzelnen Populationen zu ersehen ist. Diese unübersichtliche Zahlentabelle (Matrix) wird mit Hilfe gängiger Clusterverfahren – hier Average-Link-Clustering – weiterbearbeitet, so dass das Ergebnis der Bemühungen schließlich in Art eines Stammbaumes, dem so genannten Dendrogramm, sichtbar gemacht werden kann, das es zu diskutieren gilt. Zuvor sei jedoch darauf

[67] Zum aktuellen Forschungsstand vgl. JORDANA und MALGOSA (2004).

[68] Bei wiederholt durchgeführten Ergänzungen dieser Sammelserien zeigte sich, dass sich die Mittelwerte nur noch minimal verändern. Es dürfte mithin ein gewisser Sättigungsgrad erreicht sein, so dass auf eine weitere Materialvermehrung für diese Region(en) an dieser Stelle verzichtet wurde.

[69] Diese Vorgehensweise ist – entgegen der einfachen Übernahme der zumeist in den Publikationen genannten Mittelwerte – zwar zeitaufwendig, aber wegen der keineswegs selten Rechenfehler nachhaltig zu empfehlen.

hingewiesen, dass jede Form der zweidimensionalen Wiedergabe – wie CREEL (1968, 34) feststellte – zwangsläufig eine übermäßige Vereinfachung bedeutet.

In einem ersten Bevölkerungsvergleich werden nur jene Serien herangezogen, bei denen alle geforderten Maße[70] in hinlänglichem Umfang vorliegen. Die frühe Verbindung der von ihrer Datierung her um mindestens 175 Jahre unterschiedenen Serien Czersk [59] und Rajhrad [72] mag zwar noch – unter Mutmaßung einer Bevölkerungskontinuität – hingenommen werden (vgl. Abb. 28). Der Zusammenschluss der Bremer Stichprobe St. Veit [1] mit zwei zueinander annähernd zeitgleichen ungarischen Serien (Zalavár-Kápolna [90] und Nagykörös [91]) auf einem keineswegs geringen Abstandsniveau entspricht wohl kaum der historischen Realität.[71] Insgesamt gesehen kommt eine mathematische, aber keineswegs biologisch sinnvolle Gruppengliederung zustande. Zur Begründung dieses unerwarteten Ergebnisses können verschiedene Gründe angeführt werden, die es kritisch zu diskutieren gilt. Zunächst mag an einen oder gar mehrere bearbeiterspezifische Messfehler gedacht werden. Dann hätte sich die Stichprobe St. Veit aber bereits im Vergleich der Bremer Serien deutlich absetzen müssen (vgl. Abb. 26)[72]. Ihre Nähe zu den Funden von der Bremer Domdüne ist evident. Entsprechendes gilt auch für das Argument eines zu geringen Stichprobenumfanges[73]. Auch ein Programmfehler ist auszuschließen, da es anderweitig zu sinnvollen Gruppierungen kam. Noch simpler, aber durchaus möglich wäre ein Fehler bei der Dateneingabe oder Mittelwertsberechnung. Beides wurde mehrfach kontrolliert und liegt nicht vor. Interessanter wird die Kombination der Argumente eines zu engen Zeitrahmens und kulturell-zeitlich heterogener Zusammensetzung des Stichprobenensembles. Mit einem im Kern ein halbes Jahrtausend umfassenden Datierungsrahmen dürfte der Blick aber keineswegs eingeengt sein.[74] Auch unterschiedliche Herkunftsregionen sollten – Diversität vorausgesetzt – in einem auf Europa eingeschränkten Rahmen eines multivariat-statistischen Bevölkerungsvergleiches bei der vorliegenden Stichprobenanzahl zu einer biologisch sinnvollen Gruppenbildung führen.

---

[70] Vgl. Anm. 61.

[71] Bemerkenswert erscheint das deutliche Absetzen der Stichprobe Czarna Wielka [60]. Eine erneute Kontrolle der Individualmaße und Mittelwertsberechnung erbrachte keine Änderung der Werte. Hingewiesen sei bereits an dieser Stelle, dass die Sammelserie Lüchow-Dannenberg [4] dem Gruppenzentroid am nächsten steht. Dieser Befund wiederholt sich auch in den folgenden, auf unterschiedlichen Ansätzen beruhenden Vergleichen.

[72] Es sei darauf hingewiesen, dass die Euklidischen Abstandswerte nur innerhalb des jeweiligen Dendrogrammes zu betrachten sind. Ein Vergleich dieser Größen zwischen der Bremer Binnenanalyse und dem gesamteuropäischen Rahmen ist nicht statthaft.

[73] Vgl. auch Anm. 45. Ebenfalls dürfte die Verwendung von Vergleichswerten mit unterschiedlichen Dezimalstellen angesichts der Messstreckenanzahl (zehn bzw. neun) und der Größenordnung der jeweiligen zugrunde liegenden Mittelwerte keine wesentliche Rolle spielen. Eine Erhöhung der Dezimalstellen verschwindet innerhalb des multivariat-statistischen Vergleiches hinter der methodisch möglichen Messgenauigkeit dieses Verfahrens.

[74] In den immer noch den Forschungsstand repräsentierenden vergleichend-statistischen Untersuchungen zur Römerzeit, des frühen und hohen Mittelalters sowie der Neuzeit (vgl. RÖSING und SCHWIDETZKY 1977 sowie dies. 1981, ferner SCHWIDETZKY und RÖSING 1976 sowie dies. 1984) wurde auch eine Spanne von 500 Jahren verwendet und die Gruppenbildung erscheint – von den wenigen, immer wieder auftretenden „Ausreißern" – nachvollziehbar.

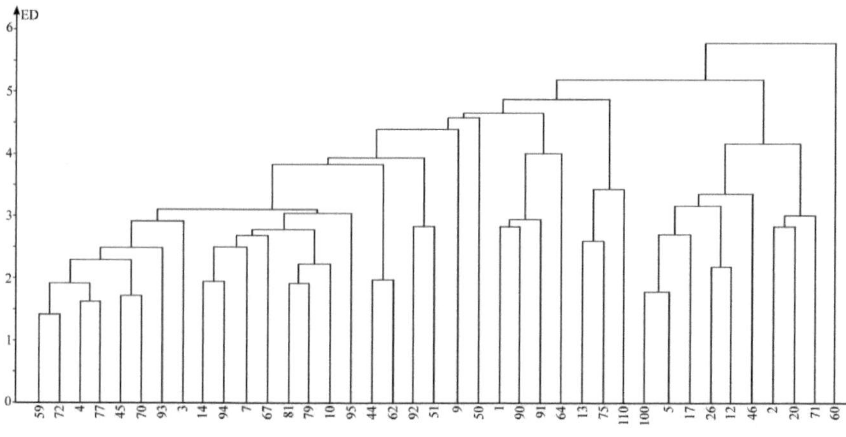

Abb. 28: Dendrogramm der Ähnlichkeitsbeziehungen[75] auf der Basis von zehn ausgewählten Schädelmaßen (vgl. Anm. 60). Nur Männer berücksichtigt. ED = Euklidischer Abstand. Die Ziffern unter der Abszisse geben die einzelnen Bevölkerungsstichproben wieder, deren Nummerierung derjenigen in Tabelle 7 entspricht.

Einen nicht von der Hand zu weisenden Kritikpunkt bildet die Auswahl der für den Vergleich herangezogenen Messstrecken. Immerhin stammt die Hälfte der Längen-, Bogen- und Sehnenmaße aus der mediansagittalen Ebene des Neurocraniums (S1, S26, S27, S29 und S30). Um dieses Übergewicht zu minimieren, wurde in weiteren Durchgängen das Maßensemble um die beiden Bogenmaße (S26 und S27) bzw. die beiden Sehnenmaße (S29 und S30) vermindert. Ihr jeweiliger Ausschluss erbrachte aber keine wesentlich anderen Ergebnisse. Erst bei Vernachlässigung der größten Schädellänge ergibt sich ein etwas anderes Bild der Gruppenbildung (vgl. Abb. 29): Die Stichprobe Bremen – St. Veit [1] verbindet sich nun in einem hohen Abstandsniveau zunächst mit der polnischen Serie Konskie [64], bevor sich abermals die beiden ungarischen Stichproben [90 und 91] anfügen. Insgesamt gesehen kommt wiederum keine biologisch-historische Gruppenbildung zustande. Immer noch wären stochastische Elemente oder fehlende Diversität als Begründung anführbar.

---

[75] Methodische Basis dieses und der folgenden Dendrogramme ist das Average Link Clustering der mit dem Standard-Z-Wert gewichteten Serien-Mittelwerte (vgl. CASELITZ und MICHL 1988, 43). Andere Gewichtungsarten oder ihr Fortlassen erbrachte im vorliegenden Fall keine wesentlich anderen Ergebnisse.

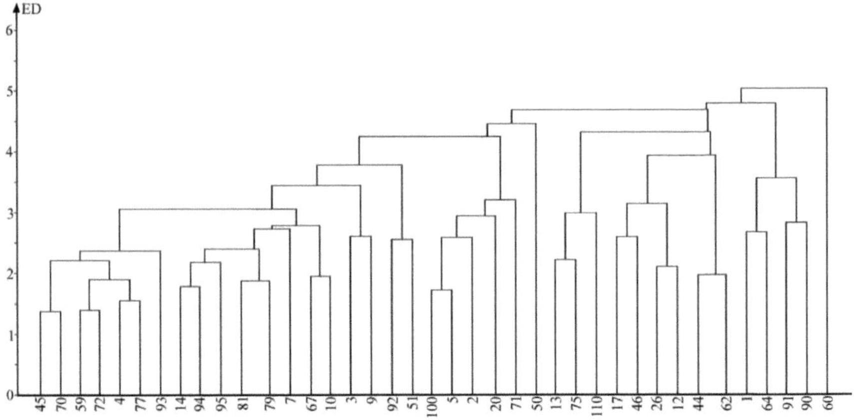

Abb. 29: Dendrogramm der Ähnlichkeitsbeziehungen auf der Basis von neun ausgewählten Schädelmaßen (vgl. Anm. 60, aber ohne S1 größte Schädellänge). Nur Männer berücksichtigt. ED = Euklidischer Abstand. Die Ziffern unter der Abszisse geben die einzelnen Bevölkerungsstichproben wieder, deren Nummerierung derjenigen in Tabelle 7 entspricht.

Einen entscheidenden Hinweis liefert ein unpublizierter Befund aus dem Bereich der Archäologie. Bei der vom Verf. durchgeführten Analyse der keramischen Formen des Gräberfeldes der vorrömischen Eisenzeit von Kolbow konnte ebenfalls eine Gruppenbildung nicht erreicht werden. Nach Diskussion des Befundes mit dem Ausgräber H. Keiling (damals Schwerin) wäre als Begründung kulturelle Diversität anzuführen: zwei mutmaßlich unterschiedliche Stammesverbände nutzten gleichzeitig den Bestattungsplatz und verwendeten jeweils ihre eigenes keramisches Formengut, ohne dass es dabei – zumindest bezogen auf das Formgut – zu Überschneidungen kam. Übertragen auf die beiden obigen Ansätze zu einem Bevölkerungsvergleich früh- bis hochmittelalterlicher Bevölkerungen bedeutet dieses, dass sich – mutmaßlich voneinander abweichende – Grundkomponenten in ihren messbaren Grössen zu eng überlagern. Während im archäologischen Beispiel andere Erfassungsgrößen (Verzierung, Herstellungsart etc.) herangezogen werden könnten, gälte es im osteologischen Befund jetzt das Messstrecken-Ensemble zu modifizieren, wenn dieses nicht durch den Beobachtungsumfang der Stichprobe Bremen – St. Veit [1] verhindert würde.

In weiteren Durchgängen wurde der Zeitrahmen eingeschränkt auf Serien, deren Datierung im Wesentlichen vor dem Jahr 1000 n. Chr. liegt. Dadurch wurde der Stichprobenumfang beschnitten, zumal zusätzlich noch „Durchläufer“[76] ausgeschlossen wurden. Ergänzend wie auch als eigener Ansatz wurde aus dem Bereich der mediansagittalen Maße des Neurocraniums nur noch die größte Schädellänge (S1) einbezogen. In keinem Falle ergab sich eine

[76] Dabei handelt es sich um die Stichproben Lüchow-Dannenberg [4], Čipulić-Bugojno [100] sowie die beiden Sammelserien Westfalen [5] und Mitteldeutschland [10]. Ihre jeweilige Datierungsspanne erstreckt sich mehr oder weniger über den gesamten zeitlichen Betrachtungszeitraum.

sinnvolle Gruppierung der Stichproben. Die Lösung sollte aber eigentlich aus dem Material selber kommen. Daher wurde das Maßensemble weiter reduziert, so dass letztlich nur die größte Schädellänge (S1), die größte Schädelbreite (S8) und die kleinste Stirnbreite (S9) Berücksichtigung fanden. Es ergibt sich zwar eine optisch zunächst hinlänglich erscheinende Gruppenbildung (vgl. Abb. 30), deren Ergebnisse aber kaum der historischen Realität entsprechen dürften: Die Bremer Stichprobe St. Veit [1] bildete mit dem Zusammenschluss der Serien Espenfeld [13] und Samborzec [62] eine Einheit.

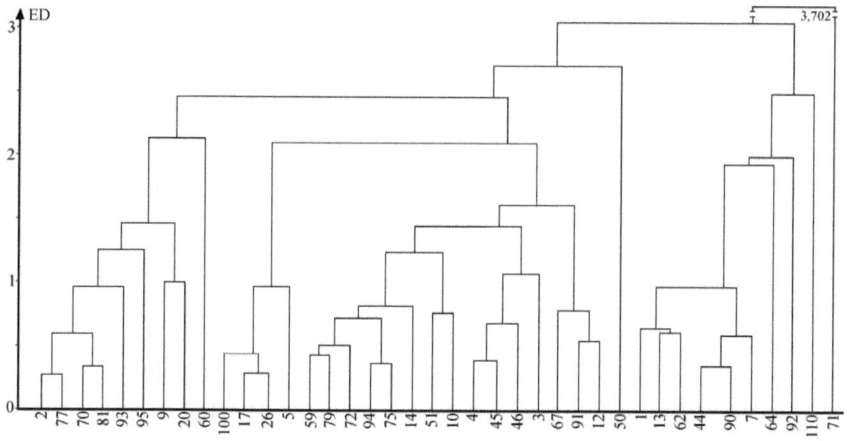

Abb. 30: Dendrogramm der Ähnlichkeitsbeziehungen auf der Basis von drei ausgewählten Schädelmaßen (S1 größte Schädellänge, S8 größte Schädelbreite und S9 kleinste Stirnbreite). Nur Männer berücksichtigt. ED = Euklidischer Abstand. Die Ziffern unter der Abszisse geben die einzelnen Bevölkerungsstichproben wieder, deren Nummerierung derjenigen in Tabelle 7 entspricht.

Die bisherigen Gruppierungsversuche erbringen kein biologisch oder kulturgeschichtlich sinnvoll interpretierbares Bild. Es wäre zu einfach, sich an dieser Stelle mit dem Hinweis auf stochastische Phänomene herauszureden. Kann nicht auch die regionale Herkunft der Stichproben das Bild nachhaltig beeinflussen? Diese Frage gewinnt umso mehr an Gewicht, wenn sich die Variationsbreiten der vermeintlich zur Differenzierung beitragenden Größen[77] in großen Bereichen überdecken. Die osteuropäischen Serien scheinen das bisher aufgezeigte Bild zu prägen. Die anderen Stichproben ordnen sich ihnen mehr oder weniger unter. Um diesen vermeintlichen Prägungsfaktor zu minimieren, werden in einem neuen Ansatz 34 weitere früh- bis hochmittelalterlichen Serien einbezogen.[78] Allerdings fehlen ihnen – abgesehen von den Messstrecken S1, größte Schädellänge, S8 größte Schädelbreite und S9 kleinste

[77] Es mag sicherlich andere Schädelmaße – mutmaßlich jenes des Gesichtsskelettes – geben, die wesentlich besser zur Strukturierung europider Populationen beitragen. Eine Veränderung der Befundlage ist durch die materialbedingte Auswahl der Messstrecken aber nicht gegeben.

[78] Der Beobachtungsumfang umfasst somit 73 Stichproben.

Stirnbreite – eine oder mehrere Maße, die es zunächst zu rekonstruieren gilt.[79] Von Seiten der Statistik bieten sich dafür mehrere Wege an. Am einfachsten – und von methodischer Seite durchaus statthaft – wäre es, für den fehlenden Wert den arithmetischen oder den anhand des jeweiligen Beobachtungsumfanges gewichteten Mittelwert aller anderen Stichproben einzusetzen. Je weiter aber eine Stichprobe in der Gesamtheit ihrer Maße vom Mittelwert des Samples entfernt ist, desto unzutreffender dürfte der errechnete Wert sein. Eher den biologischen Tatsachen gerecht wäre es – regionale Bevölkerungskontinuität vorausgesetzt –, aus drei bis fünf benachbarten Serien per Mittelung das fehlende Maß zu rekonstruieren (z.B. bei CASELITZ 1983a). Allerdings kann es dabei zur Verwischung der Relationen kommen, wenn zum Beispiel natürliche Heiratsgrenzen außer Acht gelassen werden.[80]

Ausgehend von der Annahme, dass die Höhe der Ausbildung der einen Variablen von jener der anderen abhängig ist (*bivariater Zusammenhang*), drängt sich die Regressionsberechnung als Lösungsweg förmlich auf.[81] So fehlt zum Beispiel bei der Vergleichsstichprobe Pfalz Tilleda [11] die Angabe der Länge der Parietalsehne (S29). Diese gilt es anhand der gegebenen Relationen zwischen größter Schädellänge (S1) und Länge der Frontalsehne (S29) der anderen 72 Bevölkerungen zu schätzen (vgl. Abb. 31). Es wird eine auf der Summe der kleinsten Quadrate der Abstände beruhende so genannte Regressionsgerade ermittelt. Mit Hilfe der dahinter stehenden Regressionsformel lässt sich der gesuchte Werte dann leicht errechnen. Im genannten Beispiel ergibt sich für eine größte Schädellänge von 188,5 mm eine Länge der Frontalsehne von 112,9 mm.[82] Damit werden aber zugleich zwei Fragen aufgeworfen: Wie groß ist die Zutreffenswahrscheinlichkeit dieses Schätzwertes und besteht nicht zu einem anderen verwendeten Maß eine höhere Abhängigkeit? Während die Antwort auf die erste Frage sich mit Hilfe statistischer Verfahren leicht finden lässt[83], müssen die Regressionen der Frontalsehne zu den anderen vorliegenden Schädelmaßen (hier zunächst größte Schädelbreite (S8) und kleinste Stirnbreite (S9)) berechnet werden. Die Güte der Anpassung der Regressionsgerade kann mit Hilfe methodisch unterschiedlicher Bestimmtheitsmaße geprüft werden. Sollte ihr Wert zu gering sein, ist es angebracht den jeweiligen Schätzwert von der folgenden Mittelwertsberechnung auszuschließen. Im vorliegenden Fall ergibt sich nun eine geschätzte Länge der Frontalsehne von 112,64 mm. Werden noch die größte Stirnbreite (S10) und die Asterienbreite (S12) einbezogen, steigt der Schätzwert geringfügig auf 112,68 mm an. Dieser Vorgehensweise nach wären nun die fehlenden Werte anderer Messstrecken zu ermit-

---

[79] Ferner unterschreitet in wenigen Fällen der Beobachtungsumfang eines Maßes die geforderte Mindestgröße. Solange sich dieses Phänomen auf Ausnahmefälle beschränkt, kann es aufgrund der Erfahrungen mit multivariat-statistischen Abstandsverfahren aber toleriert werden: Einzelne mutmaßlich vom tatsächlichen Mittelwert abweichende Werte verschwinden bei entsprechend großer Anzahl einfließender Variablen (hier: Anzahl des Messstrecken-Ensembles) hinter der prägenden Tendenz der anderen Maße der Stichprobe.

[80] In wie weit sich Stammes-, Landes- oder sonstige politische Grenzen auf den Genfluss zwischen Bevölkerungen auswirken, gälte es dann auch vom methodischen Ansatz her zu diskutieren.

[81] Alternativ wäre auch an eine faktorenanalytische Betrachtung zu denken wie auch eine Umkehrung des diskriminanzanalytischen Ansatzes – trotz methodischer Bedenken unsererseits – praktikabel wäre.

[82] Die Mittelung der vier benachbarten Serien Reckahn [9], Rohnstedt [12], Espenfeld [13] und Jena-Michaeliskirche [14] hätte einen Wert von 111,7 mm ergäben – mithin eine Abweichung von rund einem Prozent, während der Mittelwert aller 72 Stichproben mit 112,5 mm – mutmaßlich zufallsbedingt – deutlich näher liegt.

[83] Im vorliegenden Fall ist die Zutreffenswahrscheinlichkeit des Schätzwertes größer als 95 Prozent.

teln. Um nicht etwaige Fehlschätzungen fortzuschreiben, sollte darauf verzichtet werden, bereits vorliegende Schätzwerte in die Regressionsberechnungen einzubeziehen,

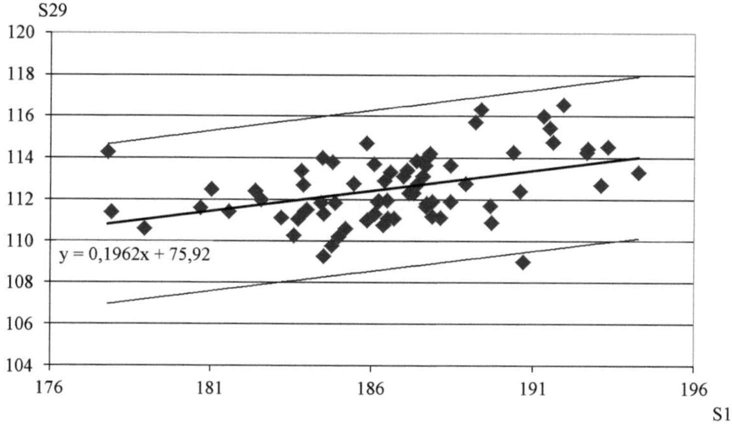

Abb. 31: Verhältnis der Maße größte Schädellänge (S1) zu Frontalsehne (S29) mit Regressionsgrade und dem Konfidenzinterval.

Abgesehen von dem Rechenvorgang und der Ermittlung fehlender Werte offenbaren sich bei grafischer Umsetzung auch immer wieder Besonderheiten, so zum Beispiel auch beim Verhältnis der größten Schädellänge (S1) zur Länge der Frontalsehne (S29) (vgl. Abb. 31). Verwenden wir einmal zur Bestimmung des Vertrauensbereiches das Konfidenzinterval, innerhalb dessen sich gemäß methodischem Ansatz 90 Prozent aller Werte finden. Dieses trifft zwar auch hier zu, jedoch weicht die Relation bei der Stichprobe Wolin-Młynowka [55] ab: Einer großen Schädellänge steht eine relativ geringe Frontsehne gegenüber. Ein Rückgriff auf die Originaldaten offenbart die Lösung: In 27 Fällen konnte die größte Schädellänge gemessen werden, während dieses bei der Frontalsehne „nur" bei sieben Schädeln möglich war. Wenn auch damit gerade noch der geforderte Mindestbeobachtungsumfang erreicht wurde, so dürfte es sich bei den sieben Probanden – bearbeiterbedingte Messfehler einmal ausgeschlossen – um Vertreter aus dem Randbereich der Verteilung innerhalb der Serie handeln. An dieser Stelle nun aber diesen Mittelwert mittels Regression im Sinne einer Korrektur schätzen zu wollen, bedeutete eine über Gebühr große Manipulation der vorliegenden Beobachtungswerte, zumal sich diese Vorgehensweise dann im Extremfall so lange fortsetzen ließe, bis ein gewünschtes Ergebnis erzielt wäre.

Während die Fehlwertbestimmung mittels linearer Regression von methodischer Seite relativ problemlos ist, gestaltet sich die Schätzung fehlender Werte bei Raumkörpern – wie dem Schädel – erheblich schwieriger, zumal wenn als Arbeitshypothese eine genetisch determinierte Relation der einzelnen Maße zueinander – durchaus im Sinne eines Interdependenzverhaltens – unterstellt wird. Statt dem Mittelwert der einzelnen Schätzvorgänge gilt es nun das Abhängigkeitsverhältnis aller Maße zu einander in einem Rechenvorgang zu fassen. Gesucht wird zunächst das am wenigsten fehlende Maß; dieses ist bei der Länge der Frontalsehne (S29) der Fall. Grundlage bilden im konkreten Falle zunächst die bei allen anderen 72 Vergleichsstichproben vorliegenden Maße größte Schädellänge (S1), größte Schädelbreite (S8) und kleinste Stirnbreite (S9). Mittels multipler Regression ergibt sich ein Schätzwert für die Serie Pfalz Tilleda [11] von 112,74 mm für das fehlende Maß. Dieses wird für die Schätzung des am zweitwenigsten fehlenden Maßes (S30 Parietalsehne) als gegeben angesehen. Gemäß diesem Ansatz werden alle fehlenden Werte aufbauend ermittelt.

Bei einem Blick auf die Schätzwerte für die Frontalsehne (S29) gemäß der skizzierten unterschiedlichen Ansätze mag der Eindruck aufgekommen, dass die Abweichungen recht minimal sind und eigentlich vor dem Hintergrund des angestrebten multivariat-statistischen Abstandsverfahrens zu vernachlässigen wären. Jedoch treten zwischen den Schätzwerten gemäß linearen und jenen multipler Regression durchaus deutlichere Unterschiede auf, die ihr absolutes Maximum der Variationsbreite mit 9,58 mm (R = –6,54 mm bis +3,04 mm) im Falle des Parietalbogen (S27) erreichen. Bezogen auf die Größenausprägung der jeweiligen Messstrecke wird dieser Befund durch die Verhältnisse bei der Kinnhöhe (S69) noch übertroffen; die Breite der Variation entspricht hier rund 10 Prozent der durchschnittlichen Messtrecke. – Verlieren wir aber nicht das Ziel aus dem Auge: Angestrebt und im Rahmen methodisch vertretbarer Möglichkeiten erreicht wurde eine Schätzung fehlender Messwerte, um den Stichprobenumfang für den Vergleich früh- bis hochmittelalterlicher Bevölkerungen zu vergrössern. Nach all diesem Aufwand ist das Ergebnis recht ernüchternd (vgl. Abb. 32): Überblicksmäßig sind Gruppierungen zu erkennen, die aber bei näherer Betrachtung doch wieder stochastische Elemente offenbar werden lassen. Bereits die Verbindung mit dem geringsten Abstandsniveau – nämlich jene der slowakischen Serie Abrahám [78] mit schwedischen Westerhus [45] – erscheint kaum den historischen Bezügen zu entsprechen. Es finden sich aber durchaus Verbindung auf geringem Abstandsniveau, die realistische Verhältnisse wiederzuspiegeln scheinen, so zum Beispiel die Koppelung der Stichprobe Schleswig-Nikolaikirchhof [7] mit der Sammelserie Island [41]. Überblicksmäßig finden sich zumindest zwei unterschiedlich umfangreiche Clusterblöcke (Nr. 78 bis 11 und Nr. 100 bis 80 auf der Abszisse in Abb. 32) sowie der eigenständige, relativ späte Zusammenschluss der Stichproben Lofoten [42] mit Słupno [58].[84]

---

[84] Dieser Befund gab Anlass zu erneuten Überprüfung der Basisdaten. Dabei zeigte sich, dass sowohl die Stichproben Lofoten [42] und Pottschach [80] von ihrem jeweiligen Stichprobenumfang nicht den geforderten Mindestgrößen entsprechen. Das bedeutet, dass die – zumal späten – Anbindungen dieser beiden Serie als zufallsbedingt zu betrachten sind. In den folgenden Abstandberechnungen werden sie ausgeschlossen. Die Anzahl der Stichproben verringert sich fortan auf 71 Stück.

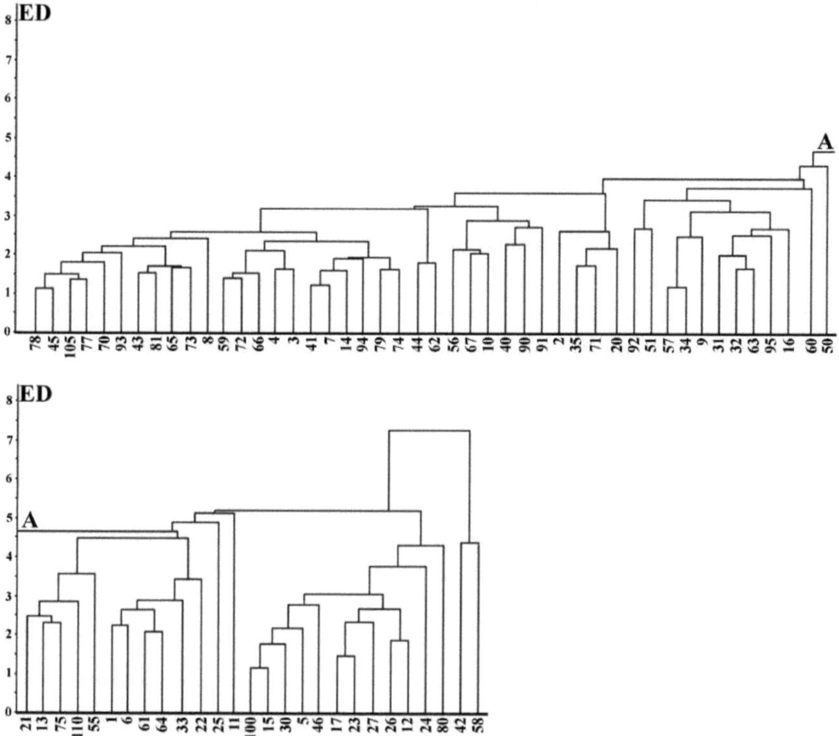

Abb. 32: Dendrogramm der Ähnlichkeitsbeziehungen von 73 früh- bis hochmittelalterlichen Bevölkerungsstichproben Europas auf der Basis von zehn ausgewählten Schädelmaßen nach Ergänzung fehlender Mittelwerte mittels multipler Regression. Nur Männer werden berücksichtigt. ED = Euklidischer Abstand. Die Ziffern unter der Abszisse geben die einzelnen Bevölkerungsstichproben wieder, deren Nummerierung derjenigen in Tabelle 7 entspricht.

Im Vordergrund der vorliegenden Untersuchung steht die Stichprobe Bremen – St. Veit [1]. Sie findet ihre größte Ähnlichkeit zur Serie Haithabu [6]. Auch wenn dieser Befund zu einer historisch nahe liegenden Interpretation reizt, sollte doch angesichts des Niveaus dieser Verbindung und dem allgemeinen Verteilungsbild Vorsicht geboten sein. Im Grunde genommen ergibt sich für die herangezogenen früh- und hochmittelalterlichen Stichproben keine sinnvolle erscheinende Gruppierung. Wiederum könnten bereits oben angeführte Gründe geltend gemacht werden. Angesichts der Ähnlichkeit der beiden Bremer Stichproben von St. Veit und Domdüne sei an dieser Stelle einmal ein Blick auf den Forschungsstand gestattet, in den die letztgenannte Serie Eingang gefunden hat (vgl. RÖSING und SCHWIDETZKY 1977). Auch wenn die Stichprobenanzahl dort mehr als das Doppelte unseres Vergleiches beträgt (n = 157)[85], so ergibt sich ein ähnlicher Befund: Germanen, Slawen und Finnen sowie eine Reihe von awaren- und arpadenzeitlichen Serien Ungarns finden sich zusammen (ebenda S. 77). Ebenso findet sich eine Reihe von Kleinclustern, „die aber überwiegend nicht ethisch oder geographisch zusammengehörige Serien zusammenfassen" (a.a.O.). Die Bremer Altfunde (Domdüne) finden ihre nächste Parallele – erstaunlicher Weise – in einer transdanubischen Awaren-Sammelserie.[86] Die schlechte Trennbarkeit von Germanen und Slawen ... ist eines der wesentlichen Kennzeichen des frühmittelalterlichen Materials (RÖSING und SCHWIDETZKY 1977, 79, vgl. auch ähnlich BERGMANN und AUE-HAUSER 1982, 183f.).[87]

Abschließend sei ein Blick auf die historischen Quellen zur Herkunft der Bremer Bevölkerung erlaubt, die PRÜSER (1951) mit der Auswertung der Bürgerbücher vorlegte. „Die Zuwanderer im 13. Jahrhundert kamen vor allem aus dem Lande südlich und südwestlich von Bremen, so weit sie nicht aus seiner unmittelbaren Umgebung Nachbarschaft zuzogen" (PRÜSER 1951, 132). Auch sind einige holländische und westfälische Elemente vertreten, während der friesische Beitrag wohl weitgehend fehlt. Abgegeben hat die Stadt eher in die Nachbarlandschaften im Norden und Osten (ebenda S. 153). Auch wenn diese Quelle die Verhältnisse des Spät- denn des Frühmittelalters wiedergeben, dürfen wir die eingangs zitierte Meinung Virchows revidieren und die „alten" Bremer für ein sächsisch geprägtes Bevölkerungsgemisch halten, wenngleich der osteoarchäologische Nachweis derzeit noch offenbleiben muss.

Pathologische Erscheinungen

Bei der Bearbeitung von Skelettresten sind immer wieder Strukturen und Phänomene zu beobachten, die vom normalen Erscheinungsbild abweichen. Sie können sowohl anatomische Varietäten darstellen als auch in den Bereich pathologischer Erscheinungen gehören. Die eingehendere Beschäftigung mit einem singulären Befund nimmt in der anthropologischen wie auch medizinischen Literatur einen breiten Raum ein und mag im Falle von historischen wichtigen Skeletten noch ihre Berechtigung haben (vgl. z.B. ULLRICH 2004), jedoch vermag diese Kasuistik kaum etwas zur Beschreibung von Lebensbedingungen und -umständen einer Bevölkerung im epidemiologischen Sinne beizutragen. Vom Material her sind der paläopathologischen Forschung stets auch Grenzen gesetzt, da nur relativ wenige Erkrankungen am Skelett ihren dauerhaften Niederschlag finden. Sekundäre Bedingungen (z.B. die natürliche Zersetzung im Boden) können zudem das Erscheinungsbild trüben. Zudem ist die Abgrenzung zwischen Anomalien und Variationen einerseits und pathologischen Veränderungen andererseits nicht immer eindeutig.

---

[85] Vor allem bedingt durch das Heranziehen merowingerzeitlicher Stichproben und Serien östlich des Dnepr. Die genannte Autoren sehen – entgegen unserer Ansicht – die Vielzahl der Stichproben eher als hinderlich für eine klare Gruppenbildung an (ebenda S. 79).

[86] Die Abbildung 2 bei RÖSING und SCHWIDETZKY (1977) ist an dieser Stelle wegen eines Beschriftungsfehlers zunächst nicht eindeutig. Ein Rückgriff auf die mitpublizierte Matrix ergibt obige Aussage.

[87] Zu einer anderen Ansicht kommt ALEKSEEVA (1974). Allerdings ist dabei die starke Überpräsenz (geographisch-)russischer Stichproben zu beachten, so dass sich im Grunde genommen die West-/Ostgruppentrennung von RÖSING und SCHWIDETZKY (1977) andeutet. Diese kann sich wegen der Stichprobenauswahl in unseren Vergleichen nicht abzeichnen.

Material- und befundbedingt sind die Funde von Bremen – St. Veit in Hinblick auf pathologische Erscheinungen nur eingeschränkt auswertbar. Neben Frakturen und arthrotischen Veränderungen an den großen Längsknochen sind noch eine Reihe von Befunden am Schädel – insbesondere am Gebiss – mengenstatistisch auswertbar. – Nicht nur an den Zwischenwirbelgelenken, sondern auch an allen anderen Gelenken des menschlichen Skelettes können arthrotische Veränderungen auftreten. Arthrosis deformans (Arthropathia deformans) ist durch Gratbildungen am Gelenkrand charakterisiert, die über mitunter recht erstaunliche Formveränderungen bis zur Fusion der Gelenkknochen im Sinne einer Versteifung führen können. Allerdings ist die Ätiologie dieser Erscheinungen nicht immer eindeutig (vgl. WANKERL 1963 sowie WEISS und JURMAIN 2007). Neben einer altersbedingten, auf natürlichem Verschleiß beruhenden primären Form gibt es eine aus einer Gelenkknorpelbeschädigung resultierende sekundäre Variante. Pathogenetisch am wichtigsten ist dabei das mechanische Moment, das bei einem Missverhältnis zwischen Belastung und Widerstandsfähigkeit des Knorpelgewebes wirksam wird – zum Beispiel bei Fehlhaltungen, Überlastungen, Folgen kongenitaler dysplastischer Zustände, Wachstumsstörungen und durch Traumata oder entzündliche Gelenkerkrankungen erworbenen Gelenkdeformierungen (nach TICHY 1974, ähnlich PSCHYREMBEL 1998, 126-127). Im (prä-)historischen Skelettmaterial ist eine Differenzierung zwischen primärer und sekundärer Form der Arthrose nur in Ausnahmefällen möglich. Daher werden die Befunde allgemein den primären Arthrosen zugerechnet. Diese sind wegen ihrer Ätiologie im degenerativen Bereich – eher als die erwähnten sekundären Arthrosen – besser geeignet, die körperliche Beanspruchung einer Gemeinschaft zu beurteilen. Es kann bei nur lückenhaft erhaltenem Skelett – oder bei gestörtem Individualzusammenhang – auch zu Überschneidungen kommen, die allerdings bei hinlänglich großem Materialumfang das allgemeine Bild der Belastung kaum verzerren dürften.

Bei der Untersuchung des Skelettmaterials von Bremen – St. Veit wurden die Gelenkflächen der einzelnen Skelettteile für sich getrennt betrachtet. Eine Rekonstruktion der einstigen Gelenkkomponenten war wegen des gestörten Individualzusammenhanges nicht möglich. Die summarischen Befunde werden in Tabelle 9 wiedergegeben. Der geringe Beobachtungsumfang bei den Radii und Ulnae schließt diese Skelettteile aus der weiteren Betrachtung aus. Selbst bei unterschiedlichem Stichprobenumfang fallen Unterschiede in der Verteilung der befundfreien und belasteten Gelenkenden zwischen den Körperseiten der anderen großen Längsknochen und am Becken auf. Besonders deutlich wird dieses bei den proximalen Femurflächen: links sind nur drei Viertel der 39 beurteilbaren Gelenkflächen befundfrei, während der Befund auf der rechten Körperseite mit knapp 96 Prozent deutlich günstiger ausfällt (vgl. Tab. 9). Ebenfalls deutliche Abweichungen zwischen den beiden Körperseiten finden sich an distalen Tibiagelenken. Dort erreichen die Werte ähnliche Größenordnungen wie bei den Oberschenkelknochen. Die statistische Überprüfung der Verteilung der befundfreien und betroffenen Gelenkflächen ergibt, dass diese beiden Unterschiede als einzige des Gesamtbefundes – auch vor dem Hintergrund des Beobachtungsumfanges – nicht auf Zufallskriterien beruhen. Der Befund am proximalen Femur bedeutet doch, dass das linke Hüftgelenk bei der vorliegenden Stichprobe eher Belastungen ausgesetzt war, die zu arthrotischen

Veränderungen am Knochen führten. STLOUKAL und VYHNÁNEK (1975: 125) folgend sollten die an einem Gelenk beteiligten Knochen in annähernd gleicher Höhe belastet sein. Folglich müssten auch die Beckenpfannen der linken Körperseite stärker betroffen sein. Dieses ist im vorliegenden Fall auf den ersten Blick nicht der Fall. Jedoch sollte dieses vor dem Hintergrund des Beobachtungsumfanges und der Tatsache, dass die Seitenunterschiede beim Becken nicht signifikant sind, relativiert werden.

Tab. 9: Bremen – St. Veit: Arthrose und Frakturen an den großen Längsknochen. Neben dem Belastungsindex (BI, vgl. im Text) wird der jeweilige Beobachtungsumfang ohne Befund (o.B.) und mit pathologischen Veränderungen (m.B.) für jede Körperseite und auch zusammengefasst angeführt.

	Arthrose - proximal						**Fraktur**		**Arthrose - distal**						
	o.B.	m.B.	Belastung				o.B.	m.B.	o.B.	m.B.	Belastung				
			1	2	3	BI					1	2	3	4	BI
Humerus															
links	14	6	14	5	1	1,35	21	0	17	3	17	2	1	0	1,20
rechts	8	4	8	3	1	1,42	14	0	13	1	13	0	1	0	1,14
li + re	22	10	22	8	2	1,38	35	0	30	4	30	2	2	0	1,18
Radius															
links	6	0	6	0	0	1,00	6	0	5	1	5	1	0	0	1,17
rechts	6	0	6	0	0	1,00	6	0	4	1	4	1	0	0	1,20
li + re	12	0	12	0	0	1,00	12	0	9	2	9	2	0	0	1,18
Ulna															
links	1	0	1	0	0	1,00	1	0	-	-	-	-	-	-	-
rechts	2	1	2	0	1	1,67	3	0	2	1	2	1	0	0	1,33
li + re	3	1	2	0	1	1,50	4	0	-	-	-	-	-	-	-
Femur															
links	30	9	30	8	1	1,26	44	0	32	12	32	11	0	1	1,32
rechts	44	2	44	1	1	1,07	49	0	40	10	40	8	2	0	1,24
li + re	74	11	74	9	2	1,15	93	0	72	22	72	19	2	1	1,27
Tibia															
links	15	6	15	5	1	1,33	21	0	15	6	15	6	0	0	1,29
rechts	18	4	18	2	2	1,27	23	0	19	1	19	1	0	0	1,05
li + re	33	10	33	7	3	1,30	44	0	34	7	34	7	0	0	1,17
Becken															
links	14	6	14	4	2	1,40	17	0							
rechts	6	6	6	2	4	1,83	11	0							
li + re	20	12	20	6	6	1,56	28	0							

Die Belastung der distalen Gelenkflächen der Tibiae unterstützt die Ansicht einer höheren Belastung des linken Beines bei der Stichprobe Bremen – St. Veit. Die zu erwartende gleichzeitige höhere Betroffenheit des rechten Armskelettes kann jedoch nicht belegt werden. Die Seitenunterschiede der Humeri sind nicht signifikant und die beiden Unterarmknochen entziehen sich wegen des geringen Beobachtungsumfanges dem Zugriff. – Kumulieren wir die Befunde an Humeri, Femora, Tibiae und Becken in einem Heterogenitätstest, so ergibt sich der in Hinblick auf die Repräsentativität interessante Schluss, dass die Hypothese einer Grundgesamtheit nicht verworfen werden kann

Wenn die Häufigkeit des Auftretens arthrotischer Veränderungen einen Eindruck von der Belastung einer Bevölkerung zu geben vermag, so lässt die Stärke der Ausformungen auch Anklänge an die Lebenssituation der Menschen zu. Bei der Befunderhebung wurden die Befunde der einzelnen Gelenkfläche nach einem fünfstufigen Schema[88] erfasst. Ob die Schmerzstufung von Spannungsgefühl über Schmerz bei Beanspruchung bis Fehlstellungen (s. PSCHYREMBEL 1998: 127) oder Versteifungen des betroffenen Gelenkes damit parallel zu setzen ist, mag an dieser Stelle – insbesondere vor dem Hintergrund individuellen Schmerzempfindens – offen bleiben. Um einen Belastungsindex zu erhalten, wird die Anzahl der pro Befundstufe beobachteten Fälle mit der Kennziffer der Stufe multipliziert und die Einzelsummen werden kumuliert und durch die Summe der Beobachtungen geteilt.[89] Fassen wir – trotz methodischer Bedenken[90] – beide Körperseiten zusammen, so findet sich bei der Stichprobe Bremen – St. Veit die höchste Belastung mit einem Wert von 1,56 Indexpunkten an den Acetabula (Hüftgelenkspfannen; vgl. Tab. 9). Mehr als ein Drittel (37,5 Prozent) der beobachteten Fälle weisen arthrotische Veränderungen auf.[91] Dieser Wert liegt deutlich über rezenten klinischen Befunden (2 – 5 Prozent; vgl. z.B. ROTHSCHILD, WOODS und ORTEL 1990, Tab. 1), findet jedoch seine Parallele im historischen Skelettmaterial des Schleswiger Dominikanerklosters (33,3 Prozent Betroffene; CASELITZ 1983a, Tab. 21). Auch der dortige Belastungs-

[88] Stufe 1: befundfrei; Stufe 2: leichter Grat am Gelenkrand bis 1 mm Höhe; Stufe 3: stärkerer Grat am Gelenkrand bis 3 mm Höhe; Stufe 4: starker Grat am Gelenkrand über 3 mm Höhe und/oder Spongiosa auf der Gelenkfläche teilweise sichtbar; Stufe 5: Knochenfusion. Die befundfreien Individuen (Stufe 1) müssen in die Berechnung des Belastungswertes einfließen, da nur auf diese Weise die Belastungsrate einer Stichprobe gefasst werden kann. Ansonsten wären nur Aussagen über die mit Arthrose Betroffenen möglich. Dieser Umstand wird fatalerweise oftmals nicht berücksichtigt, so dass ein nicht geringer Teil potentieller Vergleichsstudien unberücksichtigt verbleiben muss. Zu Problemen bei der Klassifikation von arthrotischen Erscheinungen vgl. WALDRON und ROGERS 1991 sowie BRIDGES 1993.

[89] Im Fall der proximalen Gelenkfläche der Humeri (vgl. Tab. 9) lautet die Berechnung:
(1*14 + 2*5 + 3*1)/20 = 1,35 Belastungspunkte.

[90] Durch den nachhaltig gestörten Individualzusammenhang bei der vorliegenden Stichprobe kann es bei der Zusammenfassung der Befunde beider Körperseiten theoretisch zu Überschneidungen kommen. Das könnte dazu führen, dass zum Beispiel beide Femora eines stärker belasteten Individuums zur Begutachtung gelangten, während von einem befundfreien Individuum nur ein Femur zur Untersuchung gelangte. Statt der Hälfte wären dann zwei Drittel der Individuen betroffen. Die Belastungsindices lauten 2,3 gegenüber 2,0 Punkten. Zumindest die Bremer Werte gilt es in diesem Zusammenhang zu relativieren; sie sollten nicht zu absolut verstanden werden. Ob durch eine derartige Zusammenfassung ein repräsentativeres Bild entsteht – wie SCHULTZ (1978, 113) meint –, muss mithin fragwürdig erscheinen.

[91] Gemäß der Zuordnung zum ausgeübten Beruf nach LEE ET AL. (1974, Tab. 1) dürfte das Belastungsmuster der Bremer Stichprobe – besonders auch unter Berücksichtigung der Befunde im Schultergelenk – demjenigen einer landwirtschaftlich orientierten Bevölkerung entsprochen haben.

index kommt mit 1,41 Punkten dem Bremer Befund nahe. Ein knappes Drittel der Gelenkflächen der proximalen Humeri der Bremer Stichprobe ist arthrotisch verändert. Der Belastungsindex kommt mit 1,38 Punkten dem Schleswiger Befund (1,33 Punkte) wiederum recht nahe. Ähnliches gilt auch für das Kniegelenk (Bremen 1,30 und Schleswig 1,25) und für das Ellenbogengelenk (Bremen 1,18 und Schleswig 1,15).[92]

Dieses Bild der guten Parallelen zwischen den beiden mittelalterlichen Bevölkerungen wird nicht nur getrübt durch das materialbedingte Fehlen der Befunde an den Unterarmknochen, sondern auch durch die abweichende Belastung der Femora. Für deren proximale Gelenkflächen wäre eine den Acetabula-Befunden vergleichbare Größe zu erwarten gewesen (1,15 versa 1,56 Punkte). Könnte hier noch die nicht sonderlich große Anzahl bei den Beckenbefunden als verzerrender Faktor angeführt werden, so ist dies bei den das Kniegelenk bildenden Skelettteilen nicht der Fall; allerdings fällt der Unterschied hier nicht so deutlich aus (1,15 versa 1,30 Punkte). Erinnern wir uns daran, dass bei den Befunden am proximalen Femurende deutliche, signifikante Seitenunterschiede auftraten, so relativieren sich die unterschiedlichen Belastungsraten im Bereich des Hüftgelenkes. Derart deutliche Abweichungen – forschungsbedingt nur fassbar an der Belastungsfrequenz – finden sich zum Beispiel auch an den rechten Hüftgelenken der Bevölkerungsstichprobe vom Hamburger Domplatz: 73 Prozent der Acetabula sind gegenüber „nur“ 37 Prozent der proximalen Femurgelenkflächen arthrotisch belastet (PRECHEL 1995, Tab. 8[93]; für Lübeck – Petrikirche s. PRECHEL 1993, Tab. 7).[94]

Der Vergleich der Bremer Belastungsbefunde wird sowohl durch den Forschungsstand als auch durch die Wahl des fünfstufigen Klassifikationsschemas[95] erschwert. Lediglich die spätmittelalterlichen Skelette vom Schleswiger Dominikanerkloster (CASELITZ 1983a, Tab. 21) stehen direkt zur Verfügung. Auch hier findet sich die höchste Belastung an den Hüftgelenken (Index: 1,41 Punkte). Die Verhältnisse am Schulter- und Ellenbogengelenk ähneln sich (Indices: 1,33 und 1,15 Punkte). Ähnliches lässt sich auch für das Kniegelenk folgern. Werden die Bremer Femur- und Tibiawerte gemittelt, lässt sich Ähnliches auch für das Kniegelenk folgern (Index: 1,25 Punkte). Um nicht im eigenen Untersuchungsgut zu verharren, ziehen wir ein von STLOUKAL und VYHNÁNEK (1975, 125f.) vorgeschlagenes dreistufiges Klassifikationsschema heran.[96] Die Befunde werden im Folgenden pro Gelenk betrachtet.

---

[92] Kritisch zur Einschätzung der Belastung des Ellenbogengelenks äußern sich DEBONO ET AL. (2004). Vgl. zum Ellenbogengelenk allgemein auch BARTELINK (2001).

[93] Unerklärlicher Weise wird in der genannten Arbeit der Belastungsindex bei den Längsknochen – im Gegensatz zu den Erscheinungen an den Zwischenwirbelgelenken – nicht aufgeführt. Auch unterbleibt die Diskussion wie auch die statistische Überprüfung der Befunde.

[94] Die Lübecker Stichprobe weist nur bedingt geschlossene Individualzusammenhänge auf und ähnelt somit den Bremer Befunden. – Häufig wird in der Literatur nur das relative Vorkommen von arthrotischen Veränderungen pro Individuum oder Gelenk – mithin die Belastungsfrequenz – angeführt. Aus der Vielzahl entsprechend eingeschränkter Studien sei verwiesen auf LAHR und BOWMAN (1992, Fig. 4), LIEBERT 1969 (Tab. 15), LYNNERUP 1998 (Fig. 38), MERBS 1983 (fig. 44), PIETRUSEWSKY 1976 (Fig. 1 und Tab. 20), RATHBUN 1987 (Tab. 9), ROGERS 2002 (Tab. 2) und SIMON 1982 (Tab. 24).

[95] Vgl. Anm. 88.

[96] Die Zusammenfassung unserer Stufen 2 und 3 sowie die Stufen 4 und 5 zu jeweils einer einzigen Stufe stellt eine Vereinfachung des Belastungsindex dar, folgt damit aber durchaus der Praxis paläopathologischer Untersuchung, die sich zu gern nur mit den deutlicheren Formen einer Veränderungen befasst, die Anfangsstadien

Diese Vorgehensweise erleichtert den Vergleich, führt aber im Bremer Fall wegen der oben diskutierten Differenzen zwischen den am Gelenk beteiligten Knochen dazu, dass in der tabellarischen Wiedergabe für das Hüftgelenk zwei Werte genannt werden müssen (vgl. Tab. 10).

Tab. 10: Arthrosebelastung anhand eines Indexwertes nach dem dreistufigen Klassifikationsschema von STLOUKAL und VYHNÁNEK (1975, 125f.) bei nachchristlichen Bevölkerungen der Alten Welt angeordnet nach der Zeitstellung der Stichproben. Werte in Klammern beruhen auf zu geringem Beobachtungsumfang (n < 10), während ein waagerechter Strich auf nicht vorhandenes Untersuchungsgut hinweist. Zwischenstufen der Belastung werden entsprechend umgerechnet.[97] * = Angaben sind kritisch zu bewerten (vgl. im Text).

Serie	Zeitstellung	Schulter	Ellenbogen	Hüfte	Knie	Quelle
Bittenbrunn	450 – 700	–	(2,00)	1,82	1,45	Malkmus 1992, Tab.9
Kirchheim unter Teck	450 – 700	1,61	1,28	1,78	1,67	Ehlert 1996, Tab. 10
Kleinlangheim	475 – 725	1,49	1,51	1,51	1,33	Schultz 1978, Tab. 16
Sindelsdorf *	500 – 700	2,11	1,91	2,43	2,19	Lutter 1984, Tab 3-4
Endingen *	560 – 690	2,28	2,16	2,45	2,05	Lutter 1984, Tab 3-4
Mikulčice und Josefov	800 – 900	1,32	1,29	1,48	1,32	Stloukal und Vyhnánek 1975
Bremen – St. Veit	800 – 1100	1,31	1,12	1,38 1,13	1,24	Caselitz (hic)
Drudewenshausen *	800 – 1450	2,17	1,96	2,59	2,12	Kalk 1991
Xarea	900 – 1600	1,91	2,07	2,06	2,13	Robledo 1998, Tab.76-79
Kirchberg *	1200 – 1600	2,19	1,93	2,55	2,04	Kalk 1991
Bernau *	1200 – 1598	2,09	2,19	2,58	1,85	Faber et al. 2003, Tab. 2
Schleswig – Dominikanerkloster	1239 – 1529	1,26	1,14	1,34	1,21	Caselitz 1983a, Tab. 22
Osteel	1260 – 1700	1,50	1,06	1,31	1,43	Caselitz (unpubl.), s.a. ders. 1982

einer Krankheit aber außer Acht lässt. – Die Werte des fünfstufigen Klassifikationsschemas lassen sich leicht umrechnen.

[97] Die Werte der slawischen Bevölkerung von Oldenburg/Ostholstein (TEEGEN und SCHULTZ 1993, Abb. 3) konnten nicht berücksichtigt werden, da zum einen die Basiswerte nicht genannten und zum anderen das dort verwendete Klassifikationsschema bislang nicht hinlänglich publiziert wurde. Die Befunde sind somit nicht dem Klassifikationsschema von STLOUKAL und VYHNÁNEK (1975, 125f.) anpassbar.

Serie	Zeitstellung	Schulter	Ellenbogen	Hüfte	Knie	Quelle
Funnix	1300 – 1900	–	(1,25)	1,26	1,31 1,21	Caselitz (unpubl.), s.a. ders. 1982
Berlin – Nikolaifriedhof	1500 – 1600	1,71	1,23	1,68	1,49	Gommel 1993, Tab. 13
Berlin – Nikolaifriedhof	1600 – 1750	1,43	1,35	1,94	1,50	Gommel 1993, Tab. 13

Auf den ersten Blick ergibt sich keine einheitliche Verteilung oder Struktur. Durchgängig hohe Belastungswerte sollten sich gemäß dem Ansatz von STLOUKAL und VYHNÁNEK (1975) eher selten finden. Bereits ein Wert oberhalb von 2,0 Punkten darf als ungewöhnlich angesehen. Bedeutet er doch, dass die Bevölkerung durchgängig mit Arthrose belastet war bzw. extreme Ausprägungsformen dieser pathologischen Erscheinungen relativ häufig vorkommen. Daher gilt es, die im Vergleich erstaunlich hohen Werte bei den Stichproben Sindelsdorf, Endingen, Drudewenshausen, Kirchberg sowie Bernau (vgl. Tab. 10) einmal näher zu betrachten. Im letztgenannten Fall ist eine Umrechnung wegen fehlender Basiswerte nicht möglich. Jeweils zwei der vier anderen Serien wurden von einem Bearbeiter untersucht. Dabei vernachlässigt LUTTER (1984, 14) es, befundfreie Individuen in seine Berechnungen einzubeziehen. Allem Anschein nach folgt KALK (1991) diesem Ansatz. Die Werte der fünf genannten Serien sind mithin nur sehr eingeschränkt für einen Vergleich heranziehbar. – Die höchsten Belastungen finden sich fast durchgängig am Hüftgelenk. Das Serienmittel liegt bei 1,59 bzw. – unter Berücksichtigung der fünf als kritisch eingestuften Serien – bei 1,88 Punkten. Durchschnittlich etwas weniger belastet ist das Schultergelenk (1,51 bzw. 1,75 Punkte). Relativ günstig scheinen die Verhältnisse am Ellenbogengelenk zu sein (1,39 bzw. 1,57 Punkte). Eine Mittelstellung nehmen die Befunde am Kniegelenk ein (1,46 bzw. 1,64 Punkte). Bemerkenswert ist die Korrelation – bezogen auf die Belastungswerte der Stichproben – der Hüft- und Kniebefunde (r_{xy} = +0,828). Während hier als Erklärung die Statik des Beinskelettes angeführt werden kann, trifft dieses Argument bei dem noch höheren Verhältnis zwischen Schulter und Kniegelenk kaum zu (r_{xy} = +0,892). Hier läge eine Frage an die Biomechanik an, wenn nicht die Anzahl der heranziehbaren Serien zu gering wäre.[98]

In ihrer Gesamtheit ähnelt die Arthrosebelastung bei der Bremer Bevölkerung von St. Veit jener der bereits genannten Funde vom Schleswiger Dominikanerkloster. Beide nehmen auch die günstigsten Plätze innerhalb des aufgeführten Samples ein.[99] Regionale Ähnlichkeiten finden sich nicht. Nur überblicksmäßig scheint es bei den herangezogenen nachchrist-

[98] Eine Vergrößerung der Stichprobenmenge um neuweltliche und/oder von ihrem Zeitansatz ältere Serien erbringt eindeutigere Werte (n = 28). Die Hüftpfanne bleibt weiterhin das am stärksten belastete Gelenk (1,65 Punkte). Die beste Korrelation findet sich erstaunlichere Weise zwischen Schulter- und Ellenbogengelenk (r_{xy} = +0,955).

[99] Lediglich – hier nicht einbezogene – Stichproben aus der Neuen Welt weisen günstigere Verhältnisse auf. Es sei insbesondere auf die Inkaserie aus dem Gebiet um Cuzco (Datierung: 200 BC – AD 1532; ANDRUSHKO 2007, Tab. A.4) verwiesen.

lichen Bevölkerungen der Alten Welt (vgl. Tab. 10) nach dem Hochmittelalter zu einer Verbesserung der Verhältnisse gekommen zu sein. Diese Entwicklung lässt sich jedoch statistisch nicht absichern (vgl. auch COCKBURN, DUNCAN und RIDDLE 1979, 74). Insgesamt gesehen muss es verwundern, dass relativ wenige Arbeiten sich mit der Stärke der arthrotischen Belastung beschäftigen, zumal Arthrose neben Zahnkaries zu den häufigsten Erkrankungen des Menschen gehört.[100] Eingedenk der Tatsache, dass es sich bei arthrotischen Veränderungen im Allgemeinen um Abnutzungserscheinungen handelt, dürfte die Alterszusammensetzung der Stichprobe einen wesentlichen Einfluss auf das Befundbild haben (vgl. z.B. JURMAIN 1977 sowie ORTNER und PUTSCHAR 1981, Tab. 12). Eine entsprechende Betrachtung der Bremer Befunde muss angesichts der durch den gestörten Individualzusammenhang bedingten relativen langen Sterbealtersspannen unterbleiben. – Aufgrund der eingangs genannten Selektionsmechanismen bei der letzten Bergung der Skelettreste entziehen sich die pathologischen Veränderungen an der Wirbelsäule unserem Zugriff. Lediglich die wenigen Schädelstücke, bei denen die Region um das Foramen Magnum erhalten ist, liefern einige Hinweise zu Abnutzungserscheinungen. Die Belastung mit Spondylarthrose ist an den Kondylen zunächst auffällig hoch (li: 1,4; re: 1,5)[101]; sie relativiert sich aber vor dem Hintergrund des geringen Stichprobenumfangs (li: 5; re: 6).

Nicht nur für das betroffene Individuum sind Knochenfrakturen von Interesse, sondern sie können auch Hinweise auf spezifische Belastungen einer Bevölkerung geben (vgl. WELLS 1967, 57ff. bzw. KUNTER 1981, 232). Die Tatsache, dass sich an keinem Knochen des postkranialen Skeletts der Bremer von St. Veit Spuren eine Fraktur findet, sollte nicht dahingehend gewertet werden, dass sich kein Individuum dieser Bevölkerung jemals einen Knochen gebrochen hat. Bei der Betrachtung von aus einzelnen Knochen bestehenden Samples gibt es bei entsprechendem Materialumfang immer wieder Skeletteile, bei denen keine Frakturen gefunden werden (vgl. z.B. ANGEL, 1974, Tab. 1 und 2, WEBB 1989, Tab. 7-1 und WELLS 1982, Tab. 87). Auch die Impressionsfraktur an einem Os occipitale (#114: Mann, 25 – 34 Jahre) wirft nur ein singuläres Bild auf die Bremer Bevölkerung. Sollte sie auch bei dieser pathologisch-traumatischen Erscheinung Ähnlichkeiten mit der Stichprobe aus dem Schleswiger Dominikanerkloster haben[102], so wäre mit einer sehr geringen Frakturhäufigkeit zu rechnen.

Bei keinem der untersuchten Schädelfragmente der Stichprobe Bremen – St. Veit finden sich Spuren von Parietalatrophie, Kahnschädel-Bildung, Trepanation, artifizieller Deformation, Lepra, Syphilis oder einem malignen Tumor. Vier Fälle von flachen Osteomen (sog.

---

[100] Überblicksmäßig ist nur etwa jede zehnte Arbeit für die Berechnung eines Belastungsindex auswertbar. Gelegentlich scheitert die Übernahme an fehlenden Beobachtungswerten für befundfreie Gelenke/Individuen (z.B. FISCHER 2004, Tab. 15f.) oder die Belastungsdaten wurden nur in graphischer Darstellung gegeben (z.B. MASNICOVÁ und BENUR 2001, Fig. 3) oder es werden Indices nach SCHULTZ (1988) angegeben, ohne dass die zugrundeliegenden Daten für eine Umrechnung angeführt werden (z.B. NOVOTNY 2005, Abb.47-48).

[101] Die Klassifikation der Befunde und die Berechnung der Belastungsrate ähneln der Betrachtung der arthrotischen Veränderungen an den Längsknochengelenken (vgl. Anm. 88).

[102] An den dortigen 747 großen postkranialen Knochen – Rippen nicht mitgezählt – fand sich nur eine Fraktur. Das entspricht einer Frakturhäufigkeit von nur 0,13 Prozent (CASELITZ 1983, 172).

Buckelosteome)[103] sind innerhalb von 69 Fundstücken vermerken. Das entspricht einer Rate von 5,8 Prozent. Dieser Wert liegt deutlich unter den Angaben von ESHED ET AL. (2002), die an heterogen zusammengesetztem Sammlungsmaterial wesentlich höhere Raten für moderne Bevölkerungen (37,6 Prozent) und für vor- und frühgeschichtliche Gruppen (41,1 Prozent) nennen. Realistischer erscheinen die Werte von HOOTON (1930, 315), der bei 2,2 Prozent der Schädel von frühen Pecos Pueblo Indianern Buckelosteome fand, und 11,6 Prozent betroffener Individuen der spanisch-muselmanischen Bevölkerung von San Nicolás/Murcia (ANTONA, RODRÍGUEZ und CAMPO 1999, Tab.1). Die Breite dieser beiden Befunde entspricht auch in etwa unseren Beobachtungen an europidem Untersuchungsgut unterschiedlicher Fundorte.[104] Der Bremer Befund fügt sich mithin in den Bereich der Variation ein.

Eine weitere pathologische Erscheinung am Schädel stellen siebartige Veränderungen am knöchernen Augendach dar, die als Cribra orbitalia – seltener auch als Usura orbitalia oder Hyperostosis spongiosa orbitae – umschrieben werden.[105] Die Größe der einzelnen Defekte reicht von wenigen Löchern mit dem Durchmesser einer Stecknadel bis zu flächenmäßig ausgedehnten, ein bis zwei Millimeter breiten Auflösungen. In schweren Fällen ist die Herausbildung von Rillen und Riefen bekannt. Die cribrösen Veränderungen bestehen über einen längeren Zeitraum hin und können sich aber dann wieder zurückbilden. Die derzeitige Forschungsmeinung neigt dazu, die unter dem Begriff Cribra orbitalia beschriebenen Phänomene als Resultate einer nutritiven Atrophie anzusehen. Insbesondere ist dabei an eine mangelnde Versorgung mit Vitaminen bzw. Spurenelementen – insbesondere Eisen – und weniger an einen fehlenden Proteinbestandteil der Nahrung zu denken. Eisenmangel-Anämien sind relativ weit verbreitet. Jedes dritte Kind und jede zehnte Frau dürften schätzungsweise unter Eisenmangel leiden, dessen negativen Auswirkungen auf das Skelett hinlänglich bekannt sind. Aber auch andere Krankheiten werden in jüngerer Zeit als Ursache für die cribrösen Strukturen im knöchernen Augendach in Betracht gezogen (vgl. z.B. WAPLER, CRUZÉBY und SCHULTZ 2004). Ferner können auch infektiöse Varianten auftreten (vgl. z.B. STEINBOCK 1976: 243 ff.). Durch Cribra orbitalia bedingte Beeinträchtigungen beim Lebenden sind kaum bekannt, da die knöchernen Veränderungen im klinischen Befund normaler Weise nicht in Erscheinung treten und Anämien sowie verwandte Krankheiten sich durch die Untersuchung des Blutes einfacher nachweisen lassen.[106]

---

[103] Osteome sind gutartige, klinisch stumme Knochentumore. Sie stellen eine lokal eingeschränkte Neubildung von Knochensubstanz dar. Osteome wachsen langsam, treten vorrangig an der Außenfläche des Schädels auf und kommen eher bei Männer als bei Frauen vor (vgl. z.B. AUFDERHEIDE und RODRÍGUEZ-MARTÍN 1998, 375 und spez. Fig. 13.1, CAPASSO 1997 und zur Geschlechtsrelation auch – mit konträrer Ansicht – ESHED ET AL. 2002, 217).

[104] Im Material des Schleswiger Dominikanerkloster (n = 56) fand sich z.B. kein Fall eines Buckelosteoms (vgl. CASELITZ 1983, 172). Bei 219 namentlich bekannten Individuen aus St Luke's Church Old Street in Islington fanden sich Buckelosteom in fünf Fällen (2,28 Prozent; BOLSTON, BOYLE und WITKIN 2005, Tab. 5.26),

[105] Die Bezeichnung Hyperostosis porotica – wie sie häufig in der amerikanischen Literatur angetroffen wird – ist unglücklich gewählt, weil mit ihr nicht zwischen Cribra orbitalia und Cribra cranii (vgl. unten) unterschieden wird.

[106] Zu den Möglichkeiten des Nachweises mit Hilfe von Computertomographen vgl. EXNER, BOGUSCH und SOKIRANSKI (2004).

Tab. 11: Bremen – St. Veit: Absolutes Vorkommen von Cribra orbitalia pro Körperseite sowie pro Individuum[107] nach dem Klassifikationsschemata von HENGEN (1971). n = Beobachtungsumfang. BI = Belastungsindex nach HENGEN (1971 sowie NATHAN und HAAS 1966; vgl. CASELITZ 1986, Tab. 9). Ferner wird auch der relative Anteil des Auftretens von Cribra orbitalia angeführt.

Cribra orbitalia	Alle Individuen			Männer			Frauen			Subadulte		
	links	rechts	Indiv.	links	rechts	Indiv.	links	rechts	Indiv.	links	rechts	Indiv.
n	51	48	55	27	25	30	19	19	20	5	5	5
Stufe 1	41	40	43	24	23	26	16	17	16	1	1	1
Stufe 2	4	5	6	2	2	3	2	2	3	0	1	0
Stufe 3	3	2	3	1	0	1	1	0	1	1	2	1
Stufe 4	3	1	3	0	0	0	0	0	0	3	1	3
Stufe ≥5	0	0	0	0	0	0	0	0	0	0	0	0
BI Nathan und Haas	1,16	1,11	1,16	1,07	1,08	1,08	1,11	1,05	1,13	1,80	1,70	1,80
BI Hengen	1,37	1,25	1,38	1,15	1,04	1,17	1,21	1,11	1,25	3,20	2,60	3,20
Relativer Anteil	19,6%	16,7%	21,8%	11,1%	8,0%	13,3%	15,8%	10,5%	20,0%	80,0%	80,0%	80,0%

Im Falle der Stichprobe von Bremen – St. Veit weisen zwölf von 55 Individuen cribröse Veränderungen des knöchernen Augendaches auf (entsprechend 21,8 Prozent; vgl. Tab. 11). Damit übertrifft die Bremer Stichprobe nur leicht den relativen Anteil der spätmittelalter- bis frühneuzeitlichen Serie aus Stade (21,6 Prozent; vgl. CASELITZ 1986, Tab. 10). Zunächst fällt die hohe Belastung bei den Subadulten auf. Auch dieses hat die Bremer mit der Stader Stichprobe gemeinsam, wie auch die zahlenmäßig geringe Besetzung dieser Altersstufen. Bemerkenswert erscheint, dass alle vier betroffenen Bremer Kinder schon deutlichere Formen von Cribra orbitalia aufweisen und ihr Sterbealter das fünfte, oftmals sogar das zweite Lebensjahr nicht überschreitet. Das einzige befundfreie Kind (#168) war bei seinem Tode zumindest sechs Jahre alt. Im diachronen Vergleich ist der höhere Prozentsatz an Cribra orbitalia-Befunden bei Kindern und Jugendlichen keineswegs ungewöhnlich (vgl. CASELITZ 1986, Tab. 10).[108] Das relative Vorkommen von Cribra orbitalia ist bei Kindern im Vergleich zu den erwachsenen Individuen der jeweiligen Serien im Mittel gut doppelt so groß. EL-NAJJAR ET AL. (1976, 484) erklären dieses Phänomen mit der geringen Kompaktheit und noch nicht abgeschlossenen Mineralisierung des kindlichen Knochengewebes. Wahrscheinlicher erscheint uns jedoch der durch das Wachstum bedingte höhere Eisenbedarf von Kindern, der durch die normale Kost – insbesondere bei überwiegend pflanzlicher Nahrung – nicht gedeckt werden

[107] Bei der Einstufung des Befundes pro Individuum wird die jeweils stärkere Ausprägung gewertet.

[108] Dieser Befund bleibt auch bestehen, wenn auf eine bislang unpublizierte Zusammenstellung des Verf. von diachronen und globalen Cribra orbitalia-Belastungen (n = 206) zurückgegriffen wird. Unter Vernachlässigung von Stichproben mit relativ kleiner Anzahl von kindlichen Schädeln sind bislang nur zwei Stichproben bekannt, bei denen der relative Anteil der Befunde bei den Erwachsenen jener der Kinder – zudem nur sehr geringfügig – übertrifft: Gran Quivira (9,1 Prozent versa 10,8 Prozent; EL-NAJJAR ET AL. 1976 und WALKER 1985) und Tlajinga (12,5 Prozent versa 13,3, Prozent; MARQUEZ MORFIN ET AL. 2002).

kann. Wenn auch der Beobachtungsumfang im Bremer Fall nur gering ist, zeichnet sich doch zumindest eine Tendenz zu einer auch im diachronen Vergleich hohen Belastung insbesondere der Kinder dieser Bevölkerung ab. Zugleich bekommen wir einen nachhaltigen Eindruck von der Ernährungssituation der – vor allem jüngeren – Kinder von Bremen – St. Veit.

Bemerkenswert erscheint zunächst bei der vorliegenden Stichprobe, dass Cribra orbitalia bei den Frauen häufiger auftritt als bei den dortigen Männern (20,0 versa 13,3 Prozent; vgl. Tab. 11). Dieser Befund ist im Skelettmaterial keineswegs selten anzutreffen.[109] Er findet seine Erklärung im klinischen Bereich: Anämische Erkrankungen sind hauptsächlich bei Kindern, Frauen im gebärfähigen Alter und Individuen mit chronischen Blutungen (z.B. bei Darmparasiten, Magen- und/oder Darmkrebs) zu beobachten. Eine in Bezug auf den Anteil des Spurenelementes Eisen unzureichende Ernährung dürfte sich bei diesem Personenkreis deutlicher auswirken, so dass es zur beschriebenen Auflösung des knöchernen Augendaches kommen kann. In diesem Zusammenhang scheint der Befund von FORNACIARI ET AL. (1983, 67f.) von Interesse zu sein: An punischen Schädeln des dritten Jahrhunderts v.Chr. fanden sie einen deutlich geringeren, statistisch signifikanten Anteil an Eisenbestandteilen im Knochengewebe bei Individuen mit Cribra orbitalia als an solchen derselben Serie ohne diese Veränderungen. Die ermittelte höhere Belastung bei den Frauen gegenüber den zeitgleichen männlichen Bremern entspricht mithin dem allgemeinen Bild.

Ferner fallen bei der Stichprobe Bremen – St. Veit Unterschiede bei der seitenbezogenen Verteilung von Cribra orbitalia auf (19,6 Prozent links versa 16,7 Prozent rechts, n = 44). Je sechs Mal ist Cribra orbitalia uni- bzw. bilateral zu beobachten. Gemäß gängiger Forschungsmeinung sollte diese Erscheinung in der überwiegenden Anzahl der Fälle beidseitig auftreten (vgl. CASELITZ 1986, 104ff. sowie DALE 1994: 56-57, aber auch WELLS 1982, 186). Dieses ist im Bremer Material zwar bei der Gruppe der Subadulten zutreffend, kann aber – wie auch bei den anderen Beobachtungsgruppen – statistisch nicht abgesichert werden.

Wie bei der Betrachtung der arthrotischen Veränderungen fassen wir auch die Schwere der cribrösen Veränderungen in Form eines Belastungsindex (vgl. Tab. 11). Die hohen Einstufungen bei den wenigen Kindern bedingen, dass der Gruppenwert mit 1,38 Indexpunkten (nach HENGEN 1971, vgl. dazu CASELITZ 1986, Tab. 9) anzugeben ist. Damit entspricht er wiederum jenem der bereits genannten Stader Gruppe.[110] Erwartungsgemäß ist der Belastungsindex bei den Frauen von Bremen – St. Veit etwas höher als bei den Männern dieser Stichprobe. – Insgesamt gesehen fügen sich die Bremer Cribra orbitalia-Befunde weitgehend unauffällig in das Bild mittelalterlicher, europäischer Bevölkerungen ein; lediglich die Tendenz zur höheren Belastung bei den Kindern gilt es zu betonen.

[109] Die durchschnittliche Belastung bei den Frauen liegt um mehr als ein Drittel über derjenigen der Männer (nach CASELITZ 1986, Tab. 10; n = 19, s.a. ebenda Tab. 11). Dieser Befund relativiert sich bei gesteigertem Beobachtungsumfang: Bei derzeit 114 untersuchten Stichproben unterschiedlicher Zeitstellung, sozialer Stellung und Herkunft beträgt die Differenz – bezogen auf den Mittelwert der Männer – im Mittel rund 19 Prozent zu Ungunsten der Frauen. – Die Abweichung zum in Anm. 108 genannten Beobachtungsumfang ist durch die unterschiedliche Qualität der heranziehbaren Angaben bedingt.

[110] Die Bremer Befunde ähneln jenen aus dem Schleswiger Dominikanerkloster (vgl. CASELITZ 1983a, 172f.).

Eine dem Cribra orbitalia-Befund von ihrem Erscheinungsbild ähnliche Erscheinung tritt an der exokranialen Fläche des Schädeldaches auf. Diese Veränderungen werden als Cribra cranii umschrieben.[111] Zumeist tritt dieses Phänomen an der Außenseite der beiden Scheitelbeine (Ossa parietalia) gleichzeitig auf. Während bei der Cribra orbitalia vorrangig eine unzureichende Versorgung mit dem Spurenelement Eisen verantwortlich sein dürfte, so ist die Ätiologie von Cribra cranii bislang nicht eindeutig geklärt. Die geschilderten Auflösungserscheinungen fanden sich auch in Zusammenhang mit anderen Erkrankungen (vgl. CASELITZ 1986, 123f.). Nur eines von 67 heranziehbaren Individuen der Bremer Stichprobe (somit 1,5 Prozent) weist leichte Veränderungen im Sinne eines Cribra cranii-Befundes auf. Es handelt sich dabei um einen 35- bis 54jährigen Mann (#120), bei dem kein zusätzlicher Cribra orbitalia-Befund auftritt.[112] Für norddeutsche Bevölkerungen ist selbst der geringe Anteil bei dieser Bremer Stichprobe schon ungewöhnlich (vgl. CASELITZ 1986, Tab. 14). Erst im diachronen Überblick revidiert sich dieser Eindruck erheblich: Bei 97 Stichproben unterschiedlichster Herkunft und Sozialstellung kommt Cribra cranii durchschnittlich bei rund 22 Prozent der Individuen vor. Dabei werden auch 14 befundfreie Bevölkerungen einbezogen. Erstaunlicherweise sind die Männer dieses Mal gegenüber den Frauen – geringfügig – benachteiligt. Dem Befund von Cribra cranii kommt bislang eher individuelle Bedeutung zu. Somit ist der genannte Bremer Wert vorerst lediglich als Vergrößerung der Materialbasis dieser pathologischen Erscheinung zu werten.

Für beinahe jeden nachvollziehbar sind die Erkrankungen des Kauorgans. Insbesondere Zahnkaries findet sich heute praktisch bei jedem lebenden, zumindest jugendlichen Menschen.[113] Auch die Bremer von St. Veit bilden hier keine Ausnahme. Insgesamt 389 Alveolen der Serie müssen beim Tode der Individuen noch die jeweiligen Zähne beinhaltet haben. Sie sind erst postmortal verloren gegangen. Insbesondere die normalerweise nur einwurzelig ausgeformten vorderen Zähne des Gebisses sind davon betroffen (vgl. Tab. 12 und Abb. 33). Dieses Phänomen dürfte durch die eingangs genannten mehrmaligen Umbettungen des Materials bedingt sein. 169 von 184 Zähnen der zweiten Dentition sind hinlänglich erhalten, um an 17 von ihnen – entsprechend 9,2 Prozent – kariöse Veränderungen unterschiedlichen Ausprägungsgrades festzustellen. Die Zähne des Oberkiefers sind dabei etwas häufiger betroffen. Abgesehen vom zweiten oberen Prämolaren findet sich Karies bei der Bremer Stichprobe nur im Molarbereich (ZA 6 bis 8). Diese Befundverteilung entspricht dem allgemeinen Erwartungsbild (vgl. z.B. SERGL und ZIEGELMAYER 1967). Werden die 55 zu Lebzeiten ausgefallenen Zähne, erkennbar an ihren geschlossen Alveolen, hinzugerechnet, ändert sich der Wert

---

[111] Synonyme Bezeichnungen sind Bürstenschädel, Hyperostosis symmetrica, Osteoporosis symmetrica, Cribra parietalia und Hyperostosis porotica (cranii). Vgl. auch Anm. 105 und die forschungsgeschichtliche Wertung bei CASELITZ (1986, 124).

[112] Zum gemeinsamen Auftreten von Cribra cranii mit Cribra orbitalia vgl. STUART-MACADAM (1989) und – mit konträrer Ansicht – ROTHSCHILD ET AL. (2004).

[113] Zur Ätiologie vgl. z.B. ČECHOVÁ (1998).

nachhaltig auf 18 Prozent.[114] Auf Individuen bezogen ergibt sich ein wesentlich höherer relativer Anteil: 22 von 52 Individuen (mithin 42,3 Prozent) der Stichprobe Bremen – St. Veit haben eine oder mehrere kariöse Stellen bzw. haben bereits zu Lebzeiten zumindest einen Zahn verloren.

Tab. 12: Bremen – St. Veit: Paläostomatologischer Status und Karies-Befunde gemäß CASELITZ (1998, Tab. 4). I-CE = Kariesfrequenz. Zahnart 1 und 2: mittlerer und seitlicher Schneidezahn; Zahnart 3: Eckzahn; Zahnart 4 und 5: vordere Backenzähne/Prämolaren und ZA 6, 7 und 8: Mahlzähne/Molaren. Die Werte der Kieferhälften sind zusammengefasst. Es werden nur Zähne der zweiten Dentition berücksichtigt.

Oberkiefer									
vorhanden	0	5	10	17	17	22	14	7	92
postmortal verloren	38	35	33	25	26	13	16	15	201
intravital ausgefallen	3	1	1	2	2	9	11	2	31
Zahnpositionen	41	41	44	44	45	44	41	24	324
kariöse Zähne	0	0	0	0	2	4	2	1	9
relativer Anteil kariöser Zähne	-	0,00	0,00	0,00	11,76	18,18	14,29	14,29	9,78
relativer Anteil intravitaler Verluste	7,32	2,44	2,27	4,55	4,44	20,45	26,83	8,33	9,57
I-CE	7,32	2,44	2,27	4,55	16,20	38,63	41,12	22,62	19,35
Zahnart	**1**	**2**	**3**	**4**	**5**	**6**	**7**	**8**	**Summe**
vorhanden	0	6	9	8	13	23	20	13	92
postmortal verloren	45	39	36	33	20	0	8	7	188
intravital ausgefallen	0	0	0	1	3	12	8	0	24
Zahnpositionen	45	45	45	42	36	35	36	20	304
kariöse Zähne	0	0	0	0	0	2	2	4	8
relativer Anteil kariöser Zähne	-	0,00	0,00	0,00	0,00	8,70	10,00	30,77	8,70
relativer Anteil intravitaler Verluste	0,00	0,00	0,00	2,38	8,33	34,29	22,22	0,00	7,89
I-CE	0,00	0,00	0,00	2,38	8,33	42,99	32,22	30,77	16,59
Unterkiefer									

[114] Dieser Wert wird in der paläostomatologischen Literatur auch als Kariesfrequenz (I-CE) bezeichnet. Als Ursache für den Zahnverlust wird fortgeschrittene Karies unterstellt. Zum rezent-klinischen Befund vgl. z.B. ODUSANYA (1987).

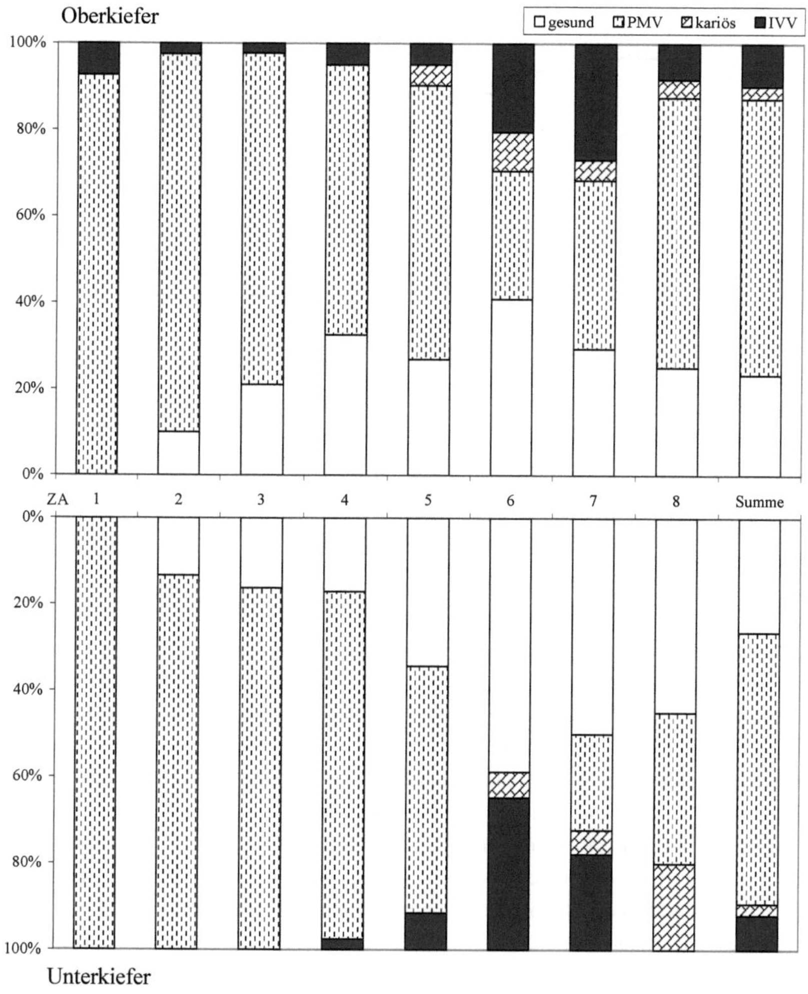

Abb. 33: Relativer Anteil des Kariesvorkommens bei der Stichprobe Bremen – St. Veit bezogen auf die einzelnen Zahnarten (ZA, vgl. Tab 12) des Ober- und Unterkiefers unter Zusammenfassung der beiden Körperseiten. Zu absoluten Angaben vgl. Tab. 12.

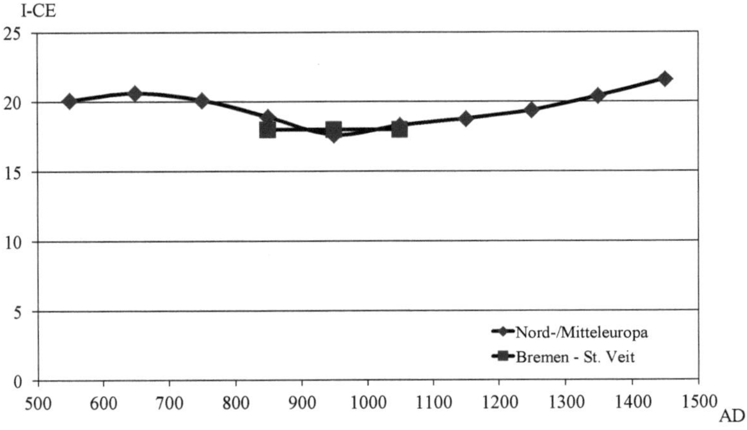

Abb. 34: Kariesfrequenz (I-CE) bei der Stichprobe Bremen – St. Veit im Vergleich zum auf das Jahrhundert bezogenen Mittelwert nord- und mitteleuropäischer Serien (n_{min}: 74 Populationen pro Jahrhundert) im Zeitraum vom 6. bis 15. Jahrhundert n.Chr.

Wie verhalten sich die geschilderten Bremer Befunde im historischen Kontext? Für einen Vergleich vom 6. bis 15. Jahrhundert stehen in der Literatur die Werte von 299 Bevölkerungen aus Nord- und Mitteleuropa zur Verfügung.[115] Die Kariesfrequenz – mithin die Summe der kariösen Zähne und der intravitalen Zahnverluste in Relation zum gesamten Beobachtungsumfang – variiert am Beginn des Vergleichszeitraumes um 20 Prozent (vgl. Abb. 34). Sie verbessert sich bis zum zehnten Jahrhundert. Ab der ersten nachchristlichen Jahrtausendwende steigt dieser Wert dann kontinuierlich – zumindest bis zum 15. Jahrhundert – an. Die Bremer Frequenz fügt sich mit ihren 18 Prozent nahezu optimal in diesen Verlauf ein. Eine gleichgroße Kariesfrequenz findet sich bei der ungarischen Serie Szabolcs (900 – 1200 AD; PAP 1986). Mag dieser Befund eher zufällig sein, so kommen aber auch räumlich näher gelegene Stichproben der Bremer Kariesfrequenz nahe. Insbesondere sei auf die Befunde vom Kieler Gertrudenfriedhof (1350 – 1571 AD; I-CE: 17,93; ELLMANN 1967) und jene aus dem Harsefelder Kloster (1001 – 1647 AD; I-CE: 18,13; BOENISCH und SPERWIEN 1989) verwiesen. Auch die von ihrer Datierungsspanne her problematische, aber recht raumnahe Sammelserie Wesermarsch (800 – 1800 AD; I-CE: 18,64; CASELITZ 1985) sollte erwähnt sein. – Die zwischenzeitliche leichte Verbesserung der Kariesfrequenz bei nord- und mitteleuropäischen Stichproben zeichnet sich bereits bei einer anderen diachronen Betrachtung ab (CASELITZ 1998, Fig. 2), fiel dennoch im allgemeinen Verlauf der Entwicklung nicht sonderlich auf.

[115] Eine Zusammenstellung der Vergleichsserien findet sich bei CASELITZ (1986, Tab. 16), die später – leider ohne bibliographische Angaben – fortgeschrieben wurde (CASELITZ 1998). Derzeit sind über 750 Vergleichsserien weltweiter Herkunft und unterschiedlicher Zeitstellung berücksichtigt. Es werden nur Zähne der zweiten Dentition, des sog. Dauergebisses, berücksichtigt.

Kleinere Schwankungen sind bei kontinentalen Subsamples[116] mehr oder weniger durchgängig zu beobachten. Angesichts der großen Datenmenge bei der nord- und mitteleuropäischen Zusammenstellung dürfte hier jedoch kaum noch von einem eingeschränkten Forschungsstand gesprochen werden. In Hinblick auf die Verbesserung sollte anderweitig eine eingehendere Beschäftigung mit dem Material erfolgen. Der Anstieg der Kariesfrequenz wird ab dem 16. Jahrhundert quasi explosionsartig stattfinden und ist durch Umstellung der Ernährung breiter Bevölkerungsschichten und die Verwendung neuweltlicher Nahrungsmittel bedingt. Aber davon waren die Bremer von St. Veit noch ein halbes Jahrtausend entfernt.

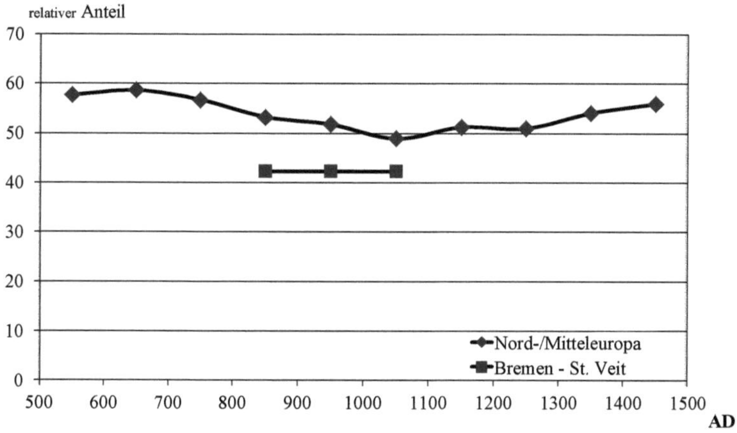

Abb. 35: Relativer Anteil der von Karies und intravitalem Zahnausfall betroffenen Individuen der Serie Bremen – St. Veit im Vergleich zum Mittelwert nord- und mitteleuropäischer Stichproben (n_{min}: 60 Populationen) des Zeitraumes vom 6. bis 15. Jahrhundert n. Chr.

Mehr als zwei Fünftel der Individuen von Bremen – St. Veit weisen kariöse Defekte auf. Dennoch sind die Verhältnisse noch deutlich besser als im jeweiligen Jahrhundertmittel der nord- und mitteleuropäischen Vergleichspopulationen. Auch hier zeichnet sind im Zeitraum vom 6. bis 15. Jahrhundert eine zwischenzeitliche Verbesserung der Verhältnisse ab (vgl. Abb. 35). In diese Spanne fällt die Bremer Stichprobe, zu deren Werte es keinen raumnahen Parallelbefund gibt. Schonen (40,71 Prozent; MELLQUIST und SANDBERG 1939) und das Øm-Kloster/Dänemark (40,91 Prozent; ISAGER 1938) sind dann doch zu weit entfernt. Die räumlich nähere Serie Kloster Harsefeld weist einen um rund fünf Prozent höheren Anteil betroffener Individuen auf (47,83 Prozent; BOENISCH und SPERWIEN 1989). Es liegt auf der

[116] Nord-/Mitteleuropa, Mittelmeer/Nordafrika/Vorderer Orient sowie Amerika. Von einer weltweit zusammenfassenden Betrachtung (z.B. CASELITZ 1998, Fig. 1) sollte eigentlich Abstand genommen werden, da im Betrachtungszeitraum deutlich unterscheidbare Wirtschaftsformen zu voneinander abweichenden Entwicklungen führen und der jeweilige Forschungsstand – erkennbar an der Anzahl der jeweils heranziehbaren Studien – sich verzerrend auswirkte.

Hand, zwischen der Entwicklung der Kariesfrequenz und derjenigen des relativen Anteils der betroffenen Individuen einen Zusammenhang zu sehen, der sich wie folgt beschreiben lässt: Weniger Individuen haben weniger kariöse Läsionen. Bezogen auf das Jahrhundertmittel ergibt sich jedoch nur eine statistisch schwache Abhängigkeit (r_{xy} = +0,750).

Die Anzahl – ob relativ oder absolut betrachtet – der kariösen Defekte sagt nun aber keineswegs etwas über die Auswirkungen auf den lebenden Menschen aus. Eine kleine Kariesstelle dürfte weniger beeinträchtigend sein, als eine einzige großflächige Karies, die bereits große Teile der Zahnkrone vernichtet hat. Die Schmerzen des betroffenen Individuums sind für jeden von uns auch heute noch nachvollziehbar. – Übertragen wir den bereits oben gewählten Ansatz der Intensität auf die Erkrankungen der Zähne. In Bezug auf Karies greifen wir dabei auf ein von CASELITZ (1986, 174 sowie ders. 1998, Tab. 3) verwendetes Klassifikationsschema der Ausprägungsformen zurück.[117] Die durchschnittliche Kariesintensität liegt – bei entsprechender Berücksichtigung der zu Lebzeiten ausgefallenen Zähne – bei der Stichprobe Bremen – St. Veit bei 2,09 Punkten. An vergleichbaren Bevölkerungen Norddeutschlands wären zu nennen: 1,20 bei den Schleswiger Dominikanern, 1,44 bei den mittelalterlichen Stadern, 1,58 bei der Serie vom Bremer St. Remberti-Kirchhof, 1,74 bei der Gruppe aus der Klosterkirche zu Bad Iburg und 1,90 Punkte bei der Stader Neuzeitgruppe (CASELITZ 1981c, 32f.). Der Bremer Befund ähnelt eher jenem der neuzeitlichen Bevölkerung aus Frenswegen – Friedhofgruppe (2,16 Punkte); nur die Verhältnisse bei der Sammelserie aus Lüchow-Dannenberg sind mit 2,62 Punkten im norddeutschen Rahmen noch ungünstiger (CASELITZ 1998, 218f.).

Bei Umsetzung der Werte in eine graphische Darstellung wird das Bild der Kariesbelastung der einzelnen Zahnarten deutlicher (vgl. Abb. 36). Die höchste Kariesintensität finden wir bei der Stichprobe Bremen – St. Veit erstaunlicher Weise am mittleren Schneidezahn (ZA 1). Dieser Befund kann bei näherer Betrachtung als Mentefakt entlarvt werden: Es liegt kein einziger mittlerer Schneidezahn im Material vor, so dass die drei geschlossenen Alveolen – als Resultat von zu bereits Lebzeiten ausgefallenen Zähnen – jeweils in die fünfte Stufe der Ausprägungsformen entfallen und sich somit dieser extreme Belastungswert ergibt. Mehr der historischen Realität entsprechen dürfte der Befund an den ersten beiden, fast gleich stark belasteten Molaren (ZA 6 und 7). Der Eckzahn (ZA 3) weist wieder einmal die günstigsten Belastungswerte auf. Beide Befunde entsprechen durchaus der Erwartung (vgl. CASELITZ 1998, Fig. 9). Im Überblick betrachtet fällt die Kariesintensität bei den Bremern von St. Veit für ihre Zeitstellung etwas ungünstig aus. Spätmittelalterliche Gruppen (z.B. Schleswig oder Stade) stehen wesentlich günstiger dar. Bemerkenswert erscheint im Gegensatz zur neuzeitlichen Stichprobe von Bremen – St. Remberti die andersartige Verteilung der Belastung – aber nicht ihre Höhe – auf die einzelnen Zahnarten: Abgesehen von den Verhältnissen am

[117] Stufe 1: ohne Befund, gesund; Stufe 2: kleinere kariöse Ausbuchtung im Zahnschmelz, Fissurkaries; Stufe 3: kariöse Läsion, deutlich größer als ein Stecknadelkopf, oftmals streichholzkopfgroß; Stufe 4: weitgehender Verlust der Zahnkrone (mehr als zwei Drittel sind zerstört); Stufe 5: Zahnausfall nach – mutmaßlichem – Kariesbefall, keine Wurzelreste. Die sich ergebenden Einzelergebnisse werden pro Zahn summiert und durch die Anzahl der Beobachtungen dividiert. Der sich ergebende Quotient wird als Mittelwert der Belastung angesehen.

mittleren Schneidezahn entspricht sie durchaus der Erwartung: Sie steigt von den Frontzähnen zumindest bis zum zweiten Molaren mehr oder weniger kontinuierlich an, wobei der Eckzahn oftmals eine positive Ausnahme bildet. – Von Interesse wäre noch die Erörterung der Kariesintensität in Relation zum Lebensalter. Angesichts der im vorliegenden Material oftmals recht großen Diagnosespannen, verzichten wir darauf.

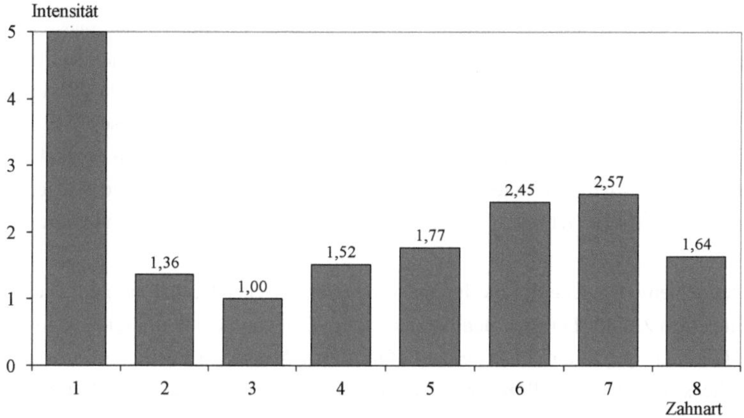

Abb. 36: Kariesintensität dargestellt am Mittelwert der einzelnen Zahnarten.[118] Zur Ansprache der Zahnart vgl. Tab. 12. Die Befunde von Ober- und Unterkiefer sowie der jeweiligen Körperseiten sind zusammengefasst. Nur Zähne der zweiten Dentition berücksichtigt. Zum Maximalwert beim mittleren Schneidezahn (ZA 1) vgl. im Text.

Die paläopathologische Betrachtung des Kauorgans beschränkt sich in der Regel auf die Behandlung der kariösen Defekte. Wir möchten dennoch – zumindest ansatzweise – auf einige weitere krankhafte Erscheinungen an den Bremer Gebissen hinweisen und – da entsprechende Zusammenstellungen (prä-)historischer Befunde weitgehend noch ein Desiderat der Forschung sind[119] – zumindest einige norddeutsche Vergleichswerte vorlegen. Wenden wir uns zunächst dem Vorkommen von Parodontose zu. Dabei handelt es sich um Reaktionen des knöchernen Zahnhalteapparates, die sich zumeist in Form eines mehr oder weniger ausgeprägten Abbaus der Knochensubstanz niederschlagen. Die primäre Form besteht in einem Zahnbettschwund ohne merkliche Entzündungen; zur Zahnlockerung kommt es erst im weit fortgeschrittenen Zustand. Bei entzündlicher Überlagerung – etwa bei gleichzeitigem stärkerem Kariesbefall oder bei abnormalen Abrasionsverhältnissen – führt rapider Fortschritt der parodontotischen Erscheinungen zur Zerstörung der Alveole.

---

[118] Zum besseren Verständnis sei angemerkt, dass die Indices gemäß der gewählten Einordnung der Befunde zwischen dem Wert 1 (gesunder Zahn) und dem Wert 5 (Zahnverlust zu Lebzeiten, Alveole geschlossen) variieren. Der Wert 1 wird bewusst einbezogen, da die Belastung mit Karies und keineswegs nur die Stärke kariöser Läsionen betrachtet werden soll.

[119] Zu Parodontose vgl. ansatzweise ALEXANDERSEN 1967, 558ff.

Wir betrachten im Folgenden die sog. horizontale Parodontose.[120] Sie kommt am häufigsten vor und drückt sich in einem Höhenabbau des Alveolarkammes aus, so dass beim Lebenden der Eindruck des „Längerwerdens" der Zähne entsteht. Am häufigsten findet sich diese Parodontoseform bei der vorliegenden Bremer Stichprobe (Beobachtungsumfang = 180 Zahnfachpositionen) – unter Vernachlässigung des mittleren Schneidezahns[121] – an den Alveolen des ersten (ZA 6, 40 Prozent) und dritten Molaren (ZA 8, 42,9 Prozent). Am günstigsten sind die Verhältnisse an der Alveole des Eckzahnes (ZA 3). Hier sind lediglich 5,6 Prozent der Zahnfächer betroffen. Insgesamt weisen 29,4 Prozent der Zahnfächer parodontotische Veränderungen auf. Ähnlich wie bei Kariesbefunden sind 22 der 55 Individuen der Stichprobe Bremen – St. Veit betroffen (entsprechend 40 Prozent). Jedoch weisen nicht alle Individuen mit kariösen Zähnen auch zudem parodontotische Veränderungen auf. Dieses trifft nur in 13 Fällen zu. Karies und Parodontose kommen im vorliegenden Material auch unabhängig voneinander vor (Karies bei neun und bei Parodontose zehn Individuen). Verschwiegen werden soll keineswegs, dass 20 Gebisse – soweit im Fundgut erkennbar – als gesund eingestuft werden können.

Betrachten wir wiederum die Intensität parodontotischer Veränderungen. Die Befunde an den einzelnen Zahnfächern wurden bereits bei der Datenaufnahme in drei Kategorien klassifiziert. Dabei entspricht die Stufe 1 einer befundfreien Alveole, während ein Zurückweichen des Knochens bis etwa 3 Millimeter unter die untere Kronengrenze in der Stufe 2 berücksichtigt wird. Weicht der Knochen noch stärker zurück und kommt es zwischen den Zähnen zur Ausbildung von Zahntaschen mit spongiöser Oberfläche, so vermerken wir dies in der dritten Stufe.[122] Die durchschnittliche Parodontosebelastung beträgt 1,33 Punkte. Die höchste Belastung findet sich – unter abermaliger Vernachlässigung der Alveolen des mittleren Schneidezahns (ZA 1) – mit 1,50 Punkten erstaunlicher Weise bei den Zahnfächern des zweiten Schneidezahn (ZA 2, vgl. Abb. 37). Günstig sind die Verhältnisse in den Bereichen des Eckzahn (ZA 3: 1,10) und der ersten Prämolaren (ZA 4: 1,11), während jene des ersten und dritten Molar (ZA 6 und 8) – quasi erwartungsgemäß – eine hohe Belastung aufweisen (vgl. Tab 13). Der unerwartete Befund an den Alveolen des zweiten Schneidezahns dürfte auf die geringe Beobachtungsmenge von nur zwölf befundbaren Alveolen zurückzuführen sein. Vom methodischen Standpunkt her müsste jetzt eigentlich die Zahl der intravitalen Zahnverluste berücksichtigt und entsprechend einberechnet werden, da diese neben Karies auch auf Parodontose zurückgeführt werden können. Da dies aber kaum zu wesentlichen Veränderungen des bislang gegebenen Bildes führt, mag darauf verzichtet werden.

---

[120] Davon zu unterscheiden ist die Form der sog. vertikalen Parodontose, die zur Bildung von verbreiterten Periodontalräumen – den sog. Knochentaschen – führt (vgl. auch STROHM und ALT 1998).

[121] Ähnlich wie bei der Betrachtung kariöser Läsionen verhindert die Beobachtungsmenge an den Alveolen dieser Zahnart eine hinlängliche Aussage. Nur eine Alveole stünde hier zur Verfügung.

[122] Ähnlich wie bei der Betrachtung kariöser Läsionen gibt es in der Literatur auch für parodontotische Erscheinungen verschiedene, nicht immer unbedingt parallelisierbare Klassifikationsschemata (z.B. BRABANT 1960; 675, MELLQUIST und SANDBERG 1939, 18; PERZYNA und STOPA 1979; RAMFJORD 1967; SAGNE und OLSSON 1977, 47; SCHEI ET AL. 1959; STROHM und ALT 1998, 241 und – stellvertretend für eine Reihe Schweizer Dissertationen – RAEMY 1979). Vgl. auch die Darstellungsform bei WATSON (1986).

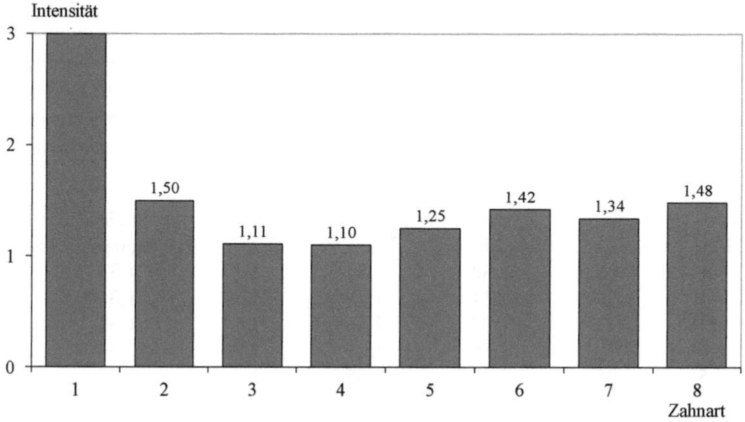

Abb. 37: Parodontoseintensität dargestellt am Mittelwert der Alveolen der einzelnen Zahnarten. Zur Ansprache der Zahnart vgl. Tab. 12. Die Befunde von Ober- und Unterkiefer sowie der jeweiligen Körperseiten sind zusammengefasst. Es werden nur Zähne der zweiten Dentition berücksichtigt. Zum Maximalwert beim mittleren Schneidezahn (ZA 1) vgl. im Text.

Mit der vergleichenden Betrachtung der Schwere der Parodontoseausprägung bei norddeutschen Bevölkerungen betreten wir jetzt forschungsgeschichtliches Neuland (vgl. Tab. 13 und Abb. 38). Bei der Stichprobe Bremen – St. Veit ist die Belastung am mittleren Schneidezahn exorbitant hoch und darf aus oben dargelegtem Grund nicht gewertet werden.[123] Die geringste Belastung mit Parodontose findet sich bei den anderen Vergleichspopulationen an den Frontzähnen. Die Mittelalterserie aus Stade sowie jene aus dem Schleswiger Dominikanerkloster bilden Ausnahmen: Hier sind jeweils die Alveolen des dritten Molars kaum von parodontotischen Veränderungen betroffen.[124] Die höchsten Belastungsindices finden sich an den Zähnfächern der Molaren, wobei der Bereich des ersten Mahlzahn (ZA 6) – wenn auch zumeist nur geringfügig – den Vorrang genießt. Einzig bei der Stichprobe Bremen – St. Veit ist die Alveole des dritten Molars am stärksten betroffen. Überblicksmäßig ergibt sich jedoch kaum ein einheitliches Bild. Fast jede herangezogene Stichprobe weist ihre Besonderheiten auf. Lediglich auf die fast durchgängig höchsten Belastungsindices bei der Serie Bad Iburg sei verwiesen.

[123] Vgl. Anm. 121.

[124] Bei der Schleswiger Stichprobe ist ein gleichhoher Belastungsindex auch an der Alveole des zweiten Schneidezahns zu beobachten.

Tab. 13: Intensität parodontotischer Veränderungen bei norddeutschen Bevölkerungen des Mittelalters und der Neuzeit dargestellt anhand eines Belastungsindex, der zwischen den Werten 1 (= gesund) und 3 (= Knochenschwund am Alveolarrand über 3 mm) variiert, sortiert nach dem relativen Anteil der betroffenen Individuen. Zur Ansprache der Zahnpositionen vgl. Tab. 12. Die Befunde von Ober- und Unterkiefer sowie der jeweiligen Körperseiten sind zusammengefasst. n = Beobachtungsumfang (Zahnpositionen)

Zahn-position	Bremen – St. Veit	Stade - Mittelalter	Bad Iburg	Schleswig - Dominik.	Stade - Neuzeit	Bremen – St. Remberti
1	3,00	1,38	1,52	1,17	1,34	1,06
2	1,50	1,31	1,49	1,13	1,35	1,18
3	1,11	1,35	1,56	1,14	1,31	1,23
4	1,10	1,36	1,59	1,20	1,34	1,47
5	1,25	1,38	1,65	1,20	1,33	1,60
6	1,42	1,41	1,97	1,39	1,33	1,72
7	1,34	1,33	1,72	1,33	1,50	1,70
8	1,48	1,16	1,53	1,13	1,46	1,67
n	180	476	600	1175	917	581
Relativer Anteil mit Befund:						
Zähne	29,4%	27,9%	45,7%	17,7%	29,1%	37,2%
Individuen	40,0%	41,2%	45,7%	61,4%	71,4%	77,1%

So ungewöhnlich es aus heutiger Sicht erscheinen mag, spiegelt der ermittelte relative Anteil von mit Parodontose belasteten Individuen von Bremen – St. Veit einen relativ günstigen Wert wieder. Schätzungen zu Folge weisen 75 bis 90 Prozent der heutigen Erwachsenen parodontotische Veränderungen auf (LAVIGNE und MOLTO 1995, 265). Dem Bremer Befund kommt in einem kleinen Vergleich nord- und mitteleuropäischer Stichproben des Mittelalters und der frühen Neuzeit die Sammelserie aus Stary Brześć und Tum am nächsten, bei der knapp 44 Prozent der Individuen betroffen sind (TRACHTENBERG 1960, Tab 1). Den derzeitigen Maximalwert untersuchter Skelettserien stellt mit 88,4 Prozent die Schweizer Population aus Bettingen (MOOR 1978). Bemerkenswert erscheint die Stichprobe aus dem Schleswiger Dominikanerkloster: relativ wenig Zähne sind von Parodontose betroffen, jedoch verteilen sich diese Veränderungen auf eine relativ größere Individuenmenge (vgl. Tab. 13). Bezogen auf die Anzahl der betroffenen Zähne unterbieten die Schleswiger den Bremer Wert. Die Befundfreiheit von 70,6 Prozent der Zähne bei der Stichprobe Bremen – St. Veit kommt den beiden Stader Gruppen recht nah (vgl. Tab. 13). Auffällig günstigere Werte ermittelten in einem diachronen, weltweiten Vergleich CLARKE ET AL. (1986, Tab. 2): von 28.079 Zähnen waren fast 91 Prozent in Hinblick auf parodontotische Veränderungen befundfrei. Die 3929 für unsere Zusammenstellung herangezogen Zähne sprechen für ein anderes Bild: Nur knapp 71 Prozent sind befundfrei.

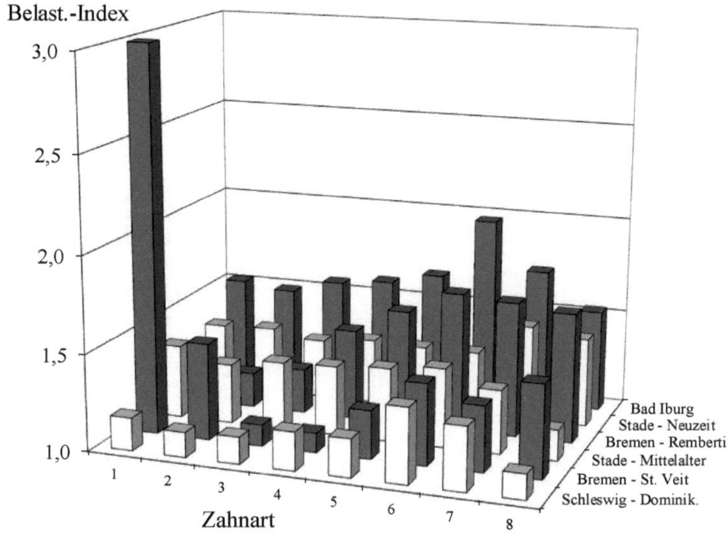

Abb. 38: Parodontoseintensität (Belast.-Index; vgl. im Text) bei norddeutschen Bevölkerungen des Mittelalters und der Neuzeit dargestellt am Mittelwert der einzelnen Zahnarten. Zur Ansprache der Zahnart vgl. Tab. 12. Die Befunde von Ober- und Unterkiefer sowie der jeweiligen Körperseiten sind zusammengefasst. Es werden nur Zähne der zweiten Dentition berücksichtigt. Dargestellt wird der Belastungsbereich zwischen 1,0 (gesund) und 3,0 Punkten (extreme Belastung).

Wenden wir uns einer anderen pathologischen Erscheinung am Kauorgan zu, nämlich dem Vorkommen von Abszessen an der Zahnwurzel. Mit dem Begriff *Abszess* werden in der Medizin allgemein Eiteransammlungen in zunächst nicht vorhandenen Gewebshöhlen bezeichnet. Meist sind sie Ausdruck einer Entzündung und führen im Bereich der Zahnwurzel gewöhnlich zur Auflösung bzw. Umformung der Knochensubstanz im Bereich des Zahnfaches. Aufgrund dieser Tatsache sind derartige Veränderungen bei der paläopathologischen Untersuchung erfassbar, wenngleich eine gewisse Grauzone bei der Befundung nicht verschwiegen werden darf: Leichte Abszessformen im Bereich der Alveolen sind durch taschenartigen Ausbuchtungen gekennzeichnet, die noch keinen Durchbruch nach außen nach sich ziehen. Derartige Erscheinungen werden bei makroskopischer Untersuchung von Skelettresten nur zufällig angetroffen. Erst bei durchgehender Röntgenuntersuchung der Kieferreste, die aus Kostengründen zumeist unterbleibt, wären Aussagen zu dieser Befundstufe möglich.

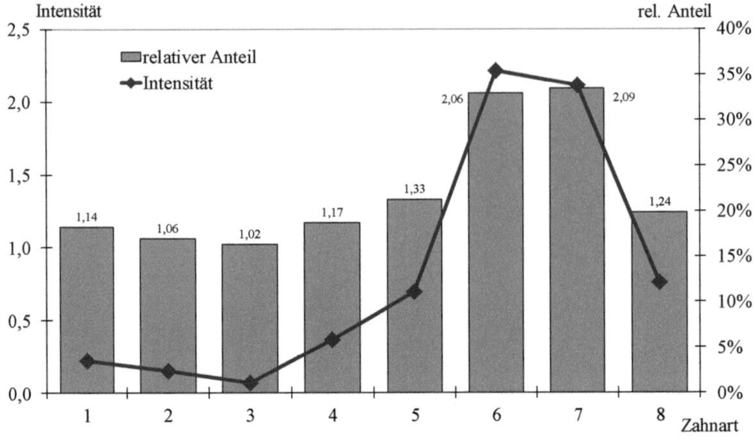

Abb. 39: Relativer Anteil – bezogen auf die Gesamtzahl der auswertbaren Zahnpositionen – und Intensität der Formen von Wurzelabszessen dargestellt am jeweiligen Mittelwert der Alveolen der einzelnen Zahnarten (vgl. Tab. 14). Zum Berechnungsverfahren der Intensität vgl. im Text; zur Ansprache der Zahnart vgl. Tab. 12. Die Befunde von Ober- und Unterkiefer sowie der jeweiligen Körperseiten sind zusammengefasst. Es werden nur Zähne der zweiten Dentition berücksichtigt.

Beim Material von Bremen – St. Veit können 622 Zahnpositionen in Hinblick auf Spuren von Abszessen berücksichtigt werden.[125] Bei Einbeziehung des intravitalen Zahnverlustes, der in der überwiegenden Anzahl der Fälle aus einer – oftmals durch eine größere kariöse Läsion bedingten – Abszessbildung resultiert haben dürfte, findet sich hier das größte Vorkommen dieser pathologischen Erscheinung mit einem Wert von 35,4 Prozent am ersten Molaren (ZA 6, vgl. Abb. 39). Der zweite Molar weist nur einen etwas geringfügiger relativen Anteil auf (33,8 Prozent). Günstig sind die Verhältnisse im Bereich der Frontzähne (ZA 1 bis 3; Werte bis 3,5 Prozent). Die Prämolaren sowie der dritte Molar sind nur mäßig von Abszessen betroffen (5,8 bis 12,2 Prozent). Der Gesamtwert des Vorkommens von Abszessen liegt bei einem Wert von 12,7 Prozent. Vergleichswerte liegen von einigen norddeutschen Stichproben des Mittelalters und der frühen Neuzeit vor (vgl. Tab. 14). Vom relativen Anteil der betroffenen Zahnpositionen her kommt die Serie Bremen – St. Veit dem Mittelwert dieses Samples nahe, der mit 13,4 Prozent betroffener Zähne anzugeben ist.[126] Ansonsten ähnelt der Bremer Befund jenem der Stader Mittelaltergruppe (11,2 Prozent). Die andere Bremer Stich-

[125] Die Abweichungen zu den Beobachtungsmengen bei kariösen oder parodontotischen Veränderungen ergeben sich durch das Material selbst und auch durch dessen Erhaltungszustand. So kann ein Zahn postmortal verloren gegangen sein, während die zugehörige Alveole im aufgefundenen Kieferknochen noch zur Begutachtung zur Verfügung steht.

[126] Insgesamt stehen 5604 Zahnpositionen zur Verfügung, von denen 4859 befundfrei sind (mithin 86,7 Prozent). Ohne das Fundgut von Bremen – St. Veit kann auf 4982 Positionen zurückgegriffen werden, von denen 666 Veränderungen aufweisen (mithin 13,4 Prozent).

probe, Bremen – St. Remberti, steht noch etwas besser dar, während die Verhältnisse bei den Schleswigern ausgesprochen gut erscheinen. Letztgenannter Eindruck relativiert sich etwas, wenn der Anteil der betroffenen Individuen betrachtet wird. Zwar finden sich die günstigsten Werte wiederum bei der Schleswiger Serie, jedoch weisen dort immerhin 42,4 Prozent der Individuen Spuren von Abszessen an den Alveolen auf. Einen fast identischen Wert erreichen auch die Bremer vom St. Remberti-Kirchhof. Die Stader Mittelaltergruppe und die Stichprobe von Bremen – St. Veit nehmen eher mittlere Plätze in der Verteilung ein, während jeweils mehr als zwei Drittel bei der Stader Neuzeitgruppe und bei den Funden aus Bad Iburg betroffen sind.

Tab. 14: Intensität von Wurzelabszessen dargestellt in Form eines Belastungsindex, der zwischen den Werten 1 (= gesund) und 5 (= intravitaler Zahnverlust und Verschluss der Alveole) variiert, bei norddeutschen Bevölkerungen des Mittelalters und der Neuzeit dargestellt am Mittelwert der einzelnen Zahnpositionen, in der Reihenfolge des relativen Anteils der betroffenen Individuen. Zur Ansprache der Zahnposition vgl. Tab. 12. Die Befunde von Ober- und Unterkiefer sowie der jeweiligen Körperseiten sind zusammengefasst. n = Beobachtungsumfang (Zahnpositionen).

Zahnposition	Schleswig - Dominik.	Bremen – St. Remberti	Stade - Mittelalter	Bremen – St. Veit	Stade - Neuzeit	Bad Iburg
1	1,02	1,09	1,12	1,14	1,58	1,17
2	1,11	1,22	1,13	1,06	1,50	1,15
3	1,08	1,13	1,11	1,02	1,34	1,16
4	1,07	1,29	1,09	1,17	1,49	1,53
5	1,13	1,24	1,13	1,33	1,79	1,46
6	1,38	1,72	1,90	2,06	2,26	2,73
7	1,27	1,30	1,49	2,09	2,18	2,44
8	1,27	1,59	1,36	1,24	1,20	1,79
n	1467	730	634	622	1350	801
Relativer Anteil mit Befund:						
Zähne	4,8%	10,0%	11,2%	12,7%	22,4%	18,5%
Individuen	42,4%	42,9%	54,3%	57,7%	66,7%	74,4%

Beschäftigen wir uns abermals mit der Intensität des Befalles und verwenden das oben genannte Verfahren. Die Befunde klassifizieren wir in folgende Stufen: „Keine Wurzelveränderung“ (Stufe 1), „Zahnwurzelabszess ohne Durchbruch des Knochens nach außen“ (Stufe 2), „Abszess mit Öffnung des Knochens nach außen“ (Stufe 3), „Zahn ausgefallen, Spuren eines Abszesses“ (Stufe 4) und „Zahn ausgefallen, keine Abszessspuren“ (Stufe 5). Die höchsten Belastungen finden sich – ähnlich wie beim relativen Anteil dieser Erscheinung – an den ersten beiden Molaren (vgl. Tab. 14 und Abb. 39). Das Verteilungsbild beider Parameter ähnelt sich auffällig. Die statistische Überprüfung dieses Befundes bestätigt dieses mit hoher Signifikanz (r_{xy} = +0,992): Intensität und Häufigkeit des Vorkommens von Abszessen an der Alveole sind bei der Stichprobe von Bremen – St. Veit hochgradig voneinander abhängig.

Häufig betroffene Zahnpositionen weisen auch zugleich größere Belastungsformen auf. Mutmaßlich dürfte dieses Bild durch den abgeschlossenen intravitalen Zahnverlust bedingt sein, der im vorliegenden Falle gut die Hälfte der erfassten Veränderungen stellt.

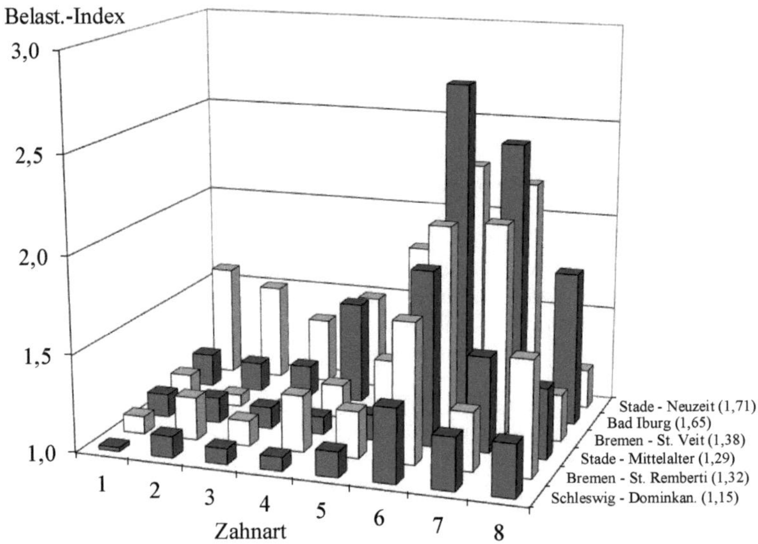

Abb. 40: Intensität der Formen von Wurzelabszessen (Belast.-Index; vgl. Tab. 14) bei norddeutschen Bevölkerungen des Mittelalters und der Neuzeit dargestellt am Mittelwert der einzelnen Zahnpositionen. Zur Ansprache der Zahnart vgl. Tab. 12. Die Befunde von Ober- und Unterkiefer sowie der jeweiligen Körperseiten sind zusammengefasst. Es werden nur Zähne der zweiten Dentition berücksichtigt. Dargestellt wird der Belastungsbereich zwischen 1,0 (gesund) und 3,0 Punkten. Der eingeklammerte Wert hinter dem Seriennamen gibt die durchschnittliche Belastung aller Zahnpositionen der jeweiligen Stichprobe wieder.

Ein ausführlicher Vergleich scheitert am derzeitigen Forschungsstand. Ähnlich der Betrachtung parodontotischer Veränderungen stehen uns auch jetzt nur einige norddeutsche Bevölkerungen zur Verfügung (vgl. Tab. 14 und Abb. 40). Nicht nur die durchschnittlichen Belastungswerte, sondern auch ihre jeweiligen Verteilungsmuster weisen Unterschiede auf. Fast durchgängig sind die Alveolen der vorderen Zähne (ZA 1 bis 5) weniger von Abszessen betroffen, während sich im Bereich der beiden ersten, insbesondere des vorderen Molaren die stärksten Belastungsindices ergeben. Dieses gilt auch für die neuzeitliche Serie aus Stade, die – insgesamt betrachtet – die ungünstigsten Belastungswerte aufweist. Übertroffen werden die Stader Neuzeitbefunde lediglich durch die Verhältnisse an den Molaren der Bevölkerung von Bad Iburg. Die beiden Bremer Stichproben finden sich hier im mittleren Verteilungsbereich.

Eine weitere zahnpathologische Erscheinung, der Zahnstein, ist für fast jeden erwachsenen, heute lebenden Menschen nachvollziehbar. Dabei handelt es sich um mehr oder weniger dicke, saum- oder girlandenartige Anlagerung an Zahnkronen und freiliegender Zahnwurzelabschnitten. Vorzugsweise finden sich Zahnsteinanlagerungen an der Rückseite der unteren Schneidezähne und der Außenseite der oberen Mahlzähne (ZETKIN und SCHALDACH 1974, 1541, ähnlich PSCHYREMBEL 1998, 1708f.). Zahnstein besteht im Wesentlichen aus im Speichel enthaltenem Calciumphosphaten und Calciumkarbonaten. Die Anlagerungen wirken selbst nicht schädigend, bieten jedoch wegen ihrer rauen Oberfläche dem bakteriellen Zahnbelag (sog. Plaque) eine ideale Ablagerungsfläche. Zahnstein selber kann als Resultat eines Verkalkungsprozesses der Plaque angesehen werden. Über die Entstehung von Zahnsteinanlagerungen gibt es in der medizinischen Literatur unterschiedliche Auffassungen.[127] Eine ernährungsabhängige Größe ist bei der Bildung von Zahnstein nicht zu unterschätzen, zumal es – gefördert durch mangelnde oder fehlende mundhygienische Maßnahmen – zu einer längeren Verweildauer von Speiseresten an und zwischen den Zähnen kommt, die zu einer starken Beeinflussung des chemischen Niveaus in der Mundhöhle führt und somit die Entstehung von Zahnsteinanlagerungen fördern kann. Veränderte Ernährungsgewohnheiten wirken sich in Bezug zur Zeitstellung der untersuchten Stichproben – zumindest regional – auch auf den relativen Anteil der mit Zahnstein behafteten Individuen (SALO 2005, Tab. 16) bzw. die Intensität dieser Erscheinung aus (vgl. CASELITZ 1986, Abb. 23).

Bei der Betrachtung von Zahnsteinanlagerungen können mehrere Wege beschritten werden. Zum einen wäre die chemisch-physikalische Analyse der Substanz von Interesse, vermag sie – abgesehen von Antworten auf die Ätiologie-Frage – Hinweise auf die Ernährungsgewohnheiten zu geben (vgl. z.B. BACH, DIEZ und KLINGER 1980, BRANDES 2003, CAPASSO und DI TOTA 1993 sowie KÖSTER 1999). Andererseits wäre nicht nur das auf die Stichprobe bezogene Vorkommen von Zahnstein, sondern auch die gruppenübergreifende Einordnung der Befunde in Relation zur zeitlichen Einordnung zu betrachten. Letztgenanntem Aspekt müssen wir aus Kostengründen im Falle der Funde von Bremen – St. Veit den Vorzug geben. Es stehen hier lediglich 168 Zähne für eine Begutachtung zur Verfügung. Diese Zahl, die wesentlich geringer ist als bei der Betrachtung anderer zahnpathologischer Erscheinungen dieser Serie, erklärt sich durch den Umstand, dass Zahnsteinanlagerungen bei Ausgrabung und späterer Reinigung des Materials leicht abplatzen, so dass dann am Zahn allenfalls nur noch Abdruckspuren erkennbar sind. Da wir aber auch wieder die Intensität der Erscheinung betrachten wollen, können neben befundfreien Zähnen nur solche mit eindeutigem Befund Berücksichtigung finden; Zweifelsfälle verbleiben mithin unberücksichtigt.

An 121 Zähnen der Stichprobe von Bremen – St. Veit finden sich Zahnsteinanlagerungen. Das entspricht einem relativen Anteil von 72 Prozent. Damit wird zugleich der höchste Wert innerhalb einer kleinen Zusammenstellung norddeutscher Bevölkerungen erreicht (vgl. Tab. 15). Bei Bezug auf die Individuenzahl relativiert sich dieser Befund:

[127] vgl. z.B. LIEVERSE (1999) sowie die Zusammenstellung bei WANNEMACHER 1964 (resümiert bei DIEZ 1981, 50f.).

Anlagerungen finden sich an den Zähnen von 39 Personen der Bremer Stichprobe – somit immerhin bei drei Vierteln. Damit befinden sich die Bremer im Vergleich zwischen den beiden Stader Gruppen, während die beiden Klosterserien das höchste Vorkommen dieser zahnpathologischen Erscheinungen aufweisen (vgl. Tab. 15). Die Stellung der Schleswiger verwundert, da diese Stichprobe ansonsten recht gute stomatologische Befunde aufweist. Insgesamt finden sich bei den herangezogenen norddeutschen Stichproben an 1797 von 3164 Zähnen – entsprechend 56,8 Prozent – Zahnsteinanlagerungen. 192 von 230 Individuen – entsprechend 83,5 Prozent – dieses Samples weisen entsprechende Veränderungen auf.

Tab. 15: Intensität der Zahnsteinanlagerungen dargestellt in Form eines Belastungsindex, der zwischen den Werten 1 (= gesund) und 5 (= vollständige Ummantelung der Zahnkrone) variiert, bei norddeutschen Bevölkerungen des Mittelalters und der Neuzeit dargestellt am Mittelwert der einzelnen Zahnpositionen, sortiert nach dem relativen Anteil der betroffenen Individuen. Zur Ansprache der Zahnposition vgl. Tab. 12. Die Befunde von Ober- und Unterkiefer sowie der jeweiligen Körperseiten sind zusammengefasst. n = Beobachtungsumfang (Zahnpositionen).

Zahn-position	Stade - Mittelalter	Bremen – St. Veit	Stade - Neuzeit	Bad Iburg	Schleswig - Dominik.
1	1,78	-[128]	2,19	1,85	1,97
2	1,64	1,60	2,04	1,84	1,98
3	1,54	1,63	1,88	1,87	1,83
4	1,43	1,85	1,93	1,85	1,66
5	1,37	1,84	2,06	1,86	1,61
6	1,73	1,91	2,41	2,16	1,78
7	1,67	1,74	2,34	2,13	1,64
8	1,68	1,89	1,80	1,86	1,38
n	448	168	1082	572	1124
Relativer Anteil mit Befund:					
Zähne	43,8%	72,0%	58,8%	70,8%	59,5%
Individuen	71,9%	75,0%	81,1%	91,7%	94,7%

Im diachronen Überblick erreichen die Bremer von St. Veit exakt den Wert der nur geringfügig älteren Bevölkerung von Spy (BRABANT 1963; vgl. allgemein CASELITZ 1986, Tab 18). Auf der Grundlage von 67 Stichproben konnte ein nur schwacher Zusammenhang zwischen relativem Anteil der Zahnsteinanlagerungen und der Intensität ermittelt werden (r_{xy} = +0,750[129]; CASELITZ 1986, 182). Dies erscheint weiterhin keineswegs verwunderlich, da eine innere Abhängigkeit zwischen beiden Beobachtungsgrößen über den Faktor der Anzahl der jeweils berücksichtigten gesunden, nicht betroffenen Individuen besteht, so dass die

[128] Da keine mittleren Schneidezähne im Untersuchungsgut angetroffenen wurden (vgl. Tab. 12), muss auch an dieser Stelle ein Belastungswert entfallen.

[129] Bei mittlerweile erfolgter, aber noch unpublizierter Steigerung der Anzahl der Vergleichsserien (n = 145) vergrößert sich dieser Korrelationskoeffizient auf +0,813 Punkte.

immer noch weitverbreitete Betrachtung des relativen Anteils der betroffenen Individuen bzw. Zähne weniger sinnvoll erscheint gegenüber der Heranziehung der Intensität. Für die Erfassung dieser Größe wird gern auf das Schema von BROTHWELL (1981, fig. 6.14B) zurückgegriffen. Dort wird jedoch – abgesehen vom gesunden, befundfreien Zahn – die vollständige Ummantelung der Zahnkrone nicht berücksichtigt. Somit ziehen wir an dieser Stelle ein fünfstufiges Klassifikationsschema der Ausprägungsformen von Zahnsteinanlagerungen heran (vgl. CASELITZ 1986, Abb. 20).[130] Die durchschnittlich stärkste Belastung findet sich bei der Stichprobe von Bremen – St. Veit am ersten Molar (vgl. Tab. 15). Aber auch die beiden anderen Molaren und sogar die Prämolaren weisen hohe Belastungsindices auf. Diese Beobachtung gewinnt erst im Vergleich zu anderen norddeutschen Stichproben ihre Bedeutung (vgl. Abb. 41). Fast durchgängige schlechtere Werte finden sich bei den Serien aus Bad Iburg und dem neuzeitlichen Stade. Geradezu lehrbuchhaft sind die Verhältnisse bei der mittelalterlichen Stichprobe aus Stade. Überblicksmäßig scheint jede Vergleichsserie ihre spezifischen Eigenarten aufzuweisen. Vor einer weiterführenden Interpretation sollte jedoch nicht nur eine Vergrößerung der Materialbasis angestrebt, sondern auch die statistische Überprüfung der Materialzusammensetzung durchgeführt werden. Beides sprengt an dieser Stelle den gesetzten Rahmen, so dass wir in Bezug auf Intensität von Zahnsteinanlagerungen nur noch auf die beste Parallele innerhalb von 87 diachronen Vergleichsserien hinweisen möchten.[131] Dabei handelt es sich um die Funde aus der Csokergasse in Wien – Simmering (7. - 8. Jh. AD, GROẞSCHMIDT 1990, Tab. 30), deren Belastungsindex 1,79 Punkte beträgt.

[130] Stufe 1: befundfrei; Stufe 2: leichte, girlandenartige Anlagerung; Stufe 3: deutliche Anlagerung; Stufe 4: Zahnkrone mit Ausnahme der Kaufläche ummantelt und Stufe 5: vollständige Umhüllung der Zahnkrone. Die Berechnung des Indexwertes erfolgt analog zur Vorgehensweise bei der obigen Betrachtung anderer pathologischer Erscheinungen (Arthrose, Karies etc.).

[131] Der durchschnittliche Belastungsindex dieser Stichproben beträgt 2,18 Punkte. Das bedeutet zugleich, dass alle fünf norddeutschen Vergleichsserien günstigere Verhältnisse aufweisen.

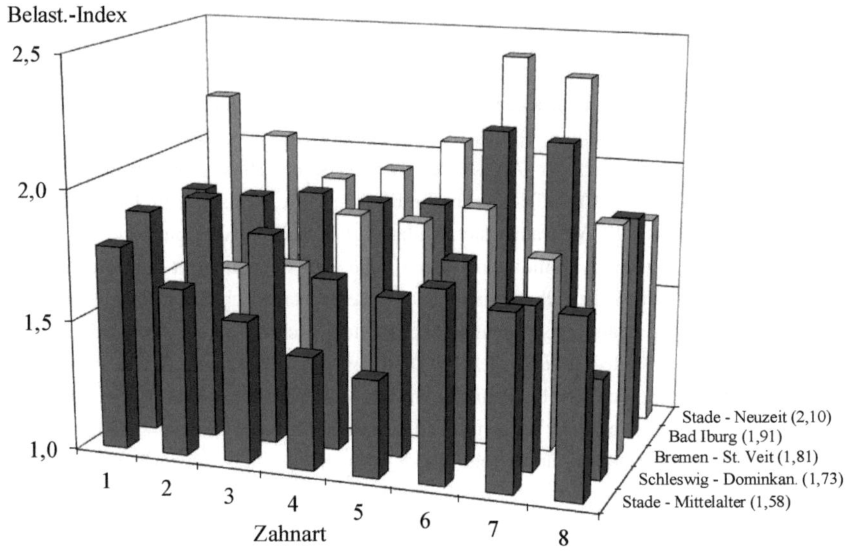

Abb. 41: Intensität der Formen von Zahnsteinanlagerungen bei norddeutschen Bevölkerungen des Mittelalters und der Neuzeit dargestellt am Belastungsindex der einzelnen Zahnpositionen. Zur Ansprache der Zahnart vgl. Tab. 12. Die Befunde von Ober- und Unterkiefer sowie der jeweiligen Körperseiten sind zusammengefasst. Es werden nur Zähne der zweiten Dentition berücksichtigt. Dargestellt wird der Belastungsbereich zwischen 1,0 (gesund) und 2,5 Indexpunkten. Der eingeklammerte Wert hinter dem Seriennamen gibt die durchschnittliche Belastung aller Zahnpositionen der jeweiligen Stichprobe wieder.

Am Ende der Betrachtung stomatologischer Befunde sei erwähnt, dass sich keine Variationen der Zahnzahl und nur eine Dislokation eines Zahnes im Untersuchungsgut fanden (Beobachtungsumfang: jeweils 50 Individuen). Drei von 34 Individuen – entsprechend 8,8 Prozent – weisen Störungen im Zahnschmelz – sog. Schmelzhypoplasien auf.[132] Dabei handelt es sich um rinnen- bzw. riefenartige Veränderungen, die zumeist auf Fehl- und/ oder Mangelernährungsphasen im Kindesalter hindeuten (CASELITZ 1986, 85-87). Im diachronen, weltweiten Überblick nimmt die Bevölkerung von Bremen – St. Veit damit einen relativ günstig Platz ein (vgl. CASELITZ 1986, Tab. 7).

Auch wenn die zahnpathologischen Befunde und Werte der Stichprobe Bremen – St. Veit sich – von geringen Ausnahmen abgesehen – gut in den Rahmen vergleichbarer nord- und mitteleuropäischer Bevölkerungen einfügen, soll doch daran erinnert sein, dass die Menge der Bremer Befunde recht eingeschränkt ist. So liegt die Karieshäufigkeit außerhalb

[132] Eine direkte Parallele zu diesem Befund liefert mit identischem relativem Anteil die Untersuchung rezenter Kinder aus Breslau (SZYMUSIAK 1997, 69).

der von GRIMM und OEHMISCH (1956) vorgeschlagenen Mutungsbreiten.[133] Aber dies trifft auch auf fast ein Siebtel der weltweit heranziehbaren Vergleichsserien zu. Im Bremer Fall tragen die eingangs erwähnten wiederholten Umlagerungen und vor allem auch die Selektion bei der letzten Aufsammlung wesentlich zu dieser Einschränkung bei. Auch wenn die statistische Absicherung der meisten pathologischen Befunde im vorliegenden Fall nicht zu erzielen ist, spricht ihre Einordnung und Stellung im Kontext zeit- und/oder raumähnlicher Populationen dafür, dass der Gesundheitszustand der Bremer von St. Veit – zumindest im Ansatz – hinlänglich erfasst wird: Die arthrotischen Belastungen ähneln denen der Individuen aus dem Schleswiger Dominikanerkloster. Der Anämie-Befund – hier belegt durch Cribra orbitalia – fügt sich unauffällig in den mittelalterlich-europäischen Rahmen ein. Geradezu optimal ist die Höhe der Kariesfrequenz für den Mittelwert der gegebenen Zeitstellung (vgl. Abb. 34), während die Kariesintensität etwas ungünstiger ausfällt. Ebenfalls schlechter als bei den Vergleichsserien fällt die Belastung mit parodontotischen Veränderungen aus (vgl. Tab. 13). Es wäre wünschenswert, die epidemiologische Betrachtung paläopathologischer Erscheinungen in einer Art Gesundheitsindex zusammen zu fassen, durch den Bevölkerungen in ihrer gesamten Belastung vergleichbarer werden. Dem Ansatz von STECKEL, SCIULLI und ROSE (2002) folgend wären neben der Körperhöhe noch Schmelzhypoplasien, Anämien (Cribra orbitalia et cranii), Infektionskrankheiten, Traumata, Arthrose, Zahnkaries und -ausfall – in jeweils standardisierten Stufen erfasst – zu berücksichtigen. Die Forderung nach einem einheitlichen Erhaltungszustand des Materials schränkt die Anwendbarkeit dieses Ansatzes auf (prä-)historisches Fundgut ein. Die mehrfache Umlagerung des Fundgutes von Bremen – St. Veit verhindert hier die Einbeziehung dieser Stichprobe und somit auch weiterführende Aussagen und Erkenntnisse. Halten wir fest, dass der Gesundheitszustand der vorliegenden Stichprobe der gegebenen Zeitstellung entspricht und wir einer ländlich geprägten bis frühstädtischen Bevölkerung gegenüber stehen.

[133] Der Wert der Stichprobe Bremen – St. Veit beträgt 6,4 Punkte. Gemäß CASELITZ (1998, 207) sollte der Vertrauensbereich bei 5,0 Punkten enden.

Epigenetische Merkmale

„Unter Diskreta[134] versteht man kleinräumige, diskontinuierlich variierende, morphologische Merkmale; die meisten treten alternativ auf, nur wenige haben mehr als zwei mögliche Ausprägungen“ (REINHARD und RÖSING 1985, 3).[135] Bis in die zweite Hälfte der 1960er Jahre beschäftigten sich hauptsächlich Anatomen mit diesen Merkmalen am Skelett. Spätestens mit der Arbeit von BERRY und BERRY (1967) kamen die Diskreta ins Blickfeld der anthropologischen Forschung.[136] Insbesondere wegen ihrer genetischen Verankerung sind sie ein probates Mittel für Verwandtschaftsanalysen nicht nur unter einzelnen Individuen sondern auch zwischen Bevölkerungen. Es können – zumindest vom theoretischen Ansatz her und bei entsprechend guter Materialerhaltung – die Mitglieder einer Familie in einem Bestattungsplatz ermittelt werden (sogenannte Binnenanalyse) und in Kombination mit dem archäologischen Befund erscheinen Aussagen zum Sozialgefüge einer Bestattungsgemeinschaft greifbarer zu werden (Beispiel bei ALT und VACH 2004). Daneben ermöglichen Ähnlichkeiten im Auftreten der epigenetischen Merkmale Aussagen zu Bevölkerungsbeziehungen und bei Veränderungen innerhalb der Zeitdimension zum Wandel von Heiratskreisen, Migrationen etc. (vgl. HAUSER und DE STAFANO 1989, 12f. sowie praktischer Ansatz anhand von Zahnmerkmalen bei WILLERMET und EDGAR 2009). So weit die Theorie – die Anwendung in der Praxis hinkt deutlich hinterher: Während die Binnen-Verwandtschaftsanalyse (grundlegend ALT 1997 sowie beispielhaft ALT, VACH und WAHL 1995) bereits öfter erfolgreich durchgeführt wurde, bleibt der bevölkerungsbiologische Ansatz weitgehend auf der sprichwörtlichen Strecke, da er immer noch durch mathematisch-statistische Probleme und uneinheitliche Merkmalsauswahl erschwert wird.

Das Problem bei der Beschäftigung mit den Discreta beginnt bereits bei der Auswahl der Merkmale. Sie hängt von der Fragestellung ab und wird häufig durch den Erhaltungszustand und Umfang des Skelettmaterials eingeengt. Während bei der Suche nach Familienstrukturen auf ein umfangreiches Ensemble zurückzugreifen ist, das eine möglichst große Anzahl – vor allem – auch seltener Merkmalen enthält, ist für eine bevölkerungsbiologische Fragestellung eher auf die genetische Determination der Merkmale und ihre Vergleichbarkeit für den angestrebten Gruppenvergleich zu achten. In Hinblick auf die spätere Auswertung sollten sich überschneidende Merkmale vermieden werden.[137] Unilateral auftretende Merkmale (z.B. Metopismus, Bregma- oder Lambdaschaltknochen) haben den Vorteil, dass sie in nur zwei Ausprägungsstufen (absent/prä-

[134] Diskreta werden mit unterschiedlichen Begriffen belegt, wobei die Bezeichnungen anatomische Varianten, nicht-metrische und epigenetische Merkmale am häufigsten sind.

[135] Das letzte Argument kann nicht unwidersprochen verbleiben (vgl. unten).

[136] Die zitierte Studie wirkte eher als Initialzündung und begründete das moderne anthropologische Interesse an den Discreta; sie ist selber aber bezüglich ihrer genetischen Aussagen eher kritisch zu werten (RÖSING, 1982, 106).

[137] Bei gleichzeitiger Erfassung des Auftretens der Merkmale „Foramen palatinus minus“ und „Foramen palatinus minus accessorius“ liegt der Schluss auf der Hand, dass das doppelte Auftreten des Merkmals immer mit seinem Vorhandensein gekoppelt ist.

sent) vorliegen. Im Gegensatz zur eingangs zitierten Meinung von REINHARD und RÖSING (1985, 3) sind diese Merkmale in dem von uns herangezogenen Discreta-Ensemble in der zahlenmäßigen Minderheit. Häufiger sind bilateral vorkommende Merkmale, bei denen abgesehen von den Ausprägungsstufen *absent/präsent* noch *ein-* oder *zweiseitig vorhanden* zu berücksichtigen ist. Bei der Datenerfassung bereitet das alles keine Probleme. Diese treten bei der Wiedergabe der relativen Anteile (vgl. unten) und insbesondere beim Vergleich der Frequenzen zwischen Bevölkerungen auf. Mathematisch-statistische Ansätze zur Entdeckung biologischer Strukturen anhand von Discreta auf bevölkerungsbiologischer Ebene haben bis dato keine oder kaum befriedigende Ergebnisse zu liefern vermocht. Hier gälte es noch viel Basisarbeit zu erbringen.[138] RÖSING (1982, 118f.) billigt den Discreta nur einen geringen Informationswert zu, während er den osteometrischen Befunden einen hohen Erkenntniswert zuspricht. Die Kombination beider bereitet aus mathematisch-statistischer Sicht sicherlich Probleme, wäre somit etwas für den Grenzbereich zwischen Natur- und Geisteswissenschaft und eröffnet unserer Ansicht einen Weg, den Discreta ein neues Gewicht zu geben. An dieser Stelle werden im Sinne einer Vergrößerung der noch nicht allzu umfangreichen Materialbasis epigenetischer Merkmale die Discreta-Befunde der Stichprobe Bremen – St. Veit vorgestellt (vgl. Tab. 16). Auf die Trennung nach Geschlechtern und/oder Alter muss wegen des geringen Stichprobenumfanges verzichtet werden.

Tab. 16: Relativer Anteil der Discreta bei der Bevölkerungsstichprobe Bremen – St. Veit. n = Beobachtungsumfang; Typ 1: Skelettregion vorhanden, aber Merkmal nicht ausgeformt. Typ 2: Merkmal unilateral ausgeformt. Typ 3: Merkmal bilateral ausgeformt. Typ - : Skelettregion vorhanden, aber Discretum nicht beurteilbar. Die Typ-Bezeichnung mit nachgestelltem Sternchen beziehen sich nur auf bilateral auftretende Discreta, dabei entspricht Typ 1*: Region nur einseitig beurteilbar und Merkmal nicht ausgeformt. Typ 2*: Region nur einseitig beurteilbar und Merkmal dort ausgeformt.

Merkmal	**n**	**Typ 1**	**Typ 2**	**Typ 3**	**Typ -**	**Typ 1***	**Typ 2***
Metopismus	62	87,1%	12,9%		0,0%		
Foramen supraorbitale	56	55,4%	23,2%	7,1%	0,0%	7,1%	7,1%
Foramen frontale	55	65,5%	9,1%	9,1%	1,8%	12,7%	1,8%
Ossa suturae coronalis	60	85,0%	0,0%	0,0%	0,0%	13,3%	1,7%
Os bregmaticum	62	98,4%	0,0%		1,6%		
Ossa suturae sagittalis	64	90,6%	3,1%		6,3%		

[138] Dabei sollten auch einmal die in den Geisteswissenschaften erprobten Koeffizienten-Verfahren in Betracht gezogen werden.

Merkmal	n	Typ 1	Typ 2	Typ 3	Typ -	Typ 1*	Typ 2*
Foramina parietalia	61	19,7%	36,1%	39,3%	0,0%	1,6%	3,3%
Os lambdae	53	92,5%	7,5%		0,0%		
Os incae	47	95,7%	2,1%		2,1%		
Ossa suturae lambdoidea	46	28,3%	17,4%	39,1%	6,5%	2,2%	6,5%
Os astericum	20	20,0%	10,0%	10,0%	5,0%	50,0%	5,0%
Os incisurae parietalis	19	42,1%	0,0%	0,0%	0,0%	47,4%	10,5%
Linea nuchae suprema	41	92,7%	7,3%		0,0%		
Canalis condylaris posterior	10	20,0%	0,0%	60,0%	0,0%	0,0%	20,0%
Canalis hypoglossalis partitum	9	77,8%	22,2%	0,0%	0,0%	0,0%	0,0%
Facies condylaris accessorius	8	62,5%	0,0%	0,0%	12,5%	25,0%	0,0%
Tuberculum pharyngeum	10	0,0%	90,0%		10,0%		
Tuberculum praecondylare (Foramen basilare)	9	88,9%	11,1%	0,0%	0,0%	0,0%	0,0%
Foramen ovale offen/ unvollständig	13	46,2%	15,4%	0,0%	0,0%	30,8%	7,7%
Foramen spinosum offen/unvollständig	13	30,8%	15,4%	7,7%	0,0%	38,5%	7,7%
Foramen Huschkei	16	37,5%	0,0%	6,3%	0,0%	56,3%	0,0%
Foramen mastoideum extra suturae	19	10,5%	5,3%	31,6%	0,0%	5,3%	47,4%
Foramen mastoideum intra suturae	19	10,5%	0,0%	26,3%	0,0%	26,3%	36,8%
Torus acusticus	16	43,8%	0,0%	0,0%	0,0%	56,3%	0,0%
Os epitericum	18	38,9%	0,0%	5,6%	5,6%	50,0%	0,0%
Sutura fronto-temporalis	18	38,9%	0,0%	0,0%	5,6%	50,0%	5,6%
Foramen ethmoidale anterior extra suturae	11	45,5%	0,0%	9,1%	0,0%	18,2%	27,3%
Foramen ethmoidale posterior extra suturae	12	8,3%	0,0%	66,7%	8,3%	0,0%	16,7%
Foramen infraorbitale doppelt	23	39,1%	0,0%	0,0%	0,0%	52,2%	8,7%
Torus palatinus	27	92,6%	7,4%		0,0%		
Torus maxillaris	30	50,0%	0,0%	0,0%	0,0%	50,0%	0,0%

Merkmal	n	Typ 1	Typ 2	Typ 3	Typ -	Typ 1*	Typ 2*
Foramen palatinum maior doppelt	19	47,4%	5,3%	0,0%	0,0%	36,8%	10,5%
Foramen palatinus minus	17	5,9%	5,9%	41,2%	0,0%	0,0%	47,1%
Foramen palatinus minus accessorius	17	23,5%	11,8%	11,8%	0,0%	35,3%	17,6%
Foramen zygomaticus	23	0,0%	4,3%	21,7%	0,0%	0,0%	73,9%
Foramen zygomaticus accessorius	23	13,0%	8,7%	4,3%	4,3%	43,5%	26,1%
Dritter Molar oben (M3 oben)	25	4,0%	0,0%	24,0%	12,0%	12,0%	48,0%
Dritter Molar unten (M3 unten)	25	8,0%	8,0%	12,0%	0,0%	20,0%	52,0%
Torus mandibulare	26	65,4%	0,0%	0,0%	0,0%	34,6%	0,0%
Foramen mentale accessorius	24	62,5%	0,0%	0,0%	0,0%	37,5%	0,0%
Canalis basilaris medialis	10	40,0%	60,0%		0,0%		
Humerus: Processus supracondylaris	35	100%	0,0%	-	0,0%	-	-
Humerus: Foramen supratrochleare	35	97,1%	2,9%	-	0,0%	-	-
Femur: Trochanter tertius	95	90,5%	6,3%	-	3,2%	-	-

Ein Problem bei der Betrachtung der Discreta liegt schon in ihrer Erfassung und der Darstellung der Befunde. Bei unilateralen Merkmalen ist dies eigentlich kein Problem. Der schlechte Erhaltungszustand einer vorliegenden Skelettregion kann die Beurteilung verhindern. Ferner kann es zu Überschneidungen mit einem anderen Merkmal kommen – z.B. Os incae *versa* Ossa suturae lambdoidea. Gelegentlich sind einige Foramina – z.B. Foramina parietalia – nicht mehr eindeutig von weiteren, „normalen“ porösen Strukturen zu differenzieren oder es treten Verwischungen durch pathologische Erscheinungen auf.[139] Bei bilateral ausgeprägten Merkmalen kommt es außerdem zu Problemen bei der mengenmäßigen Erfassung. Gerade bei schlecht erhaltenem Material fehlt häufig eine der beiden Beobachtungsseiten oder der Erhaltungszustand verhindert auf der einen Seite eine sichere Beurteilung. Hier könnte man sich der Ansicht von CZARNETKI (1971, 246) anschließen, dass das signifikante, ausschließlich einseitige Auftreten eines bilateralen Merkmals in weniger als einem Viertel der Merkmale vorkommt[140] und somit das

[139] Zu allgemeinen Problemen bei der Befunderhebung nebst Hinweisen zu Bearbeiterfehlern vgl. RÖSING (1990, 60-69).

[140] Völlig unbeachtet bleibt dabei der Ansatz einer sog. fluktuierenden Asymmetrie, die als Ausdruck genetischer oder umweltbedingter Einflüsse bei der Ausbildung symmetrischer Merkmale angesehen wird. Ihre Untersuchung erfreut sich in jüngerer Zeit in der Biologie/Anthropologie zunehmender Beliebtheit.

gleichseitige Vorkommen überwiegt. Das bedeutete, dass die nur einseitig mögliche Beobachtung automatisch als „beidseitig vorhanden“ gewertet wird. Unserer Ansicht nach tritt dann eine Verzerrung der Verhältnisse ein. Daher schlagen wir – in Fortschreibung des Ansatzes von HOWE und PARSONS (1968) – eine andere Vorgehensweise vor: Es werden nur die tatsächlich vorhandenen Skelettabschnitte gewertet. Liegt bei einem bilateralen Merkmal nur eine Seite vor, wird der entsprechende Befund nur singulär gewertet. Liegen beide Körperseiten vor, dann werden sie getrennt bewertet.[141]

Tab. 17: Relativer Anteil der Discreta bei den Bremer Stichproben St. Veit und St. Remberti sowie den Lübecker Stichproben Burgkirche (13. – Anf. 19. Jh.; PRECHEL 1988, Tab. 16) und Amsterdam (autochtone Niederländer; AD 1883 – 1909; PERIZONIUS 1979, Tab. 2) – jeweils bezogen auf die Menge der Einzelbeobachtungen[142] – im Kontext zu Vergleichswerten nach REINHARD und RÖSING (1985, R&R) sowie – ausschließlich europide Stichproben – HAUSER und DE STEFANO (1989; H&DSt); die für das jeweilige Discretum relevanten Seiten dieser Studien sind dort kursiv in Klammern aufgeführt. Für Merkmale des postkranialen Skeletts werden die Quellen für Vergleichswerte in der Tabelle genannt.

Merkmal	Bremen – St. Veit		Bremen – St.-Remberti		Lübeck – Burgkirche		Amsterdam		R&R	H&DSt
	n	vorh.	n	vorh.	n	vorh.	n	vorh.		
Metopismus	62	12,9%	50	8,0%	61	3,3%	253	11,5%	- *(S.6-8)*	1,9 - 14,9% *(S 41-45)*
Foramen supraorbitale	60	41,7%	50	24,0%	57	34,2%	252	31,5%	15 - 25% *(S.12-15)*	15,4 - 65,4% *(S.50-58)*
Foramen frontale	59	27,1%	50	17,0%	56	9,8%	242	32,9%	2 - 5 % *(S.16-18)*	- *(S.50-58)*

[141] Konträrer Auffassung ist CZARNETZKI (1971, 252f.), der ein- und beidseitiges Auftreten als Ausdruck einer Variantenform ansieht, die lediglich durch einen geringen Schwellenwert voreinander abgegrenzt sind. Zu diesem Problemkreis vgl. auch ČESNYS (1982), COOPRIDER, RUBISON und FINNEGAN (1980, 2f.), GREEN, SUCHEY und GOKHALE (1979), OSSENBERG (1981) sowie PERIZONIUS (1979). Methodologisch interessant ist die Wertung unilateraler Ausprägung als Variante beidseitigen Auftretens (zum Nachteil der naturwissenschaftlichen Grundanschauungen folgenden empirischen Befunderfassung), zumal wenn bedacht wird, dass die genetische Determination der Discreta – mit Ausnahme der Zahnmerkmale – beim Menschen keinesfalls immer gesichert ist. Die Abweichungen zur auf Individuen bezogenen Berechnung der relativen Anteile können durchaus bis zu 50 Prozent betragen (vgl. Tab. 17, Serie Lübeck – Burgkloster im Vergleich zu den Originalbefunden; ähnlich – insbesondere am Beispiel des Os japonicum – FINKE ET AL. (1997, Tab. 3-4). – Der Vollständigkeit halber sei erwähnt, dass signifikante Unterschiede bei der einseitiger Ausprägung bilateraler Merkmale (sog. Seitenpräferenz) im Falle der Funde von Bremen – St. Veit auftreten bei: Os astericum, Canalis condylaris posterior, Foramen spinosum offen, Foramen palatinus minus accessorius, Foramen zygomaticus accessorius und dritter Molar im Unterkiefer. Dabei sei aber auf die jeweils geringe Zeilenbesetzung bei den Chi-Quadrat-Tests hingewiesen, was deren Aussagekraft einschränkt. Dieses Phänomen tritt – auch bei anderen Untersuchungen – häufig bei seltener vertretenen Discreta auf.

[142] Jede Position eines bilateralen Merkmals wird für sich gewertet, so dass linke und rechte Seite die Beobachtungsmenge jeweils um den Faktor 1 erhöhen. Zur Ermittlung des relativen Anteils wird das Vorkommen durch die Anzahl der Beobachtungen (eben nicht Individuen) dividiert.

Merkmal	Bremen – St. Veit		Bremen – St.-Remberti		Lübeck – Burgkirche		Amsterdam		R&R	H&DSt
	n	vorh.	n	vorh.	n	vorh.	n	vorh.		
Ossa suturae coronalis	60	1,7%	49	33,7%	58	26,7%	225	4,2%	0 - 11% *(S.25-26)*	0 - 47,1% *(Tab. 17)*
Os bregmaticum	61	0,0%	49	2,0%	62	4,8%	237	2,1%	<1% *(S.22-24)*	0 - 2,5% *(Tab. 20)*
Ossa suturae sagittalis	60	3,3%	50	12,0%	60	18,3%	162	4,3%	≤4% *(S.27)*	0 - 23,6% *(Tab. 18)*
Foramina parietalia	85	84,7%	50	69,0%	52	36,5%	244	66,0%	50 - 70% *(S.28-30)*	60,4 - 79,6% (S.78-82)
Os lambdae	53	7,5%	50	12,0%	52	17,3%	207	8,7%	1 - 6% *(S.35-40)*	8,1 - 25,1% *(Tab. 21)*
Os incae	46	2,2%	50	4,0%	49	2,4%	247	0,0%	0,5 - 5% *(S.41-49)*	3,7 - 11,6% *(S.99-103)*
Ossa suturae lambdoidea	61	77,0%	50	55,0%	52	53,8%	182	43,1%	25 - 80% *(S.52-54)*	22,9 - 67,3% (Tab. 19)
Os astericum	21	33,3%	50	14,0%	39	7,7%	241	7,5%	- *(S.61-62)*	2,85 - 18,7% *(S.196-199)*
Os incisurae parietalis	19	10,5%	50	16,0%	42	14,3%	248	17,3%	3 - 12% *(S.34)*	0 - 26,2% *(S.207-210)*
Linea nuchae suprema	41	7,3%	50	14,0%			240	29,4%	-	0 - 13,8% *(S.104-106)*
Canalis condylaris posterior	16	87,5%	50	57,0%			243	60,3%	35 - 72% *(S.65-67)*	9,3 - 88,7% *(S.114-117)*
Canalis hypoglossalis partitum	9	22,2%	50	16,0%	26	13,5%	251	16,1%	14 - 56% *(S.68-69)*	0 - 30,4% *(S.120-125)*
Facies condylaris accessorius	7	0,0%	49	16,3%	26	5,8%	248	5,2%	- *(S.55-56)*	0 - 9,3% *(S.116-121)*
Tuberculum pharyngeum	9	100%	50	72,0%	26	7,7%	249	0,0%	-	(80%) *(S.136-137)*
Tuberculum praecondylare (For. basilare)	9	11,1%	50	7,0%			248	2,6%	2 - 17% *(S.57-60)*	0 - 6,2% *(S.134-136)*
Foramen ovale offen/ unvollständig	13	23,1%	50	1,0%	1	1,9%	251	2,6%	0,5 - 11% *(S.81-82)*	0 - 8,8% *(Tab. 36)*
Foramen spinosum offen/unvollständig	14	35,7%	50	17,0%			250	10,0%	2 - 17% *(S.83-84)*	3,1 - 45,7 *(Tab. 35)*
Foramen Huschkei	17	11,8%	50	5,0%			235	20,4%	- *(S.79-80)*	0 - 29,3% *(S.143-147)*
Foramen mastoideum extra suturae	25	88,0%	50	63,0%	34	35,3%	237	81,4%	20 - 40% *(S.63-64)*	13,1 - 94,0% *(Tab. 49)*
Foramen mastoideum intra suturae	24	70,8%	50	37,0%					- *(S.63-64)*	(≥90%) *(Tab. 48)*
Torus acusticus	16	0,0%	50	0,0%			249	0,2%	-	0 - 26,2% *(S.186-189)*
Os epitericum	18	11,1%	50	7,0%	38	6,6%	200	17,0%	um 9% *(S.72-76)*	3,7 - 29,7% *(S.210-215)*
Sutura fronto-temporalis	17	5,9%	50	2,0%	38	2,6%	241	1,5%	um 3% *(S.70-71)*	0 - 16,1% *(S. 216-219)*

Merkmal	Bremen – St. Veit		Bremen – St.-Remberti		Lübeck – Burgkirche		Amsterdam		R&R	H&DSt
	n	vorh.	n	vorh.	n	vorh.	n	vorh.		
Foramen ethmoidale anterior extra suturae	12	41,7%	49	41,8%	29	13,8%	121	8,7%	7 - 42% *(S.99f.)*	3,6 - 50,5% *(S.58-63)*
Foramen ethmoidale posterior extra suturae	19	94,7%	48	84,4%					um 13% *(S.102)*	0 - 94,6% *(S.58-63)*
Foramen infraorbitale doppelt	23	8,7%	50	2,0%	30	8,3%	243	12,3%	9% *(S.105ff.)*	0 - 19,8% *(S.70-74)*
Torus palatinus	27	7,4%	50	6,0%	30	30,0%	250	4,8%	≤10% *(S.112f)*	4,8 - 49,8% *(S.174-179)*
Torus maxillaris	30	0,0%	50	4,0%	28	1,8%	251	0,0%	2 - 20% *(S.116)*	0 - 4,6% *(S.180-183)*
Foramen palatinum maior doppelt	19	15,8%	49	2,0%					-	-
Foramen palatinus minus	24	95,8%	50	98,0%					97% *(S.114f.)*	60,9 - 78,4% *(S.163-167)*
Foramen palatinus minus accessorius	19	47,4%	50	32,0%			246	65,4%	>50% *(S.114f.)*	-
Foramen zygomaticus	28	100%	50	69,0%			245	91,0%	- *(S.97-98)*	12,6 - 99,1% *(S.224-227)*
Foramen zygomaticus accessorius	23	43,5%	50	31,0%	20	25,0%	250	54,2%	- *(S.97-98)*	-
Dritter Molar oben (M3 oben)	28	85,7%	48	91,7%			199	99,2%	-	-
Dritter Molar unten (M3 unten)	28	75,0%							-	-
Torus mandibulare	26	0,0%							1 - 18% *(S.120f.)*	0,8 - 32,5% *(S.182-185)*
Foramen mentale accessorius	24	0,0%			5	0,0%			2 - 30% *(S.118f.)*	6,2 - 9,3% *(S.230-233)*
Canalis basilaris medialis	10	60,0%							-	- *(S.139-141)*
Humerus: Processus supracondylaris	35	0,0%							1 – 3,7% (Hrdlička 1923; Brossmann, Czerny u. Freyschmidt 2000 sowie Heinrich et al. 2001)	
Humerus: Foramen supratrochleare	35	2,9%							3,8 – 9,0% (Trotter 1934: 221) und 9,5 – 23,0% (Henckel 1939)	
Femur: Trochanter tertius	92	6,5%							17,6% - 29,0 % (Czarnetzki 1972 und Henckel 1939)	

Die eher methodischen denn praktischen Probleme bei der Befunderhebung von Discreta sowie der – für Europa – immer noch eingeschränkte Forschungsstand bedingen, dass nur wenige Vergleichsserien aus dem regionalen Umfeld Bremens für einen Vergleich zur Verfügung stehen. Um die epigenetischen Befunde der Stichprobe von St. Veit zumindest ansatzweise werten zu können, werden sie denen einer anderen Bremer Stichprobe (St.-Remberti-Kirche) sowie einer Serie von subrezenten Niederländern (Amsterdam) und einer hochmittelalterlichen bis neuzeitlichen Population aus Lübeck gegenüber gestellt (vgl. Tab. 17). Als allgemeiner Maßstab dienen die Variationsbreiten der Discreta bei Europiden nach den zusammenfassenden Angaben von REINHARD und RÖSING (1985) sowie HAUSER und DE STEFANO (1989). Unsere Auswahl der Vergleichsserien spiegelt zugleich zwei aus historisch-archäologischer Sicht interessante Problemfelder wieder: Die Herkunft der Lübecker Bevölkerung aus Westdeutschland (speziell Westfalen) und die Einflüsse niederländischer Elemente auf die Bremer Population (vgl. KOHL 1872, 73). Beides ist aus historischen Quellen bekannt, aber osteoarchäologisch bislang noch nicht abgesichert.

Auffällig bei allen vier Skelettserien unserer Zusammenstellung ist der hohe relative Anteil zweier Merkmale der Stirnregion: Foramina supraorbitalia und Foramina frontale. Beide Merkmale sollen gemäß der von REINHARD und RÖSING (1985) angeführten Werte in wesentlich geringerem Maße bei europiden Bevölkerungen zu beobachten sein. Bei der Stichprobe Bremen – St. Veit fällt bei einigen Discreta ein verhältnismäßig hoher relativer Anteil auf, der nicht nur die Werte der drei anderen Stichproben, sondern auch jene der zusammenfassenden Studien übersteigt.[143] Ähnliches kann aber auch bei den anderen Serien beobachtet werden.[144] Bemerkenswert ist auf den ersten Blick der hohe Anteil des Merkmals Tuberculum pharyngeum bei beiden Bremer Stichproben. Er liegt aber noch im Rahmen der von HAUSER und DE STEFANO (1989) ermittelten Variation. Eher sollte für dieses Merkmal das geringe Vorkommen bei den beiden anderen Serien herausgestellt werden.

Für die Heranziehung komplexer statistischer Verfahren reicht weder der Serienumfang noch der zur Verfügung stehende Raum aus. Beschränken wir uns daher einmal nur auf jene Discreta, die bei allen vier Stichproben beobachtet werden und suchen den zur Stichprobe Bremen – St. Veit jeweils nahestehendsten Wert.[145] Bei zwölf Merkmalen findet er sich in sieben Fällen in der Stichprobe Amsterdam, während die Stichprobe Bremen – St.-Remberti-Kirche nur in zwei Fällen bzw. die Serie Lübeck – Burgkloster in drei Fällen die größten Ähnlichkeiten liefern. Eigentlich wäre eine deutliche Nähe zur zweiten Bremer Stichprobe zu vermuten gewesen. Da in diesem Falle bearbeiterspezifische Abweichungen auszuschließen sind, kann dieser Befund – allerdings ohne wei-

[143] Insbesondere seien genannt: Foramina parietalia, Os astericum, Tuberculum pharyngeum und Sutura frontotemporalis sowie – zumindest im Ansatz bzw. als Tendenz – Ossa suturae lambdoidea und Canalis condylaris posterior.

[144] Besonders sei auf den hohen Anteil des Merkmals Linea nuchae suprema bei der Amsterdamer Stichprobe hingewiesen.

[145] Variieren die Befunde in einen engen Zahlenraum, wird das jeweilige Merkmal nicht weiter betrachtet.

tere Prüfung – nur als Hinweis auf einen Wandel in der Bevölkerungszusammensetzung gewertet werden. Eingedenk der für die Stichprobe Bremen – St.-Remberti-Kirche ermittelten Ähnlichkeitsbeziehungen (vgl. CASELITZ 1983, 66 - 71) wäre hier an im Spätmittelalter und der frühen Neuzeit gesteigerte Kontakte zum westskandinavischen Raum zu denken sein. Die frühen Bremer tendieren allem Anschein nach in den niederländischen Raum. Unter Annahme dieser Hypothese verwundert es dann zunächst, dass die Ähnlichkeiten zur Lübecker Stichprobe so gering ausfallen. Entweder unterschieden sich die Bevölkerungen des küstennahen Raumes deutlich von westfälisch-rheinischen Gruppen oder wir fassen an der Trave ein weiteres, vermeintlich slawisches Element. So gut diese – wohl gemerkt hypothetische – Konstruktion in den historischen Rahmen passt, so unterliegt sie doch einem nicht unwesentlichen Manko: Von ihrer Zeitstellung weichen die Serien voneinander ab. Die Frage wäre jetzt, wie rasch sich Veränderungen in einer Bevölkerung in der Frequenz der Discreta niederschlagen. Ohne eine Vergrößerung der Materialbasis und eine nicht unerhebliche Steigerung des methodischen bzw. methodologischen Erkenntnisrahmens werden hier kaum absicherbare Aussagen zu erreichen sein. Mit der hier erfolgten Vorlage der Beobachtungswerte der beiden Bremer Stichproben ist zumindest die Basis für weitere Untersuchungen von Discreta nord- und mitteleuropäischer Bevölkerungen vergrößert worden.

Diskussion

Der wissenschaftliche Wert der vorgestellten Serie – und somit zugleich auch eine Antwort auf die Frage nach der Relevanz der Untersuchung – steht und fällt mit der korrekten zeitlichen Einordnung des Fundgutes. Ohne auf die Problematik radiocarbondatierter Funde aus dem Mittelalter näher einzugehen, müssen wir die Einordnung der Skelettreste von Bremen – St. Veit in den Zeitraum vom 9. bis 11. Jahrhundert als gegeben hinnehmen. Zumindest indirekt findet diese durch die aufgezeigte diachrone Entwicklung metrischer Befunde aller bislang untersuchten Skelettfunde aus Bremen ihre Bestätigung. Bei Berücksichtigung von zwölf Schädel- und zweier Längsknochenmaße in einem multivariaten Ansatz wird die Ähnlichkeit der Bremer Stichproben Domdüne und St. Veit offenbar (vgl. Abb. 26). Die skizzierte Einordnung der Funde von St. Veit sollte nun – quasi im Umkehrschluss – nicht zur Absicherung des zeitlichen Ansatzes verwendet werden. Die aufgezeigten diachronen Entwicklungen ausschließlich als Resultat der Mikroevolution anzusehen, vernachlässigte die dem Fundgut anheftende, aber zumindest für die drei mittelalterlichen Bremer Stichproben nicht fassbare Sozialkomponente. Die Bremer lebten mit Sicherheit nicht über Jahrhunderte in einem bevölkerungsbiologischen Isolat, sondern dürften immer wieder Zuwanderungs- wie auch speziell in der jüngeren Zeit Abwanderungsbewegungen erlebt haben.

Ein wichtiges Anliegen osteoarchäologischer Arbeiten ist die Rekonstruktion paläodemographischer Bezüge. Im vorliegenden Falle erschwert die Befundsituation (mehrfache Umsetzung des Materials) nicht nur die Ermittlung der Mindestindividuenzahl, sondern lässt auch kritische Fragen zur demographischen Repräsentativität der Serie aufkommen. Statt Modellvorstellungen[146] – einschließlich der Diskussion deren oftmals fragwürdigen theoretischem Hintergrundes – heranzuziehen, greifen wir auf das konkrete Fundgut zurück und ermitteln anhand der am häufigsten beobachteten Skelettabschnitte die Mindestindividuenzahl. Schädel und Femora sind dabei wie im vergleichbaren Befund des Ossuariums der Wüstung Hausen (KEIL 1971) die ausschlaggebenden Teile des Fundgutes. Erst durch ausführliche Betrachtung und Diskussion kann als Ergebnis eine Gesamtmenge von 79 Individuen genannt werden.

Die Veitsbasilika, die den Dom als Pfarrkirche Bremens ablöste, „dürfte die erste Kirche gewesen sein, die eigens für die am Ort ansässige und umliegende Bevölkerung erbaut wurde, während der Dom" (GLEBA 2002, 15) der Repräsentanz episkopaler Herrschaft diente. Es dürfte sich um eine frühstädtische Bevölkerung handeln, die zu einem nicht geringen Anteil aus Handwerkern, ihren Familien und Bediensteten bestanden haben dürfte. Aufgrund der pathologischen Belastungen dürfte eine ländliche Subprägung nicht von der Hand zu weisen sein. Zu Lebzeiten der in der vorliegenden Studie gefassten Menschen (9. – 11. Jahrhundert) herrschte im unmittelbaren Umfeld der Kirche – speziell im Bereich des nahegelegen Domes – eine rege Bautätigkeit; das Bild der Stadt veränderte sich fortwährend, sei es durch Umbau, Erweiterung oder die Errichtung von Schutzbauten (Wall, Pallisade etc.; vgl. HÄGERMANN 1985). Die Einwohnerzahl der Stadt dürfte zur genannten Zeit deutlich unterhalb von 10.000 Personen gelegen haben.[147] Als Näherungsgröße sei auf die Verhältnisse im etwa zeitgleichen Haithabu verwiesen: Hier lebten durchschnittlich 1000 Menschen (vgl. STEUER 1984, 194). Bei Berücksichtigung des Faktors *Wachstum* als Folge wirtschaftlicher Prosperität dürfte dort eine Zahl von 1500 gleichzeitig Lebenden in der Blütezeit realistisch erscheinen, während sie zu Beginn der Siedlungstätigkeit entsprechend geringer gewesen sein dürfte. Die Verhältnisse in Bremen dürften im 9. bis 11. Jahrhundert unter dieser Größenordnung gelegen haben, da der Charakter eines Handels- und Warenumschlagplatzes in der Weserstadt erst später einsetzt. Zunächst dürften wir im Fundgut von St. Veit eine (stadt-)gründerzeitliche Bevölkerung fassen, die sich immer wieder eines Zustromes von Immigranten erfreuen durfte.

Eine Kernfrage an jegliche demographische Forschung muss der Repräsentativität der betrachteten Serie gelten. Auch beim Datenmaterial der Historischen Demographie (z.B. Kirchenbücher, Zensuslisten, Grabsteine etc.) treten immer wieder Verzerrungen zutage, die oftmals durch unterschiedlichste Sozialfaktoren bedingt sind. Derartige Siebungsfaktoren wirken mit Sicherheit auch auf das osteologische Fundgut und sind zumeist nicht explizit eingrenzbar. Repräsentativität braucht immer einen Bezugsmaßstab. Aber ist jener selber auch repräsentativ? Pragmatischer Weise werden Vergleichswerte – wie die Sterbetafeln der UNITED NATIONS (1955) – herangezogen. Sie sollten jedoch kein demographisches Dogma bilden,

[146] Im langen Bearbeitungszeitraum wurden neue theoretische Ansätze zu diesem Problemkreis entwickelt (z.B. GARCIA 2007 sowie BELLO, THOMANN, RABINO MASSA und DUTOUR 2003), die vor allem den Erhaltungszustand mit Modellvorstellungen in Einklang bringen, hier aber keine Berücksichtigung mehr fanden.

[147] Dieser Wert (10.000 – 12.000) wird für das Jahr vor Ausbruch der Pest (1350) geschätzt (REINCKE 1951, 10).

sondern als erster Einstieg in die Diskussion der Verhältnisse verstanden werden. Eine Schlüsselrolle – auch bei der Frage nach der Repräsentativität – nehmen die Altersklasse der Subadulten (Kinder und Jugendliche) sowie in gewissem Maße der älteren Individuen (60 Jahre und mehr) ein. Besonders der Anteil der Neugeborenen und Säuglinge führt in jüngster Zeit zu einer teilweise kontroversen Diskussion. Die rechnerische Hinzuschätzung der fehlenden Mitglieder dieser Altersklasse liefert – insbesondere auch vor dem Hintergrund der Verhältnisse bei mittelalterlichen und neuzeitlichen Stichproben – eine den Erwartungsgroßen nahekommende Alterszusammensetzung der Bremer Bevölkerung, wobei aber *Erwartung* nicht immer auch zwingend *Repräsentativität* zu bedeuten braucht. Die Suche nach dieser gewünschten, aber in sich selber zugleich auch fiktiven Größe ist zwar notwendig, sollte aber nicht überfordert werden. Es ist zum einen das archäologische Fundgut, das zum anderen mit durchaus noch verbesserungswürdigen Bestimmungsverfahren zu Alter und Geschlecht konfrontiert wird. Unsicherheitsfaktoren schließen sich dabei nicht zwingend gegenseitig aus. Die auf die Todesstunde genaue Altersbestimmung von subrezenten oder (prä-)historischen Skelettfunden bleibt weiterhin eine Fiktion. Während von naturwissenschaftlicher Seite die Methoden ständig weiterentwickelt werden, so wäre es nunmehr auch an der geisteswissenschaftlichen Seite, sich den im Stadtkernbereich angetroffenen Skelettreste intensiver zuzuwenden, anstatt sie in alt hergebrachter Manier zu „entsorgen". Auch wenn diese Forderung nicht nur für die Hansestadt an der Weser gilt, so sind die Funde von Bremen – St. Veit doch ein beredtes Beispiel dafür, wie demographische und bevölkerungsbiologische Parameter – immerhin wichtige historische Größen – der Frühzeit der Stadt fast schon in Vergessenheit geraten wären.

Zusammenfassung

Im Jahre 1986 wurden auf einem rezenten Bremer Friedhof aus einem Konvolut von Knochen die vermeintlich besser erhaltenen Skeletteile geborgen. Das Material stammt aus dem unmittelbaren Umfeld der Kirche Unser Lieben Frauen (vormals St. Veit Kirche) in der Bremer Innenstadt und wird naturwissenschaftlich vor allen in den Zeitraum vom 9. bis 11. Jahrhundert n. Chr. datiert. Die Skelettreste dürften einem historisch bekannten Beinhaus zuzuordnen sein und wurden bereits in vergangenen Jahrhunderten mehrfach umgelagert. Somit ist der Individualzusammenhang nachhaltig gestört. Aufgrund der am häufigsten im Material vorkommenden Skeletteile (Schädel und rechte Femora) wird unter Berücksichtigung der Alters- und Geschlechtsausprägungen eine Mindestindividuenzahl von 79 Personen ermittelt. Sie teilen sich in 15 Subadulte und 64 Erwachsene auf, beiden denen ein leichtes Überwiegen des männlichen Bevölkerungsteils nicht von der Hand zu weisen ist. Wie häufig bei (prä-) historischen Populationen erscheint die Altersklasse der Kleinstkinder unterrepräsentiert. Ihr Anteil wird anhand der UN-Modellbevölkerungen ermittelt, so dass wir für die Berechnung der demographischen Parameter auf die Werte von insgesamt 106,81 Individuen zurückgreifen. Die Lebenserwartung bei der Geburt beträgt rund 31 Jahre, während ein zwanzigjähriges Individuum noch etwa 27 Jahre Lebenszeit erwarten konnte. Die daraus ablesbaren Lebensbedingungen liegen leicht über dem Durchschnitt zeitgleicher Bevölkerungen. Bei der Rekonstruktion einer Lebendbevölkerung fällt der aus heutiger Sicht hohe Anteil von Kindern und Jugendlichen auf (47,4 Prozent), der sich aber an den Befunden aus Ländern der sogenannten Dritten Welt rasch relativieren lässt.

Die osteometrischen Befunde sind weitestgehend nicht durch den fehlenden Individualzusammenhang beeinträchtigt. Zunächst wird die Stellung der Stichprobe von Bremen St. Veit im Kontext zu anderen Skelettfunden aus Bremen betrachtet. Eine Ähnlichkeit zu den Funden von der Domdüne wird erst bei Einbeziehung der Körperhöhe offenbar. Die diachronen Veränderungen geben ein Streiflicht auf die körperliche Entwicklung einiger Messgrößen in der Hansestadt und fügen sich gut in das allgemeine Erwartungsbild europider Bevölkerungen ein. Von besonderem Interesse erscheinen dabei die Hochrechnungen für die rezente Zeit (z.B. bei der Körperhöhe). Mit Hilfe der zehn am häufigsten vertretenden osteometrischen Größen des Schädels wird in einem multivariatstatistischen Ansatz versucht, die bevölkerungsbiologische Stellung der Männer von Bremen St. Veit innerhalb von 39 mittelalterlichen Populationen Europas zu ermitteln. Zunächst ergibt sich kein biologisch-historisch interpretierbares Ergebnis, so dass die Anzahl der berücksichtigten Variablen mehrfach vermindert und variiert wird, ohne jedoch zu einer nennenswerten Veränderung der Resultate zu gelangen. Stochastische Elemente oder fehlende Diversität dürften dafür verantwortlich sein. Durch Vernachlässigung des Mindestbeobachtungsumfanges kann die Zahl der Vergleichsstichproben auf 73 Bevölkerungen gesteigert werden. Es werden dann zwar Gruppierungen erkennbar, die aber bei näherer Betrachtung doch wieder stochastische Elemente offenbar werden lassen. Auch wenn die Bremer Stichprobe St. Veit ihre größte Ähnlichkeit in der Serie Haithabu findet, wird die derzeitige Forschungsmeinung der schlechten Trennbarkeit von Germanen und Slawen als Kennzeichen frühmittelalterlichen Materials bestätigt. Die historisch bekannten Zuwanderungen von Holländern und Westfalen kann aufgrund der bisherigen Quellenlage naturwissenschaftlich nicht nachgewiesen werden, so dass die oben revidierte Ansicht Virchows zu einem sächsisch geprägten Bevölkerungsgemisch für die „alten“ Bremer weiterhin Bestand haben mag.

Bei der Betrachtung pathologischer Veränderungen stand nicht das einzelne Individuum im Vordergrund, sondern die Aussagen werden im epidemiologischen Sinne auf die damalige Bevölkerung ausgerichtet. Material- und befundbedingt ist der Auswertungsrahmen eingeschränkt. Neben Frakturen und arthrotischen Veränderungen an den großen Längsknochen wird eine Reihe von Befunden am Schädel – insbesondere am Gebiss – mengenstatistisch ausgewertet und im osteoarchäologischen Sinne verglichen. Die arthrotischen Belastungen der Stichprobe Bremen – St. Veit ähneln denen der Individuen aus dem Schleswiger Dominikanerkloster. Der Anämie-Befund – hier belegt durch Cribra orbitalia – fügt sich unauffällig in den mittelalterlich-europäischen Rahmen ein. Geradezu optimal entspricht die Höhe der Kariesfrequenz dem Mittelwert der gegebenen Zeitstellung (vgl. Abb. 34), während die Kariesintensität etwas ungünstiger ausfällt. Ebenfalls schlechter als bei den Vergleichsserien fällt die Belastung mit parodontotischen Veränderungen aus (vgl. Tab. 13). Insgesamt gesehen entspricht der Gesundheitszustand der vorliegenden Stichprobe der gegebenen Zeitstellung und wir dürften einer ländlich geprägten bis frühstädtischen Bevölkerung gegenüber stehen. – Mit der Betrachtung epigenetischer Merkmale (Diskreta) wird nicht nur für den norddeutschen Raum weiteres Quellenmaterial vorgestellt, sondern es ergeben sich bereits Ansätze für bevölkerungsspezifische Besonderheiten. Mit der vorliegenden Studie wird gezeigt, wie eine nicht nur zeitaufwendige Untersuchung in der Lage ist, kulturgeschichtlich vermeintlich irrelevantem und zudem schlecht geborgenem menschlichen Skelettmaterial wesentliche Erkenntnisse zu entlocken, um so eine Bevölkerung dem Vergessen zu entreißen.

Summary

During an excavation at a contemporary cemetery in Bremen in 1986, the better preserved skeletal remains were recovered from a large amount of convoluted bones. The material was recovered for the first time in the vicinity of the Unser Lieben Frauen (formerly St. Veit's) church in the Bremen city centre, and has been dated by radiocarbon analyses to a period spanning the 9th to the 11th centuries A.D. The skeletal remains are probably linked to an ossuary known from historical sources and were relocated several times in the past centuries. As a consequence, the individual context of all skeletons has been disrupted. Using the skeletal parts which were found most often (skulls and femurs), the number of individuals was assessed to be at least 79, taking the characteristics of age and sex into account. These are distributed among 15 juveniles and 64 adults, with a slightly larger proportion of males. As is often the case with (pre-)historic populations, the age group of the youngest children seems to be underrepresented. Their proportion was calculated using UN model populations, and as a consequence we have used the characteristics of a total of 106.81 individuals when calculating the demographic parameters. Life expectancy at birth was around 31 years, while a 20-year-old individual could expect to live another 27 years. The general living conditions suggested by this are slightly above average compared to contemporary populations. By modern standards, the reconstruction of a living population includes a remarkably high proportion of children and youths (47.4%); this can, however, be put into perspective by comparing this with data from so-called third world countries.

Osteometric data are largely unaffected by the lack of individual contexts. The sample gathered at the Bremen – St. Veit site is then examined in the context of other skeletal finds from Bremen. A similarity to finds at the Domdüne only becomes apparent when the body height is considered. The diachronous changes throw a spotlight on the bodily development of measured sizes in Bremen and sit well with what would be expected of European populations for medieval times. Extrapolations into recent times, for example for body height, appear of interest. Using the ten most frequently observed osteometric skull sizes, the biological status of the males found at Bremen – St. Veit are compared to 39 medieval European populations using a multivariate statistical approach. This does not produce a result that is interpretable from a historical-biological perspective; the number of variables used are reduced and altered in several steps without producing any particular change in the results generated. This is probably due to extrapolations or to a lack of diversity. If the minimum range of analyzed data is ignored, the number of comparative samples can be increased to 73 populations. Although groups become recognizable, they also show the effect of stochastic processes when analyzed in more detail. Despite the fact that the St. Veit sample bears the most resemblance to the Haithabu series, current scientific thinking on the lack of clear distinction between Germanic and Slav peoples as a distinctive characteristic of early medieval material is confirmed. Taking the nature of hitherto known sources into account, the historically documented immigration from Holland and Westphalia cannot be scientifically proved. The result is that Virchow's view, modified above, of a mixed population with Saxon characteristics may still have currency for the "old" Bremen population.

The analysis of pathologic changes did not focus on the individual. Instead, the results are applied to the population of the time in an epidemiological context. The analytical range is constrained by both the material assessed and by the archaeological situation. A range of findings is statistically analyzed, including fractures and arthritic processes seen in the joints of long bones as well as findings seen in the skulls, especially dental remains. The arthritic conditions examined here resemble those observed at the Dominican monastery in Schleswig. The findings of anemia, proved through cribra orbitalia, are compatible with other findings from medieval Europe. The frequency of tooth decay fits especially well into the average for the period (cf. Fig. 34), while the intensity of the tooth decay does not fit quite as well. Also at variance with the comparative series is the incidence of periodontosis (cf. Table 13). Overall, the state of health of the population of Bremen – St. Veit conforms to expectations for the period. The population is assumed to be mainly rural or early urban. The analysis of epigenetic variants (discrete morphological traits) not only presents additional material for Northern Germany but also provides foundations for approaches that show population-specific distinctions. The study presented here shows that research conducted in a way that is not only time- but also resource-intensive can yield significant results from skeletal material that is not only deemed irrelevant from the perspective of cultural history but also poorly excavated. In so doing, the results prevent a population from being forgotten.

(translated by Angus Bagent)

Literatur

ACSADI, G. und J. NEMESKERI (1958): La population de la Transdanubie Nord-Est Xe et XIe siècles. – Annales historico-naturales Musei Nationalis Hungarici 50: 359-415.

ACSÁDI, G. und J. NEMESKÉRI (1970): History of Human Life Span and Mortality. Budapest.

AIELLO, L.C. und T. MOLLESON (1993): Are microscopic ageing techniques more accurate then macroscopic ageing techniques? – Journal of Archaeological Science 20: 689-704.

ALEKSEEVA, T.I. (1974): Anthropological differentiation of Slavs and Germans in the middle ages and some aspects of the ethnic history of East Europe. – W. Bernhard und A. Kandler (Hrsg.): Bevölkerungsbiologie. Beiträge zur Struktur und Dynamik menschlicher Populationen in anthropologischer Sicht: 441-451. Stuttgart.

ALEXANDERSEN, V. (1967): The pathology of the jaws and the temoporomandibular joint. – D. Brothwell und A.T. Sandison (eds.): Diseases in Antiquity. A Survey of the Diseases, Injuries and Surgery of Early Populations: 551-595. Springfield.

ALT, K.W. (1997): Odontologische Verwandtschaftsanalyse. Individuelle Charakteristika der Zähne in ihrer Bedeutung für Anthropologie, Archäologie und Rechtsmedizin. Stuttgart, Jena, Lübeck und Ulm.

ALT, K.W. und W. VACH (2004): Verwandtschaftsanalyse im alemannischen Gräberfeld von Kirchheim/Ries. Basel. Basler Hefte zur Archäologie 3.

ALT, K.W., W. VACH und J. WAHL (1995): Verwandtschaftsanalyse der Skelettreste aus dem bandkeramischen Massengrab von Talheim, Kreis Heilbronn. Applikation mit odontologischen und klassisch-epigenetischen Merkmalen. – Fundberichte aus Baden-Württemberg 20: 195-217.

ANDERSEN, P.L. (1978): Antropologisk undersøgelse af skeletter udgravet pa Faerøerne. København.

ANDRUSHKO, V.A. (2007): The Bioarchaeology of Inca Imperialism in the Heartland: An Analysis of Prehistoric Burials from the Cuzco Region of Peru. Ph.D. diss. Santa Barbara.

ANGEL, J.L. (1974): Patterns of fractures from neolithic to modern times. – Anthropologiai Közlemények 18: 9-18.

ANTONA, A.M., A.I. RODRÍGUEZ und M. CAMPO (1999): Presencia de osteomas craneales en la población hispanomusulmana de San Nicolás (siglos XI-XIII, Murcia). – J.A. Sánchez (ed.): Sistematización metodológica en Paleopatología: 213-220. Jaen. Actas V Congreso Nacional del Asociación Española de Paleopatología.

ARENAL, I. und C. DE LA RUA (1987): Antropología de una población medieval vizcaína, San Juan de Momoitio, Garai. San Sebastián. Antropologia-Etnografia 7.

ASMUS, G. (1938): Reihengräberschädel des karolingischen Gräberfeldes Holle, Kr. Marienberg (Hannover). – Nachrichten aus Niedersachsens Urgeschichte 12: 98-114.

AUFDERHEIDE, A.C. und C. RODRÍGUEZ-MARTÍN (1998): The Cambridge Encyclopedia of Human Paleopathology. Cambridge.

BACH, A. und H. BACH (1980): Zur Anthropologie des Kindes im Neolithikum und im Mittelalter. – Ausgrabungen und Funde 25: 226-239.

BACH, A., CH. DIEZ und G. KLINGER (1980): Physikalisch-chemische Untersuchungen zur Struktur und Zusammensetzung des Zahnsteins ur- und frühgeschichtlicher Bevölkerungen. – Ausgrabungen und Funde 25: 223-226.

BACH, H. (1961): Anthropologische Untersuchungen von Skelettmaterial aus der Michaelis-Kirche zu Jena und Wenigenjena. Beitrag zur anthropologischen Bevölkerungsgeschichte des Thüringer Raumes. Habilschrift. Jena.

BACH, H. und A. BACH (1971): Anthropologische Untersuchungen. – H. Bach und S. Dušek: Slawen in Thüringen. Geschichte, Kultur und Anthropologie im 10.-12. Jahrhundert nach den Ausgrabungen bei Espenfeld: 131-207. Weimar. Veröffentlichungen des Museums für Ur- und Frühgeschichte Thüringens 2.

BACKMAN, G. (1911): Bidrag till kännedomen om de medeltida svenskarnas antropologii. 1.: Kranier och skelett fran S:t Clemens kyrkoruin i Visby. Stockholm. Kungliga Svenska Vetenskapsakademiens Handlingar 47, no.7.

BAKAY, K. und I. KISZELY (1972): Neue Angaben zur Geschichte des Komitates Békès in der Landnahmezeit. (Gräberfelder von Gerendás und Mezókovácsháza.) – Mitteilungen des Archäologischen Instituts Budapest 3: 103-121.

BARKHAUSEN, G. (1864): Bericht über die Ausgrabungen bei Bau der neuen Börse zu Bremen. Mit Erläuterungen und Zusätzen von W.O. Focke. – Bremisches Jahrbuch 1: 12-38.

BARTELINK, E.J. (2001): Elbow Osteoarthritis in the Prehistoric San Francisco Bay: A Bioarchaeological Interpretation of Resource Intensification and the Sexual Division of Labor. M.A. thesis (Chico). Salinas.

BARTUCZ, L. und G. FARKAS (1956): Anthropologische Untersuchungen in Csongrád-Felgyö gefundenen Skelette aus der Arpadenzeit. – Acta Biologica Szeged 2: 235-261.

BAY, R. (1942): Die Gräberfunde aus der reformierten Kirche Liestal. – Tätigkeitsbericht der Naturforschenden Gesellschaft Baselland 12/1939-1941: 69-116.

BELLO, S., M. SIGNOLI, E. RABINO MASSA und O. DUTOUR (2002): Les processus de conservation différentielle du squelette des individus immatures. Implications sur les reconstitutions paléodémographiques. – Bulletins et Mémoires de la Société d'Anthropologie de Paris 14 : 245-262.

BELLO, S., A. THOMANN, E. RABINO MASSA und O. DUTOUR (2003): Quantification de l'état de conservation des collections ostéoarchéologiques et ses champs d'application en anthropologie. – Antropo 5 : 21-37.

BELNIAK, T. (1979): Analiza antropologiczna serii szkieletowej z Czerska koło Warszawy (XII w.). – Materiały i Prace Antropologiczne 97: 81-90.

BERGMANN, P. und G. AUE-HAUSER (1980): Methodische Beiträge zu kraniometrischen Studien einiger frühmittelalterlicher Populationen des oberen Donauraumes. 1.: Die gebräuchlichsten Schädelindizes als Grundlage für Populationsvergleiche. – Anthropologischer Anzeiger 38: 251-264.

BERGMANN, P. und G. AUE-HAUSER (1982): Methodische Beiträge zu kraniometrischen Studien einiger frühmittelalterlicher Populationen des oberen Donauraumes. 2.: Vergleich der frühmittelalterlichen Populationen anhand absoluter Schädelmaße. – Anthropologischer Anzeiger 40: 173-184.

BERRY, A.C. und R.J. BERRY (1967): Epigenetic variation in the human cranium. – Journal of Anatomy 101: 361-379.

BÖLTS, U. (2002): Die Baugeschichte der Liebfrauenkirche. – D. von Reeken (Hrsg.): Unser Lieben Frauen. Die Geschichte der ältesten Kirchengemeinde Bremens von den Anfängen bis zur Gegenwart: 185-259. Bremen.

BOENISCH, G. und A.F. SPERWIEN (1989): Anthropologische Untersuchungen an Skelettfunden aus dem Klostergrabungen zu Harsefeld. – K. Frerichs, D. Ziermann und D. Meyer: Ein Platz im Brennpunkt der Geschichte. – Burg, Stift, Kapellen und Kloster zu Harsefeld. Ergebnisse der archäologischen Untersuchungen in den Jahren 1981-1984 und 1987: 150-181. Stade.

BOLSTON, C., A. BOYLE und A. WITKIN (2005): The human skeletal assemblage. – A. Boyle, C. Boston und A. Witkin: The Archaeological Experience at St Luke's Church Old Street, Islington: 128-277. Oxford. Oxford Archaeology 1.

BOTEZATU, D. und G. ŞTEFĂNESCU (1970): Contribuţii la studiul antropologic al populaţiei feudale timpurii din Moldova din sec. XIII. e.n. – Studii şi Cercetari de Antropologie 7: 13-18.

BOTTYÁN, O.L. (1970): A short anthropological analysis of the family cemetery at Sopron-Présháztelep in the 9th c. A.D. – Anthropologia Hungarica 9: 3-8.

BOTTYÁN, O.L. (1971): A short anthropological analysis of the cemetery at Csorna-Hosszúdomb. – Anthropologia Hungarica 10: 31-48.

BRABANT, H. (1960): Etude de la denture d'une communauté religieuse médiévale soumise à un régime non cariogène. – Journal Dentaire Belge 51: 651-682.

BRABANT, H. (1963): Observations sur la denture en France et en Belgique à l'époque gallo-romaine et au moyen âge. – Bulletin du Groupement International pour la Recherche Scientifique en Stomatologie 6: 169-296.

BRANDES, Ch. (2003): Vergleichende Untersuchungen zur Zahnsteinzusammensetzung rezenter Individuen und Analysen von harten Kongrementen bei frühmittelalterlichen Kindern. Diss. Frankfurt/Main.

BRANDT, K.H. (1992): Zur archäologischen Mittelalterforschung in Bremen. – Bremer Jahrbuch 71: 191-222.

BRIDGES, P.S. (1993): The effect of variation in methodology on the outcome of osteoarthritic studies. – International Journal of Osteoarchaeology 3: 289-295.

BROSSMANN, J., C. CZERNY und J. FREYSCHMIDT (2000): Grenzen des Normalen und Anfänge des Pathologischen in der Radiologie des kindlichen und erwachsenen Skeletts. 14. Auflage. Stuttgart.

BROTHWELL, D.R. (1981): Digging up Bones. The excavation, treatment and study of human skeletal remains. Ithaca/New York. 3rd edition.

BROTHWELL, D.R. (1987): The problem of the interpretation of child mortality in earlier populations. – Antropologia Portuguesa 4-5/1986-1987: 135-143.

BÜCHI, E.C. (1946): Die Skelettfunde aus der Wasserkirche in Zürich. 12. Jahrhundert. – Bulletin der Schweizerischen Gesellschaft für Anthropologie und Ethnologie 22: 62-89.

BÜCHI, E.C. (1950): Mittelalterliche Skelette vom Lindenhof Zürich. – Bulletin der Schweizerischen Gesellschaft für Anthropologie und Ethnologie 26/1949-50: 77-97.

CAPASSO, L. (1997): Osteoma: Palaeopathology and phylogeny. – International Journal of Osteoarchaeology 7: 615-620.

CAPASSO, L. und G. DI TOTA (1993): Atomic absorption studies on ancient human dental calculi from an Iron Age population in central Italy (Sulmona, Abruzzo, ca IIIrd century B.C.). – Anthropologie 30/1992: 205-208.

CASELITZ, P (1980): Vorbericht über die Grabung im Kloster Frenswegen, Ldkr. Grafschaft Bentheim, im Jahre 1979. – Archäologische Mitteilungen aus Nordwestdeutschland 3: 1-8.

CASELITZ, P. (1981): Osteoarchäologie oder Anthropologische Archäologie. - Reflektionen zu einem Forschungsansatz. – Archaeologia Atlantica 3/1980: 111-123.

CASELITZ, P. (1981a): Überlegungen zur Sexualrelation hoch- und spätmittelalterlicher Populationen am Beispiel der Bevölkerungsstichprobe aus dem Zisterzienserkloster zu Hude. – Archäologische Mitteilungen aus Nordwestdeutschland 4: 75-92.

CASELITZ, P. (1981b): Die Ergebnisse der anthropologischen Untersuchung der Leichenbrände eines Gräberfeldes der vorrömischen Eisenzeit auf Gemarkung Krummese, Hansestadt Lübeck. – Lübecker Schriften zur Archäologie und Kulturgeschichte 5: 61-80.

CASELITZ, P. (1981c): Der Gesundheitszustand der Einwohner der spätmittelalterlichen und neuzeitlichen Stadt Stade. Teil 1: Stomatologische Untersuchungen. – Stader Jahrbuch 1981: 18-38.

CASELITZ, P. (1982): Anthropologisch-osteologische Untersuchungen an Skelettmaterial aus dem Weser-Ems-Gebiet. – Archäologische Mitteilungen aus Nordwestdeutschland 5: 55-68.

CASELITZ, P. (1983): Die menschlichen Skelettreste vom St.-Remberti-Kirchhof zu Bremen und ihre Stellung innerhalb neuzeitlicher Populationen. – Archäologische Mitteilungen aus Nordwestdeutschland 6: 51-78.

CASELITZ, P. (1983a): Die menschlichen Skelettreste aus dem Dominikanerkloster zu Schleswig. – Ausgrabungen in Schleswig. Berichte und Studien 1: 112-216.

CASELITZ, P. (1983b): Die frühmittelalterlichen Skelettgräber vom Schölerberg in Osnabrück. Die Ergebnisse der anthropologischen Bearbeitung. – Nachrichten aus Niedersachsens Urgeschichte 51/1982:127-169.

CASELITZ, P. (1984): Zur Osteoarchäologie eines neuzeitlichen Bestattungsplatzes auf dem Kirchenhügel St. Wilhadi zu Bardowick, Kr. Lüneburg. Teil 1: Demographie. – W. Hübener (Hrsg.): Archäologische Untersuchungen in Bardowick, Kr. Lüneburg, 1979 – 1982: 129-244. Hamburg. Hamburger Beiträge zur Archäologie 10/1983.

CASELITZ, P. (1984a): Die neuzeitlichen Skelettreste aus der Kreuzkirche zu Hamburg-Kirchdorf. – Die Heimat 91: 95-111.

CASELITZ, P. (1985): Zahnerkrankungen bei einer mittelalterlich-neuzeitlichen Bevölkerungsstichprobe aus der Wesermarsch. – Archäologische Mitteilungen aus Nordwestdeutschland 8: 53-66.

CASELITZ, P. (1986): Ernährungsmöglichkeiten und Ernährungsgewohnheiten prähistorischer Bevölkerungen. Oxford. British Archaeological Reports, International Series 314.

CASELITZ, P. (1988): Zur Klassifikation der prädynastischen Keramik von Heliopolis/Unterägypten. – Studien zur Altägyptischen Kultur 15: 27-52.

CASELITZ, P. (1989): A new approach on the classification of Egyptian ceramics. – Discussions in Egyptology 14: 19-27

CASELITZ, P. (1991): Die bevölkerungsbiologische Stellung des Wendlandes während des letzten Jahrtausends. – W. Jürries (Hrsg.): Beiträge zur Archäologie und Geschichte Nordostniedersachsens. Festschrift für Bernd Wachter: 51-62. Uelzen. Schriftenreihe des Heimatkundlichen Arbeitskreises Lüchow-Dannenberg 8.

CASELITZ, P. (1998): Caries - ancient plague of humankind. – K.W. Alt, F.W. Rösing und M. Teschler-Nicola (eds.): Dental Anthropology. Fundamentals, Limits, and Prospects: 203-226. Wien und New York.

CASELITZ, P. (2002): Kinder – und nichts wie Kinder. Zur Alterszusammensetzung eisenzeitlicher Bevölkerungen des Weser-Elbe-Dreiecks. – U. Masemann (Hrsg.): Forschungen zur Archäologie und Geschichte in Norddeutschland. Festschrift für Wolf-Dieter Tempel: 117-128. Rotenburg.

CASELITZ, P. (2005): Die Menschen von Issendorf. Rekonstruktion einer altsächsischen Gemeinschaft. Studien zur Sachsenforschung 9,6. Oldenburg.

CASELITZ, P. und W. LEHNE (1999): Die Segenshauskapelle mit der Gruft der Familie von Dassel in der St. Johanniskirche zu Lüneburg. Bericht über die bauhistorische und osteoarchäologische Untersuchung. – Archäologie und Bauforschung in Lüneburg 4: 13-56.

CASELITZ, P. und R.B. MICHL (1988): Zur formalen Klassifikation von Gefäßen. Eine Studie zur Gruppierungstechnik am Beispiel des eisenzeitlichen Urnengräberfeldes von Wetzen, Kr. Harburg. – Zeitschrift für Archäologie 22: 37-63.

ČECHOVA, L. (1998): Dental Caries in the Period from the Bronze Age up to the Modern Times in Bohemia. Praha. Acta Universitati Carolinae, Medica Monographia 145.

CERNÝ, M. (1959): Die Körperhöhe der historischen Einwohner aus Hrádek (Erdberg), Bez. Mikulov (Nikolsburg). – Acta Facultatis Rerum Naturalium Universitatis Comenianae, Anthropologie III/5-8: 215-236.

ČESNYS, G. (1982): Side difference of non-metric cranial traits in the 1st – 2nd millenia A.D. Lithuanian materials. – Homo 33: 201-210.

CHARLIER, Ch. (1979): Der mittelalterliche Nikolaifriedhof von Schleswig. Anthropologische Untersuchung. Diss. Kiel.

CHARZEWSKA (1963): Opis szczatków kostnych z cmentarzyska wczesnośredniowiecznego w Gorysławicach, powiat Busko. – J. Charzewska, I. Górska, L. Graba-Łęcka-Paderewska und W. Szymanski: Badania archeologiczne w okolicy wiślicy: 199-211. Warszawa. Rozprawy 2 (Zespołu Badań nad Polskim Średniowieczem Uniwersytetu Warszawskiego i Politechniki Warszawskiej).

CHOCHOL, J. (1953): Slovanské kostry ze Staré Kouřime. Předběžný anthropologický posudek. – Památky Archeologické 44: 363-368.

CLARKE, N.G., S.E. CAREY, W. SRIKANDI, R.S. HIRSCH und P.I. LEPPARD (1986): Periodontal disease in ancient populations. – American Journal of Physical Anthropology 71: 173-183.

COCKBURN, A., H. DUNCAN und J.M. RIDDLE (1997): Arthritis, ancient and modern: Guidelines for field workers. – Henry Ford Hospital Medical Journal 27: 74-79.

COOPRIDER, K.B., R.M. RUBISON und M. FINNEGAN (1980): Racial classification based on non-metric skeletal traits. – Homo 31: 1-21.

CREEL, N. (1968): Die Anwendung statistischer Methoden in der Anthropologie. Beitrag zur Erklärung der Entwicklungsprozesse europäischer Populationen. Diss. Tübingen.

CUENI, A. (1998): Die Gebeine aus den karolingerzeitlichen Gräbern der Pfarrkirche von Küssnacht SZ. (Grabung 1963). – Bulletin der Schweizerischen Gesellschaft für Anthropologie 4: 23-31.

CZARNETZKI, A. (1971): Epigenetische Skelettmerkmale im Populationsvergleich. 1.: Rechts-links-Unterschiede bilateral angelegter Merkmale. – Zeitschrift für Morphologie und Anthropologie 63: 238-254.

CZARNETZKI, A. (1972): Epigenetische Skelettmerkmale im Populationsvergleich. 3.: Zur Frage der Korrelation zwischen der Größe des epigenetischen Abstandes und dem Grad der Allopatrie. – Zeitschrift für Morphologie und Anthropologie 64: 145-158.

DALE, J.M. (1994): Cribra orbitalia, Nutrition and Pathogenic Stress in Prehistoric Skeletal Remains from the Pender Island Canal Sites (DeRt 1, DeRt 2), British Colombia, Canada. M.A. thesis. Burnaby.

DĄMBSKI, J. (1955): Crania et alia ossa Polonica. - Wczesnośredniowieczne cmentarzysko w Końskich. Wrocław. Materiały i Prace Antropologiczne 3.

DAWES, J.D. und J.R. MAGILTON (1980): The Cemetery of St. Helen-on-the-Walls, Aldwark. London. The Archaeology of York 12/1.

DEBONO, L., B. MAFART, E. JEUSEL und G. GUIPERT (2004): Is the incidence of elbow osteoarthritis underestimated? Insights from paleopathology. – Joint Bone Spine 71: 397-400.

DIEZ, Ch. (1981): Physikalisch-chemische Untersuchungen zur Struktur und Zusammensetzung des Zahnsteins ur- und frühgeschichtlicher Bevölkerungen aus dem Neolithikum und dem Mittelalter des Mittelelbe-Saale-Gebietes. Med. Diss. Jena.

DONAT, P. und H. ULLRICH (1971): Einwohnerzahlen und Siedlungsgrößen der Merowingerzeit. – Zeitschrift für Archäologie 5: 234-265.

DRENHAUS, U. (1976): Eine Methode zur Rekonstruktion und Beschreibung von nicht-rezenten Populationen in demographischer Sicht. – Zeitschrift für Morphologie und Anthropologie 67: 215-230.

EHLERT, A. (1996): Degenerative Gelenksveränderungen an den menschlichen Skelettfunden aus dem alemannischen Gräberfeld von Kirchheim unter Teck. Diss. Ulm.

EICHHORN, G. (1906): Die vor- und frühgeschichtlichen Funde der Grafschaft Camburg. Jena.

EL-NAJJAR, M.Y., D.J. RYAN, C.G. TURNER und B. LOZOFF (1976): The etiology of porotic hyperostosis among the prehistoric and historic Anasazi Indians of Southwestern United States. – American Journal of Physical Anthropology 44: 477-487.

ELLMANN, W. (1967): Untersuchungen über Karieshäufigkeit, Zahnabrieb, Zahnbetterkrankungen und Zahnverlust an Kieler Skelettfunden aus der Zeit von 1350 bis 1571. Diss. Kiel.

ÉRY, K.K. (1970): The skeletal remains of a tenth century population at Dunaalmás, Hungary. – Annales historico-naturales Musei Nationalis Hungarici 62: 405-412.

ESHED, V., B. LATIMER, C.M. GREENWALD, L.M. JELLEMA, B.M. ROTHSCHILD, S. WISH-BARATZ und I. HERSHKOVITZ (2002): Button osteoma: Its etiology and pathophysiology. – American Journal of Physical Anthropology 118: 217-230.

EXNER, St., G. BOGUSCH und R. SOKIRANSKI (2004): Cribra orbitalia visualized in computed tomography. – Anatomischer Anzeiger 186: 169-172.

FABER, A., H. HORNIG, B. JUNGKLAUS und C. NIEMITZ (2003): Age structure and selected pathological aspects of a series of skeletons of late medieval Bernau (Brandenburg, Germany). – Anthropologischer Anzeiger 61: 189-202.

FANCONI, G. und A. SENTI (1937): Säuglingssterblichkeit in Zürich. – Statistisches Amt der Stadt Zürich (Hrsg.): Sterblichkeit der Stadt Zürich 1893 – 1933: 157-206. Zürich. Statistik der Stadt Zürich 45.

FEREMBACH, D., I. SCHWIDETZKY und M. STLOUKAL (1979): Empfehlungen für die Alters- und Geschlechtsdiagnose am Skelett. – Homo 30/2: 1-32.

FICKERT (1876): Eine bekannte Ursache der Sterblichkeit der Kinder unter einem Jahr statistisch behandelt. - Vierteljahresschrift für gerichtliche Medicin und öffentliches Sanitätswesen N.F. 24: 356-359.

FINKE, L., U. DEHMEL, K. KLINKHARDT und S. NÖTHER (1997): Epigenetische Merkmale bei Bevölkerungsgruppen des frühen Mittelalters aus dem Mittelelbe-Saale-Gebiet. – G. De Boe und F. Verhaeghe (eds.): Death and Burial in Medieval Europe. Papers of the "Medieval Europe Brugge 1997" Conference, vol. 2: 85-91. Zellik. Instituut voor het Archeologisch Patrimonium Rapporten 2.

FISCHER, A.-C. (2004): Pathologische Knochenveränderungen an den menschlichen Skelettfunden aus dem merowingerzeitlichen Reihengräberfeld von Waging am See, Landkreis Traunstein. Diss. München.

FORNACIARI, G. (1980): Considerazioni antropologiche sugli inumati del "chiostro piccolo" di Santa Maria dell' Impruneta (Firenze). – Quaderni di Scienze Antropologiche 4: 78-93.

FORNACIARI, G., F. MALLEGNI, D. BERTINI und V. NUTI (1983): Cribra orbitalia, and elemental bone iron, in the Punics of Carthage. – Ossa 8/1981: 63-77.

FÜRST, C.M. (1905): Skelettfynd i jämtländksa grafvar fran den yngre järnaldern. – Ymer 25: 372-401.

FULTON, B.A., C.E. MELOAN und M. FINNEGAN (1986): Reassembling scattered and mixed human bones by traces element ratios. – Journal of Forensic Sciences 31: 1455-1462.

GALERA, V. (1989): La población medieval Cántabra de Santa Maria de Hito. Aspectos paleobiodemograficos, morfologicos, paleopatologicos, paleoepidemiologicos y de etnogenesis. Madrid. Tesis Doctoral, Universidad de Alcala.

GARCIA, S. (2007): Conservação diferencial dos esqueletos humanos da série medieval de S. Martinho (Leiria): implicações para a paleodemografia e para a paleopatologia. – Antropologia Portuguesa 22/23 - 2005/2006: 273-294.

GÁSPÁR, J. (1928): Schädel aus der Zeit der Landnahme Ungarns. – Mitteilungen der Anthropologischen Gesellschaft in Wien 58: 129-140.

GEBÜHR, M. (1975): Versuch einer statistischen Auswertung von Grabfunden der römischen Kaiserzeit am Beispiel der Gräberfelder von Hamfelde und Kemnitz. Vergleich von anthropologischer Bestimmung und archäologischem Befund. – Zeitschrift für Ostforschung 24: 433-456.

GEHRMANN, R. (1986): Zielsetzungen und Methoden bei der historisch-demographischen Auswertung von Berlin-Brandenburgischem Kirchenbuchmaterial. Das Beispiel St. Nikolai (Spandau). – W. Ribbe (Hrsg.): Berlin-Forschungen 1: 265-295. Berlin. Einzelveröffentlichungen der Historischen Kommission zu Berlin (West) Band 54. (Zugleich: Publikationen der Sektion für die Geschichte Berlins 3).

GEHRMANN, R. (1994): Urbane Mortalitätsmuster 1720-1914 am Beispiel Berlin-Spandaus und Hamburg-Altonas. – H.-G. Haupt und P. Marschalck (Hrsg.): Städtische Bevölkerungsentwicklung in Deutschland im 19. Jahrhundert. Soziale und demographische Aspekte der Urbanisierung im internationalen Vergleich: 229-257. St. Katharinen

GEJVALL, N.-G. (1960): Westerhus. Medieval population and church in the light of skeletal remains. Lund.

GERHARDT, K. (1938): Zur Frage Brachykephalie und Schädelform. – Zeitschrift für Morphologie und Anthropologie 37: 277-489.

GEYER, E. (1931): Skelette aus einem frühmittelalterlichen Gräberfeld bei Pottschach. – Verhandlungen der Gesellschaft für Physische Anthropologie: 90-96.

GEYER. E. und I. PRESTOS (1941): Frühgeschichtliche Schädel aus Katzeldorf, Wr.-Neustadt. – Mitteilungen der Anthropologischen Gesellschaft in Wien 71: 284-301.

GIESELER, W. (1927): Messtechnik der langen Gliedmaßenknochen der Anthropoiden. – Abderhalden's Handbuch der biologischen Arbeitsmethoden Abt. 7: 635. Berlin und Wien.

GILDEMEISTER, J. (1879): Ein Beitrag zur Kenntnis nordwestdeutscher Schädelformen. – Archiv für Anthropologie 11: 25-63.

GLEBA, G. (2002): Die Gemeinde Unser Lieben Frauen im Mittelalter. – D. von Reeken (Hrsg.): Unser Lieben Frauen. Die Geschichte der ältesten Kirchengemeinde Bremens von den Anfängen bis zur Gegenwart: 11-31. Bremen.

GLESER, R. (1995): Die Epi-Rössener Gruppen in Südwestdeutschland. Untersuchungen zur Chronologie, stilistischen Entwicklung und kulturellen Einordnung. Bonn. Saarbrücker Beiträge zur Altertumskunde 61.

GOMMEL, M. (1993): Bevölkerungsbiologie einer historischen Gruppe: Der Nikolaifriedhof zu Berlin. Diplomarbeit. Ulm.

GONZALEZ RUIZ, A. (1979): Paleopatologia y variabilidad en una población medieval de la Meseta Castellana (Sepúlveda, Segovia). Tesis de Licenciatura. Madrid.

GORCZYCA, K. und K. OLINSKA (1989): Cmentarzyska wczesnośredniowieczne w Bilczewie i Ruminie, woj. koninskie. – Zeszyty Muzealne (Muzeum Okregowe w Koninie) 1: 49-68.

GRIMM, H. Und W. OEHMISCH (1956): Statistische Bemerkungen zur Karieshäufigkeit in vorgeschichtlicher und geschichtlicher Zeit. – Deutsche Zahn-, Mund- und Kieferheilkunde 23: 283-291.

GREEN, R.F., J.M. SUCHEY und D.V. GOKHALE (1979): The statistical treatment of correlated bilateral traits in the analysis of cranial material. – American Journal of Physical Anthropology 50: 629-634.

GRONKIEWICZ, St., B. KWIATKOWSKI und A. MESS (1993): Analiza antropologiczna materiału kostnego. – Silesia Antiqua 35: 355-363.

GROßSCHMIDT, K. (1990): Paläopathologische Untersuchungen an den menschlichen Skeletten des awarenzeitlichen Gräberfeldes Csokergasse in Wien-Simmering. Schmelzhypoplasien, Cribrosierungen und Harris'sche Linien als Streßindikatoren. Diss. Wien.

GRUNDBERG, L. und B. HÅRDING (2003): Arkeologisk undersökning av en medeltida begravningsplats och boplats fran järnaldern, raä 23 och 97 Torsakers socken, Ångermanland. Del 1: Undersökningen av den medeltida begravningsplatsen. o.O. Länsmuseet Västernorrland, Rapport 2003: 4.

HÄGERMANN, D. (1985): Buten und Binnen im 11. Jahrhundert. Welt und Umwelt bei Bremens erstem Geschichtsschreiber Magister Adam. – Bremisches Jahrbuch 63: 15-31.

HÄGERMANN, D. (1990): 1100 Jahre Münze, Markt und Zoll in Bremen. Anmerkungen zu Wirtschaft und Verkehr im Frühmittelalter. – Bremisches Jahrbuch 69: 21-44.

HANÁKOVÁ, H., F. GABRIEL und L. VYHNÁNEK (1986): Slavonic burial ground in Litomerice, Plesivecka street. – Sborník Národního Muzea v Praze, Rada B, vol. 42: 73-98.

HANÁKOVÁ, H. und V. HUML (1982): Kostrové pozůstatky z kostela sv. Klimenta na Novém Městě Pražském. – Časopis Národního Muzea, řada přírodovědná 151: 21-32.

HANÁKOVÁ, H., P. RADOMĚRSKÝ und L. VYHNÁNEK (1982): Slovanské pohřebište v Louňovcích pod Blaníkem. – Časopis Národního Muzea, řada přírodovědná 151: 169-184.

HANÁKOVÁ, H., C. STANA und M. STLOUKAL (1986): Velkomoravské pohřebiště v Rajhradě. Praha.

HANÁKOVÁ, H und M. STLOUKAL (1984): Pohřebiště kolem bývalého kostela svatého Benedikt v Praze. Praha.

HANÁKOVÁ, H und M. STLOUKAL (1986): Slovanské kostry z pohřebiště ve Šlapanicích u Brna. – Časopis Národního Muzea, řada přírodovědná 155: 54-61.

HANÁKOVÁ, H., A. SEKÁČOVÁ und M. STLOUKAL (1984): Pohřebiště v Ducovém. Praha.

HAUSER, G. und G.F. DESTEFANO (1989): Epigenetic Variants of the Human Skull. Stuttgart.

HEINE, H.-W. (1994): Burgen um 1000. Burgen und Wehrbau zur Zeit des Bischofs Bernward von Hildesheim (993-1022). – Die Kunde NF 45: 121-155.

HEINRICH, W., K. GROSSSCHMIDT, A. VIENNA, A.P. DAPONTE und G. HAUSER (2001): Laterality variation in a hyperostotic trait in a skeletal material from a medieval charnelhouse in Eggenburg, Lower Austria. – Archaeologia Austriaca 84-85: 213-220.

HELMUTH, H. (1977): Anthropologische Untersuchungen an menschlichen Skelettresten der frühmittelalterlichen Siedlung Haithabu (Ausgrabungen 1966-1969). – Berichte über die Ausgrabungen in Haithabu 11: 9-56.

HENGEN, O.P. (1971): Cribra orbitalia: pathogenesis and probable etiology. – Homo 22: 57-76.

HENKE, W. (1983): Anthropologisch-osteologische Untersuchung der menschlichen Gebeine aus der ev.-luth. Kirche in Werther. – Westfalen: 61: 189-209

HENKE, W. (1985): Anthropologische Untersuchung der menschlichen Skelettreste. Stuttgart. Ausgrabungen im St.-Petri-Dom zu Bremen 1.

HENKE, W. (1986): Anthropologische Untersuchungen an den früh- und hochmittelalterlichen Skelettresten. – U. Lobbedey: Die Ausgrabungen im Dom zu Paderborn 1978/80 und 1983: 208-302. Bonn. Denkmalpflege und Forschung in Westfalen 11.

HENCKEL, K.O. (1939): Über Skelettreste aus dem Reihengräberfeld vom Riegeranger in Giesing. – Zeitschrift Anatomie und Entwicklungsgeschichte 100: 212-221.

HERRMANN, B. (1989): Anthropologische Untersuchungen an Skelettmaterial der Burgwallbevölkerung. – A. von Müller und K. von Müller-Muči: Funde und naturwissenschaftliche Untersuchungen auf dem Burgwall in Berlin-Spandau: 175-197. Berlin. Berliner Beiträge zur Vor- und Frühgeschichte NF 6. (Zugleich: Archäologisch-historische Forschungen in Spandau 3.)

HJORTSÖ, C.H. und T. KRAKAU (1944): Antropologiska data beträffande befolkningen i Lund under 1000-, 1100- och 1200-talen. Lund und Leipzig. Lunds Universitets Ärsskrift NF Avd 2, Bd. 40.

HOLCK, P. (1970): Ein Bericht über die Untersuchung der ausgegrabenen Skelette aus der Kirche auf Maere. Oslo. Norske Videnskaps-Akademi i Oslo, 1. mat.-naturv. Klasse ny serie, Skrifter 28.

HOLLACK, B. und M. KUNTER (1998): Anthropologische Untersuchung der menschlichen Skelettreste. – M. Roehmer: Burg Friedestrom in Zons. Mittelalterliche Keramik und Baubefunde einer rheinischen Zollfestung: 181-231. Köln und Bonn. Rheinische Ausgrabungen 42.

HOOTON, E.A. (1930): Indians of Pecos Pueblo. A Study of Their Skeletal Remains. New Haven.

HOWE, W.L. und P.A. PARSONS (1967): Morphogenetic homeostasis in man. – Acta Genetica Statistica Medica 18: 341-348.

HOWELLS, W.W. (1941): The early Christian Irish: the skeletons at Gallen Priory. – Proceedings of the Royal Irish Academy 46/1940-1941, section C: 103-219.

HRDINA, A. und H. HRDINA (1984): Anthropologisch-metrische Bearbeitung und Pathologie der Schädel der Erwachsenen der mittelalterlichen Bevölkerung von Rohnstedt (Kreis Sondershausen). Diss. Jena.

HRDLIČKA, A. (1923): Incidence of the supracondyloid process in whites and other races. – American Journal of Physical Anthropology 6: 405-412.

HUG, E. (1940): Die Schädel der frühmittelalterlichen Gräber aus dem solothurnischen Aaregebiet in ihrer Stellung zur Reihengräberbevölkerung Mitteleuropas. Ein Beitrag zum Problem der europäischen Brachykephalie. – Zeitschrift für Morphologie und Anthropologie 38: 359-528.

HUG, E. (1974): Anthropologische Begutachtung der Gräberfunde in der Pfarrkirche von Schwyz. – Mitteilungen des Historischen Vereins des Kantons Schwyz 66: 95-138.

IMHOF, A.E. (1981): Unterschiedliche Säuglingssterblichkeit in Deutschland, 18. bis 20. Jahrhundert. - Warum? – Zeitschrift für Bevölkerungswissenschaft 7: 343-382.

ISAGER, K. (1938): Zahnkaries und Zahnverlust an 374 Kranien aus dem dänischen Mittelalter. – Tandlaegebladet 42: 787-804.

JAKAB, J. (1977): Antropologický rozbor kostrových zvyškov z včasnostredovekého pohrebiska v Nových Zámkoch. – Slovenská Archeológia 25: 161-218.

JAKAB, J. (1981): Príspevok k antropológii pohrebiska z 10. storočia v Galante. – Časopis Národního Muzea, řada přírodovědná 149/1980: 145-150.

JAKAB, J. (1983): Antropologický rozbor slovanského pohrebiska v Závade. – Slovenská Archeológia 31: 173-198.

JAKAB, J., A. RUTTKAY und M. STLOUKAL (1980): Prikostolné pohrebisko veľkomoravského veľmožského Dvaorca v Ducovem. – Časopis Národního Muzea, řada přírodovědná 148/1979: 119-140.

JORDANA, X. und A. MALGOSA (2004): Variabilité morphométrique des populations historiques de la Péninsule Ibérique. – Antropo 7: 187-194.

JUNGWIRTH, J. (1962): Frühgeschichtliche Skelette aus Eggendorf am Wagram, Niederösterreich. – Annalen des Naturhistorischen Museums Wien 65/1961: 313-325.

JUNGWIRTH, J. (1967): Ein mittelalterliches Skelett aus dem Stift Heiligenkreuz in Niederösterreich. – Annalen des Naturhistorischen Museums Wien 70/1966: 497-503.

JURMAIN, R.D. (1977): Stress and the etiology of osteoarthritis. – American Journal of Physical Anthropology 46: 353-365

KACZANOWSKI, K. (1977): Monografia antropologiczna wczesnośredniowiecznego cmentarzyska w Krakowie-Zakrzówku. – Materiały archeologiczne 17: 171-193.

KALISZEWSKA, M.D. (1967): Wyniki badań antropologicznych z grobów wczesnośredniowiecznego cmentarzyska w Premyślu na Wzgórzu Zamkowym. – Rocznik Przemyski 11: 65-71.

KALK, L. (1991): Die Arthrose der großen Extremitätengelenke bei der hoch- und spätmittelalterlichen Population von Drudewenshausen (Südniedersachsen) und der spätmittelalterlich-frühneuzeitlichen Population von Kirchberg (Nordhessen). Diss. Göttingen.

KAPICA, Z. (1959): Analiza antropologiczna materiałów kraniologicznych. – A. Nadolski, A. Abramowicz und T. Poklewski: Cmentarzysko z XI wieku w Lutomiersku pod Łodzia: 101-109. Łódź. Łódźkie Towarzystwo Naukowe, Sectio II, Nr. 25: Acta Archaeologica Universitatis Lodziensis 7.

KASZYCKA, K. (1989): Materiał szkieletowy z katedry gnieźnieźskiej (X/XI - XVII wiek). – Przegląd Antropologiczne 53: 137-148.

KAUFMANN, B. (1981): Die anthropologische Bestimmung der Bestattungen I - XV. – A. Lippert: Ausgrabungen in der Stiftskirche St. Peter in Seekirchen, Salzburg: 300-303. – Archäologia Austriaca 65: 281-306.

KEEN, J.A. (1950): A study on the sex differences between male and female skulls. – American Journal of Physical Anthropology NS 8: 65-79.

KEIL, B. (1971): Die menschlichen Skelettreste der Wüstung Hausen. – W. Küther: Die Wüstung Hausen:113-129. Gießen. Mitteilungen des Oberhessischen Geschichtsvereins 56.

KEMKES-GROTTENTHALER, A. (1997): Das Frauendefizit prähistorischer Skelettserien. Ein methodisches oder ein soziokulturelles Phänomen? – Anthropologischer Anzeiger 55: 265-280.

KJELLSTRÖM, A., ST. TESCH und A. WIKSTRÖM (2005): Inhabitans of a sacred townscape: An archaeological and osteological analysis of skeletal remains from late Viking Age and Medieval Sigtuna, Sweden. – Acta Archaeologica 76: 87-110.

KLOIBER, Ä. (1976): Die Menschenskelette aus den Grabungen auf dem Georgenberg. – H. Vetters: Tutatio. Die Ausgrabungen auf dem Georgenberg und Micheldorf: 95 - 134. Wien. Der Römische Limes in Österreich 28.

KLUG, S. (1988): Cipulic-Bugojno. Ein Beitrag zur Anthropologie mittelalterlicher Südslawen. – Homo 38/1987: 16-33.

KNORRE, G. von (1930): Kraniologische Untersuchungen an Schädeln aus Skelettgräberns Lettgallens. – Zeitschrift für Morphologie und Anthropologie 28: 256-312.

KNUSSMANN, R. (1980): Vergleichende Biologie des Menschen. Lehrbuch der Anthropologie und Humangenetik. Stuttgart und New York.

KÖLBL, St. (2004): Das Kinderdefizit im frühen Mittelalter - Realität oder Hypothese? - Zur Deutung demographischer Strukturen in Gräberfeldern. Diss. Tübingen.

KÖSTER, S (1999): Archäometrische Studien an Zahnstein einer mittelalterlichen Bevölkerung. Med. Diss. Freiburg.

KOHL, J.G. (1872): Über die Herkunft der Bevölkerung der Stadt Bremen. – Zeitschrift für Deutsche Kulturgeschichte NF 1: 37-76.

KOMLOS, J. (1998): Shrinking in a growing economy? The mystery of physical stature during the industrial revolution. – Journal of Economic History 58: 779-802.

KONDOVA, N. und S. CHOLAKOV (1994): Brachycephalization in Bulgaria. – Homo 45: 63-73.

KOFF, C. (2004): Die Knochenfrau. Meine Arbeit in den Massengräbern für das UN-Kriegsverbrechertribunal. München.

KOZAK, J. (1996): Wcześnosredniowieczne cmentarzysko szkieletowe w Sowinkach (gm. Mosina, woj. poznańskie): analiza antropologiczna i paleodemograficzna. – Przegląd Antropologiczne 59: 91-96.

KOZIKOWSKA, J. (1960): Szczątki kostne z cmentarzyska szkieletowego z Góry, pow. Turek (XI w.). – Fontes Archaeologici Posnanienses 11: 194-199.

KRIESEL, G. (1998): Differences of the reconstructed stature in an early medieval population depending on Pearson's regression equations. – Anthropologischer Anzeiger 56: 69-79.

KROGH, CH. VON (1938): Sächsische Reihengräberfunde in Mahndorf bei Bremen. – Forschungen und Fortschritte 15: 366-367.

KROGH, CH. VON (1940): Die Skelettfunde des Bremer Gebietes und ihre Bedeutung für die Rassengeschichte Nordwestdeutschlands. Bremen. Abhandlungen und Vorträge der Bremer Wissenschaftlichen Gesellschaft 13, Heft 3.

KROGH, CH. VON (1953): Die anthropologischen Aussagen des Reihengräberfeldes von Mahndorf. – E. Grohne: Mahndorf. Frühgeschichte des Bremer Raumes: 294-295. Bremen.

KUNTER, M. (1981): Frakturen und Verletzungen des vor- und frühgeschichtlichen Menschen. – Archäologie und Naturwissenschaften 2: 221-246.

KURTH, G. (1963): Der Wanderungsbegriff in der Prähistorie und Kulturgeschichte unter paläodemographischen und bevölkerungsbiologischen Gesichtspunkten mit besonderer Berücksichtigung von Nahostbefunden und –serien: Jericho/Tell es Sultan, Byblos, Khirokitia, Eridu. – Alt-Thüringen 6: 1-21.

LAHR, M.M. und J.E. BOWMAN (1992): Palaeopathology of the Kechipawan site: health and disease in a south-western pueblo. – Journal of Archaeological Science 19: 639-654.

LALUEZA FOX, C., A. GONZÁLEZ MARTÍN und S.VIVES CIVIT (1996): Cranial variation in the Iberian Peninsula and the Balearic Islands: Inferences about the history of population. – American Journal of Physical Anthropology 99: 413-428.

LAVIGNE, S.E. und J.E. MOLTO (1995): System of measurement of the severity of periodontal disease in past populations. – International Journal of Osteoarchaeology 5: 265-273.

LEE, P., P.J. ROONEY, R.D. STORROCK, A.C. KENNEDY und W.C. DICK (1974): The etiology and pathogenesis of osteoarthritis: a review. – Seminars in Arthritis and Rheumatism 3: 189-218.

LIEBERT, H. (1969): Pathologische Wirbelsäulen- und Gelenkbefunde an Skeletten aus dem 11. - 12. Jahrhundert u.Z. unter besonderer Berücksichtigung der degenerativen Gelenkflächen. Diss. Jena.

LIEVERSE, A.R. (1999): Diet and the aetiology of dental calculus. – International Journal of Osteoarchaeology 9: 219-232

LINDEGARD, B. und F. LÖFGREN (1949): Anthropologische Untersuchung eines in Lund gefundenen Skelettes aus dem 11. Jahrhundert. – Kungliga Fysiografiska Sällskapets i Lund Förhhandlingar 19, nr. 5: 70-81.

LIPTAK, P. (1957): Awaren und Magyaren im Donau-Theiss Zwischenstromgebiet. Zur Anthropologie des 7. - 13. Jahrhunderts. – Acta Archaeologica Hungarica 8: 199-268.

LITTLE, K.L. (1943): A study of a series of human skulls from Castle Hill, Scarborough. – Biometrika 33: 25-35.

LORENCOVÁ, A. (1969): Anthropologische Bearbeitung des Skelettmaterials. – B. Dostál und A. Lorencová: Grabstätte in Znojmo-Hradiště: 15-80. Brno. Folia Facultatis Scientarum Naturalium Universitatis Purkynianae Brunensism, svazek X, biol. 21,2.

LORENZEN, M. (2007): Chancen und Perspektiven für Archäologen auf dem Arbeitsmarkt. Überlegungen und Befragungen zur Beschäftigungssituation von Absolventen des Studienfaches Ur- und Frühgeschichte. – St. Burmeister, H. Derks und J. von Richthofen (Hrsg.): Zweiundvierzig. Festschrift für Michael Gebühr zum 65. Geburtstag: 361-375. Rahden. Internationale Archäologie 25

ŁUCZAK, B. (1992): Analiza antropologiczna szczątków kostnych z cmentarzyska wczesnośredniowiecznego (Płock-Podolszyce). – Rocznik Muzeum Mazowieckiego w Płocku 15: 97-117.

ŁUCZAK, B. und A. NOWAKOWSKI (1975): Cmentarzysko średniowieczne w Płowach, pow. Radziejow. – Acta Universitatis Nicolai Copernicki, Nauki humanistyczno-społeczne 68, Archeologia 5: 201-225.

LUTTER, R. (1984): Untersuchungen zur Gruppenvariabilität degenerativer Gelenksveränderungen an zwei frühmittelalterlichen Skelettserien aus Sindelsdorf und Endingen. Diss. Giessen.

LYNNERUP, N. (1998): The Greenland Norse. A Biological-anthropological Study. Copenhagen. Meddelelser om Groenland, Man & Society 24.

MAIXNER, U. (2002): Die Säuglingssterblichkeit im Oberamt Ulm im 19. Jahrhundert. – Ursachen und Gegenmaßnahmen. Diss. Ulm.

MALINOWSKI, A. (1971): Średniowieczne materiały kostne z cmentarzyska w Jarosławiu i z podziemi Katedry w Przemyślu. – Rocznik Przemyski 12: 37-50.

MALINOWSKI, A. (1973): Wyniki badań antropologicznych materiałów kostnych z cmentarzysk okresu przedrzymskiego i rzymskiego oraz wczesnego średniowiecza w Lubieszewie, pow. Gryfice. – Materiały Zachodniopomorskie 16/1970: 151-166.

MALINOWSKI, T., A. MALINOWSKI und W. LORKIEWICZ (1994): Komorowo, stanowisko 12: cmentarzysko wczesnośredniowieczne. Słupsk. Publikacje archeologiczne Wyzszej Szkoły Pedagogicznej w Słupsku 225.

MALKMUS, K. (1992): Pathologische Knochenveränderungen an den menschlichen Skelettfunden aus dem alamannischen Reihengräberfeld von Bittenbrunn, Landkreis Neuburg an der Donau. Diss. München.

MARCSIK, A. (1967): Analysis of the anthropological material of the 10-11th century in Aldebrö-Mocsáros. – Acta Biologica Szeged 13: 163-174.

MARCSIK, A. (1974): Ujabb adatok a honfoglaló magyarok embertanához. – Anthropologiai Közlemenyek 18: 141-148.

MARK, K. (1965): Ida-Eesti 11.-18. sajandi rahvastiku antropologia. – H. Moora und L. Jaanits (eds.): Slaavi-läänemeresoome suhete ajaloost: 150-204. Tallinn.

MARQUEZ MORFIN, L., R. MCCAA, R. STOREY und A. DEL ANGEL (2002): Health and nutrition in pre-Hispanic Mesoamerica. – R.H. Steckel und J.C. Rose (eds.): The Backbone of History: Health and Disease in the Western Hemisphere: 307-338. Cambridge.

MARTIN, E. und Ph. DU SOUICH (1981): Estudio antropologico de la necropolis altomedieval del monasterio de Suso (San Milan de la Cogolla, Logorno). – Antropologia y Paleoecologia Humana 2: 3-20.

MARTIN, R. (1957): Lehrbuch der Anthropologie. 3. Auflage bearbeitet von K. Saller. Stuttgart.

MASNICOVÁ, S. und R. BENUS (2001): The health status and lifestyle of historic Bratislava inhabitants. 1.:Pilot study of long bone lesions from gothic part (XVth - XVIIIth cent. AD) of the ossuary in St. Jacob Chapel (Bratislava, Slovakia). – Anthropologie 39: 63-68.

MAXIMILIAN, C. (1959): Consideraţii antropologice asupra populaţiei prefeudale de la Dinogeţia (secolele X-XII). – Probleme de Antropologie 4: 105-127.

MAY, E. und R. DUNKEL (1993): Die anthropologische Bearbeitung der Skelettfunde aus dem mittelalterlichen Reihengräberfeld bei Remlingen am Asehang. – Nachrichten aus Niedersachsens Urgeschichte 62: 101-134.

MAYR, G. (1870): Sterblichkeit der Kinder während des 1. Lebensjahres in Süddeutschland, insbesondere in Bayern. – Zeitschrift des Königlich Bayerischen Statistischen Büros 2: 201-247.

MELLQUIST, C. und T. SANDBERG (1939): Odontological studies of about 1400 medieval skulls from Halland and Scania in Sweden and from the Norse colony in Greenland, and a contribution to the knowledge of their anthropology. – Odontologisk Tidskrift 47; Supplement. Göteborg.

MERBS, Ch.F. (1983): Patterns of Activity-Induced Pathology in a Canadian Inuit Population. Ottawa. National Museum of Man, Mercury Series, Archaeological Survey of Canada 119.

MĚŘÍNSKÝ, Z. und M. STLOUKAL (1983): Antropologický materiál ze slovanského pohřebiště ve Velkých Bílovicích (okres Břeclav). – Časopis Národního Muzea, řada přírodovědná 152: 189-222.

MISZKIEWICZ, B. (1956): Crania lithuanica, polonica et ruthencia. Groby z okresu brązu i wczesnego średniowiecza. Wroclaw. Materiały i Prace Antropologiczne 25

MISZKIEWICZ, B. (1973): Ludność wczesnośredniowieczna z Tomic w świetle danych antropologicznych. – J. Romanow, K. Wacjowski und B. Miszkiewicz: Tomice, pow. Dzierżoniów. Wielokulturowe stanowsiko archeologiczne: 261-293. Wroclaw et al.

MODRZEWSKA, K. (1964): Wczesnośredniowieczne czaszki podlaskie. – Annales Universitatis Mariae Curie-Skłodowska, sec. C, 18/1963: 249-290.

MOLLESON, TH.I. (1989): Social implications of mortality patterns of juveniles from Poundbury Camp, Romano-British cemetery. – Anthropologischer Anzeiger 47: 27-38.

MOLLISON, T. (1938): Spezielle Methoden anthropologischer Messung. – Abderhalden's Handbuch der biologischen Arbeitsmethoden Abt. 7, Teil 2: 523-682. Berlin und Wien.

MOOR, B. (1978): Karies und Parodontose bei der mittelalterlichen Bevölkerung von Bettingen BS. Med. Diss. Basel.

MORANT, G.M. und M.F. HOADLEY (1931): A study of the recently excavated Spitalfields crania. – Biometrika 23: 191-248.

MÜLLER, Ch. (1963): Anthropologische Bemerkungen zu den unter der Basilika gefundenen Skeletten. – E. Reinbacher: Die älteste Baugeschichte der Nikolaikirche in Alt-Berlin: 93-109. Berlin. Schriften der Sektion Vor- und Frühgeschichte 15.

MÜLLER, Ch. (1985): Anthropologische Untersuchung einiger slawischer Skelettreste aus dem Gräberfeld von Alt-Käbelich, Kreis Strasburg. – Bodendenkmalpflege in Mecklenburg, Jahrbuch 32/1984: 347-352.

MÜLLER, Ch. (1990): Zur Anthropologie der in der Pfalz Tilleda, Kr. Sangershausen, bestatteten Population. – P. Grimm: Tilleda. Eine Königspfalz am Kyffhäuser. Teil 2: Die Vorburg und Zusammenfassung: 227-247. Berlin. Schriften zur Ur- und Frühgeschichte 40.

NATHAN, H. und N. HAAS (1966): "Cribra orbitalia". A bone condition of the orbit of unknown nature. – Israel Journal of Medical Sciences 2: 171-191.

NECRASOV, O. (1974): Le processus de brachycéphalisation dans les populations de Roumaine à partir du neolithique et jusqu'à nos jours. - W. Bernhard und A. Kandler (Hrsg.): Bevölkerungsbiologie. Beiträge zur Struktur und Dynamik menschlicher Populationen in anthropologischer Sicht: 512-524. Stuttgart.

NEMESKÉRI, J. (1948): Újabb adatok a X. századi magyarság embertani ismeréthez. – Archaeologiai Ertesitö 1946-1948: 382-393.

NEMESKÉRI, J. (1948a): Újabb adatok a korárpádkori magyarság embertani ismeréthez. – Antiquitas Hungarica 2: 140-158.

NEMESKÉRI, J. (1949): Csepel község határban feltárt koraárpaádkori leletek embertani vizsgálata. – Archaeologiai Ertesitö 76: 91-97.

NEMESKÉRI, J. (1950): A fövárasi képtár kertjében feltárt XI. századi sírok embertani leleteinek viszgálata. – Budapest Régiségei 15: 403-415.

NEMESKÉRI, J. (1972): Die archäologischen und anthropologischen Voraussetzungen paläodemographischer Forschungen. – Prähistorische Zeitschrift 47: 5-46.

NEMESKÉRI, J., K. ÉRY, A. KRALOVÁNSZKY und L. HARSÁNYI (1961): Data to the reconstruction of the population of an eleventh century cemetery: Gáva – Market. A methodological study. Crania Hungarica 4/1-2. Budapest.

NEMESKÉRI, J. und G. GÁSPÁRDY (1954): Megjegyzések a magyar östörténet embertani vonatkozásaihoz. Az üllöi és egri honfoglaláskori temetök embertani viszgálata. – Annales historico-naturales Musei Nationalis Hungarici 46 (NS 5): 485-526.

NEMESKÉRI, J., L. HARSÁNYI und G. GERENCSÉR (1973): Die biologische Rekonstruktion der Population von Növenthien, Kreis Uelzen, aus dem 12. - 13. Jahrhundert. – Neue Ausgrabungen und Forschungen in Niedersachen 8: 127-166.

NEWLAND, K. (1981): Infant Mortality and the Health of Societies. Washington. Worldwatch Paper 47.

NOVOTNY, F. (2005): Die krankhaften und traumatischen Veränderungen an den frühbronzezeitlichen Skelettresten des Gräberfeldes Pottenbrunn. – Ch. Blesl: Das frühbronzezeitliche Gräberfeld von Pottenbrunn: 147-197. Wien. Fundberichte aus Österreich, Materialheft A 15.

ODUSANYA, S.A. (1987): Tooth loss among Nigerians: Cause and pattern of mortality. – International Journal of Maxillofacial Surgery 16: 184-189.

OLIVIER, G. und H. TISSIER (1975): Estimation de la stature et de la capacité crânienne. – Bulletin et Mémoires de la Société d'Anthropologie des Paris, 13e série, tome 2 : 1-11.

OLSON, A.P. (1966): A mass secondary burial from Northern Arizona. – American Antiquity 31: 822-826.

ORTNER, D.J. und W.G.J. PUTSCHAR (1981): Identification of Pathological Conditions in Human Skeletal Remains. Washington. Smithsonian Contributions to Anthropology 28.

OSSENBERG, N.S. (1981): An argument for the use of total side frequencies of bilateral nonmetric skeletal traits in population distance analysis: the regression of symmetry on incidence. – American Journal of Physical Anthropology 54: 471-479.

PAP, I. (1979): Data on the anthropology of the Arpadian age population of the plain between rivers Danube and Tisza. – Anthropologia Hungarica 16/1978-79: 77-116.

PAP, I. (1979a): Data on the anthropology of the population of North-East Transdanubia. – – Anthropologia Hungarica 16/1978-79: 5-76.

PAP, I. (1983): The elaboration of the anthropological material of the cemeteries Tímár I and Tìmár II. – Anthropologia Hungarica 18/1982-1983: 53-64.

PAP, I. (1986): Oral pathology and social stratification in the Hungarian Middle Ages. – Annales Historico-Naturales Musei Nationalis Hungarici 78: 339-345.

PEARSON, K. (1899). On the Reconstruction of the Stature of Prehistoric Races. Mathematical Contributions to the Theory of Evolution 5. Philosophical Transactions of the Royal Society of London, Series A 192: 169-244.

PECH, A.F. (1981): Bevölkerungsentwicklung und Sozialstruktur eines nordniedersächsischen Geestdorfes im 18. Jahrhundert, aufgezeigt an dem Dorf Flögeln im Landkreis Cuxhaven. – Jahrbuch der Männer vom Morgenstern 60: 49-75.

PENROSE, L.S. (1954): Distance, size and shape. Annals of Eugenice 18: 337-343.

PERIZONIUS, W.R.K. (1979): Non-metric cranial traits: symmetry and side differences. – Proceedings of the Koninklijke Nederlandse Akademie van Wetenschappen, Ser. C82/1: 91-112.

PERSSON, E. und O. PERSSON (1980): Medeltidsfolket från kvarteret Repslagaren. – A.W. Martensson: S:t Stefan i Lund. Ett monument ur tiden: 151-170. Lund. Gamla Lund Förening för Bevarande av Stadens Minnen Årsskrift 62.

PERZYNA, B. und J. STOPA (1979): Ocena stanu wyrostka zębodołowego u wczesnośredniowiecznych słowian z Cedyni. – Przegląd antropologiczny 44/1978: 433-439.

PETRASCHECK-HEIM, I. (1977): Textilien aus Gräbern der Neuzeit. – K.H. Brandt: Ausgrabungen im Bremer St.-Petri-Dom 1974-76. Ein Vorbericht: 100-108. Bremen. Monographien der Wittheit zu Bremen 12.

PIETRUSEWSKY, M. (1976): Prehistoric Human Skeletal Remains from Papua New Guinea and the Marquesas. Manoa. Asian and Pacific Archaeology Series 7.

PIONTEK, J. (1981): Antropologiczna charakterystyka materiałów kostnych z cmentarzyska wczesnośredniowiecznego w Brzegu Głogowskim, woj. Legnickie. – A. Malinowski (ed.): Źródła do badań biologii i hisotrii populacji słowiańskich: 9-14. Poznan. Uniwersytet Im. Adama Mickiewicza w Poznaniu, Seria Antropologia 10.

PIONTEK, J. (1986): Wczesnośredniowieczni Wolinianie: analiza biologiczna i ekologiczna. – Materiały Zachodniopomorskie 28/1982: 13-50.

POPOVICI, I. (1972): Nouvelles données anthropologiques concernant la population de Dinogetia (Xe-XIIe siècles). – Annuaire Roumain d'Anthropologie 9: 51-60.

PRECHEL, M. (1988): Anthropologische Untersuchung der zwischen 1982 und 1984 ausgegrabenen menschlichen Skelettreste aus dem Burgkloster zu Lübeck. Magisterarbeit. Hamburg.

PRECHEL, M. (1993): Anthropologische Untersuchung an Skelettfunden aus der Petrikirche zu Lübeck. – Lübecker Schriften zur Archäologie und Kulturgeschichte 23: 303-322.

PRECHEL, M. (1995): Anthropologische Untersuchung der Skelettfunde aus der Hamburger Dom-Grabung. – R. Busch (Hrsg.): Domplatzgrabung in Hamburg, Teil 1: 107 -125. Neumünster. Veröffentlichungen des Hamburger Museums für Archäologie und die Geschichte Harburgs Helms-Museum Nr.70.

PREVOSTI, M. und A. PREVOSTI (1951): Restos humanos procedentes de una necrópolis judaica de Montjuich (Barcelona). – Trabajos del Instituto Bernardino de Sahagún 12: 63-148.

PRINZING, F. (1899): Die Gestaltung der Sterblichkeit im 19. Jahrhundert. – Zeitschrift für Sozialwissenschaft 2: 696-711.

PRÜSER, F. (1951): Über die Herkunft der mittelalterlichen Bevölkerung Bremens. – Zeitschrift des Vereins für Hamburgische Geschichte 41: 125-154.

PSCHYREMBEL (1998): Pschyrembel Klinisches Wörterbuch. 258. Auflage. Berlin und New York.

PYZUK-LENARCZYK, M. (1998): Biologiczna charakterystyka ludzkich szczatków kostnych z cmentarzyska przykościelnego w Słupnie (XII w. - XIX w.). – M. Dulinicz (Red.): Osadnictwo pradziejowe i wczesnośredniowieczne w dorzeczu słupianki, pod Płockiem: 167-198. Warszawa. Archeologia Mazowsza i Podlasia, Studia i Materiały 1.

RAEMY, E. (1979): Karies und Parodontose bei der gallorömisch-frühmittelalterlichen Bevölkerung von Riaz und Ries im Kanton Freiburg. Diss. Basel.

RAMFJORD, S.P. (1967): The periodontal disease index (PDI). – Journal of Periodontology 38: 602-610.

RATHBUN, T.A. (1987): Health and disease at a South Carolina population: 1840-1870. – American Journal of Physical Anthropology 74: 239-253.

REINCKE, H. (1951): Bevölkerungsprobleme der Hansestädte. – Hansische Geschichtsblätter 70: 1-33.

REINHARD, R. und F.W. RÖSING (1985): Ein Literaturüberblick über Definitionen diskreter Merkmale/anatomischer Varianten am Schädel des Menschen. Ulm.

RICHARD, I. (2001): Le nombre minimum d'individus de la sépulture collective de Saint-Sauveur (80) et perspectives paléoépidémiologiques. – Graafif - Bulletin de Liaison 10: 7-14.

ROBLEDO, B. (1998): Dieta, indicadores de salud y caracterización biométrica de la población medieval musulmana de Xarea (Vélez Rubio, Almería). Tesis. Madrid

RODRIGUEZ, A. (1981): Estudio antropológico de los restos humanos de la necrópolis de Sta. Eulalia (Labastida, Alava). Universitat Politècnica de València, Tesis de Licenciatura (unpubl.). [zit. n. Arenal und de la Rua 1987]

RÖNNEBECK, G. (1962) : Darstellung und Vergleich einiger Methoden zur Messung der Säuglingssterblichkeit. – Mitteilungen der Sektion Anthropologie der Biologischen Gesellschaft in der DDR 3: 35-49.

RÖSING, F.W. (1972): Die zeitliche und soziale Differenzierung des Menschen in Oberägypten, untersucht an dem Skelettmaterial der Qubbet el Hawa bei Assuan. Diplomarbeit. Mainz.

RÖSING, F.W. (1974): Auswahl von Schädelmaßen. – Homo 25: 117-121.

RÖSING, F.W. (1982): Discreta am menschlichen Schädel – ein kritischer Überblick. – Homo 33: 100-125.

RÖSING, F.W. (1988): Körperhöhenrekonstruktion aus Skelettmaßen. – R. Knußmann (Hrsg.): Anthropologie. Handbuch der vergleichenden Biologie des Menschen. Band 1: Wesen und Methoden der Anthropologie. 1. Teil: Wissenschaftstheorie, Geschichte, morphologische Methoden: 586-600. Stuttgart und New York.

RÖSING, F.-W. (1988a): Zur Paläodemographie der Urgesellschaft: Methodische Möglichkeiten und Materialgrenzen. Tischvorlage anlässlich der Tagung „Evolution“, Wittenberg.

RÖSING, F.-W. (1990): Qubbet el Hawa und Elephantine. Zur Bevölkerungsgeschichte von Ägypten. Stuttgart und New York.

RÖSING, F.-W. und I. SCHWIDETZKY (1977): Vergleichend-statistische Untersuchungen zur Anthropologie des frühen Mittelalters (500-1000 n.d.Z.). – Homo 28: 65-115.

RÖSING, F.-W. und I. SCHWIDETZKY (1981): Vergleichend-statistische Untersuchungen zur Anthropologie des Hochmittelalters (1000-1500 n.d.Z.). – Homo 32: 211-251.

ROGERS, J. (2002): The paleopathology of joint disease. – M. Cox und S. Mays (eds.): Human Osteology in Archaeology and Forensic Science: 163-182. London.

ROSENAUER, E. (1939): Die anthropologische Sammlung des Linzer Museums. – Jahrbuch des Vereins für Landeskunde und Heimatpflege im Gau Oberdonau 88: 375-393.

ROTHSCHILD, B.M., F.J. RÜHLI, J. SEBES, V. NAPLES und M. BILLARD (2004): Relationship between porotic hyperostosis and cribra orbitalia? – Paleobios 13: 4-7.

ROTHSCHILD, B.M., R.J. WOODS und W. ORTEL (1990): Rheumatoid arthritis "in the buff": erosive arthritis in defleshed bones. – American Journal of Physical Anthropology 82: 441-449.

RÜPPEL (1868): Ueber die Wahl der Begräbnisplätze nebst dem Entwurf eines Reglements zur Benutzung derselben im Interesse des allgemeinen Gesundheitswohles. – Vierteljahresschrift für gerichtliche Medizin und öffentliches Sanitätswesen NF 8: 23-54.

SAGNE, S. und G. OLSSON (1977): Studies of the periodontal status of a medieval population. – Dentomaxillofacial Radiology 5: 46-52.

SALLER, K. (1933): Neue Gräberfunde aus der Provinz Hannover und ihre Bedeutung für die Rassengeschichte Niedersachsens und Europas überhaupt. Beiträge zur deutschen Rassengeschichte I. – Zeitschrift Anatomie und Entwicklungsgeschichte 101: 249-293.

SALO, K. (2005): What Ancient Human Teeth Can Reveal? Demography, Health, Nutrition and Biological Relations in Luistari. M.A. thesis. Helsinki.

SARAMA, J. (1956): Wczesnośredniowieczne cmentarzysko w Samborcu. Wrocław. Materiały i Prace Antropologiczne 7

SAUNDERS, S.R., D.A. HERRING und G. BOYCE (1995): Can skeletal samples accurately represent the living populations the come from? The St. Thomas' Cemetery Site, Belleville, Ontario. – A.L. Grauer (ed.): Bodies of Evidence. Reconstructing History through Skeletal Analysis: 69-89. New York.

SAUTER, M.-R. (1946): Anthropologie de la Suisse italienne. A propos d'ossements trouvés à Chironico, Valle Leventina, Tessin. – Bulletin der Schweizerischen Gesellschaft für Anthropologie und Ethnologie. 22: 96-114.

SCHAEFER, U. (1963): Anthropologische Untersuchungen der Skelette von Haithabu. Neumünster. Die Ausgrabungen in Haithabu 4.

SCHAFBERG, R. (1995): Gladebeck - ein frühmittelalterliches Reihengräberfeld aus Niedersachsen. – Anthropologischer Anzeiger 53: 255-262.

SCHEI, O., J. WAERHAUG, A. LOVDAL und A. ARNO (1959): Alveolar bone loss as related to oral hygiene and age. – Journal of Periodontology 30: 7-16.

SCHMIDT, I. (2004): Mortalitätsrate in Ulm zwischen 1811 - 1840. Diss. Ulm.

SCHOTT, L. (1961): Zur Körperhöhe der hochmittelalterlichen Reckahner Landbevölkerung. – Veröffentlichungen des Museums für Ur- und Frühgeschichte Potsdam 2: 113-119.

SCHOTT, L. (1962): Zur Anthropologie des slawischen Gräberfeldes von Gustävel, Kreis Sternberg. – Bodendenkmalpflege in Mecklenburg, Jahrbuch 1960: 169-200.

SCHOTT, L. (1967): Zur Kraniologie der hochmittelalterlichen Reckahner Landbevölkerung. – Wissenschaftliche Zeitschrift der Humboldt Universität zu Berlin, math.-nat. Reihe 16: 331-350.

SCHREINER, K.E. (1939): Crania Norvegica I. Oslo. Instituttet for Sammenlignende Kulturforskning, Serie B: Skrifter 36.

SCHULTZ, M. (1978): Krankhafte Veränderungen an den menschlichen Skeleten aus dem merowingerzeitlichen Reihengräberfeld von Kleinlangheim/Ldkr. Kitzingen. - Eine bevölkerungsbiologische Untersuchung. Diss. Frankfurt.

SCHULTZ, M. (1988): Paläopathologische Diagnostik. – R. Knussmann (Hrsg.): Anthropologie. Handbuch der vergleichenden Biologie des Menschen. Band 1: Wesen und Methoden der Anthropologie. 1.Teil: Wissenschaftstheorie, Geschichte, morphologische Methoden: 480-496. Stuttgart und New York.

SCHWARZ, K. (1980): Stadtbremische Kirchhöfe von der Reformation bis zur Franzosenzeit (1813). Topographische Situation und Bestattungsüberlieferung. – Bremisches Jahrbuch 58: 23-63

SCHWIDETZKY, I. (1955): Die anthropologischen Funde vom Germansberg vor Speyer. – K.W. Kaiser: Das Kloster St. German vor Speyer: 139-146. Speyer. Veröffentlichung der Pfälzischen Gesellschaft zur Förderung der Wissenschaften 31.

SCHWIDETZKY, I. (1967): Erfahrungen mit dem Penrose-Abstand. – Homo 18: 140-144.

SCHWIDETZKY, I. (1970): Stichwort: Konstitution. - G. Heberer, I. Schwidetzky und H. Walter (Hrsg.): Das Fischer Lexikon: Anthropologie: 89-107. 2. Auflage. Frankfurt.

SCHWIDETZKY, I. und F.-W. Rösing (1976): Vergleichend-statistische Untersuchungen zur Anthropologie der Römerzeit (0-500 u.Z.). – Homo 26: 193-218.

SCHWIDETZKY, I. und F.-W. Rösing (1984): Vergleichend-statistische Untersuchungen zur Anthropologie der Neuzeit (nach 1500). – Homo 35: 1-49.

SEIDEL, U. (2004): Die jungneolithischen Siedlungen von Leonberg-Höfingen, Kr. Böblingen. Stuttgart. Materialhefte zur Archäologie in Baden-Württemberg 69.

SERGL, H.G. und G. ZIEGELMAYER (1967): Vergleich der Kariesanfälligkeit der einzelnen Zahntypen innerhalb verschiedener Altersgruppen. – Deutsche Zahnärztliche Zeitschrift 22: 597-603.

SIMON, K. (1977): Anthropologische Bearbeitung des frühmittelalterlichen Körpergräberfeldes von Großschwabhausen, Kr. Weimar. – Alt-Thüringen 14: 318-345.

SIMON, K. (1982): Zur Anthropologie der spätslawischen Landbevölkerung von Schirmenitz, Kr. Oschatz. – Arbeits- und Forschungsberichte zur sächsischen Bodendenkmalpflege 24/25: 173-310.

STECKEL, R.H., P.W. SCIULLI und J.C. ROSE (2002): A health index from skeletal remains. – R.H. Steckel und J.C. Rose (eds.): The Backbone of History: Health and Disease in the Western Hemisphere: 61-93. Cambridge.

STEEL, F. (1962): The sexing of long bones, with reference to the St. Bride's series of identified skeletons. – Journal of the Royal Anthropological Institute of Great Britain and Ireland 92: 212-222.

ŠTEFANČIČ, M. (1995): Antropološka obdelava zgodnjesrednjeveških okostij iz grobišca Nin-Ždrijac (Severna Dalmacija). – Arheološki Vestnik 46: 291-325.

STEFFENSEN, J. (1953): The physical anthropology of the Vikings. – Journal of the Royal Anthropological Institute of Great Britain and Ireland 83: 86-97.

STEINBOCK, R.T. (1976): Paleopathological Diagnosis and Interpretation. Bone Diseases in Ancient Human Populations. Springfield.

STENGER-REMMELE, C. (1993): Das Gräberfeld von Grafendobrach (9.-10. Jh.). Eine anthropologische Bearbeitung unter besonderer Berücksichtigung der Pathologie und ethnischer Fragestellungen. Diss. Frankfurt am Main.

STEUER, H. (1984): Zur ethnischen Gliederung der Bevölkerung von Haithabu anhand der Gräberfelder. – Offa 41: 189-212.

STLOUKAL, M. (1962): Mikulčice. Antropologický material z 1. pohřebiště. Anthropologisches Material aus der 1. Begräbnisstätte. Brno. Fontes Archaeologiae Moravicae 3.

STLOUKAL, M. (1962a): Heidnische Elemente im Leben der Bevölkerung des großmährischen Mikulčice auf Grund der Befunde an Begräbnisstätten. – Homo 13: 145-152.

STLOUKAL, M. (1962b): Struktura obyvatelstva velkomoravských Mikulčic. Příspěvek k paleodemografii starých Slovanů. – Archeologické Rozhledy 14: 61-83.

STLOUKAL, M. (1963): První pohřebiště na hradišti "Valy" u Mikulčic. Antropologický rozbor. – Památky Archeologické 54: 114-140.

STLOUKAL, M. (1973): Antropologický posudek o mladohradištních lebkách ze Skalice (okr. Znojmo). – Prehled Vyzkumu 1972: 70-72.

STLOUKAL, M. (1973a): Antropologický posudek o kostrách z mladohradištního pohřebiště v Kupařovicích (okr. Brno-Venkov). – Prehled Vyzkumu 1972: 67-70.

STLOUKAL, M. (1978): Kostry ze zachraňovacího výzkumu u sýpky v Rajhradicích, okr. Brno-Venkov. – Prehled Vyzkumu 1976: 67-69.

STLOUKAL, M. (1981): Kostry z výzkumu kostela v Praze na Pankráci. – Časopis Národního Muzea, řada přírodovědná 149/1980: 151-155.

STLOUKAL, M. (1981a): Pohřebiště kolem 11. kostela na hradišti "Valy" u Mikulčic. – Památky Archeologické 72: 459-491.

STLOUKAL, M. und H. HANÁKOVÁ (1971): Antropologie ranestredovekého pohřebiště v Abrahámu. – Sborník Národního Muzea v Praze, rada B, Bd. 27: 57-131.

STLOUKAL, M. und L. VYHNÁNEK (1975): Die Arthrose der Gelenke. Untersuchungen über ihr Auftreten bei einer altslawischen Population.– Homo 26: 121-136.

STLOUKAL, M. und L. VYHNÁNEK (1976): Slované z velkomoravských Mikulčic. Praha.

STÖCKEL, S. (1986): Säuglingssterblichkeit in Berlin von 1870 bis zum Vorabend des Ersten Weltkriegs. - Eine Kurve mit hohem Maximum und starkem Gefälle. – W. Ribbe (Hrsg.): Berlin-Forschungen 1: 219-264. Berlin. Einzelveröffentlichungen der Historischen Kommission zu Berlin (West) Band 54. (Zugleich: Publikationen der Sektion für die Geschichte Berlins 3).

STOESSINGER, B.N. und G.M. MORANT (1932): A study of the crania in the vaulted ambulatory of Saint Leonards church, Hythe. – Biometrika 24: 135-202.

STROHM, Th.F. und K.W. ALT (1998): Periodontal disease – etiology, classification and diagnosis. – K.W. Alt, F.W. Rösing und M. Teschler-Nicola (eds.): Dental Anthropology. Fundamentals, Limits, and Prospects: 203-226. Wien und New York.

STUART-MACADAM, P. (1989): Porotic hyperostosis: relationship between orbital and vault lesions. – American Journal of Physical Anthropology 80: 187-193.

SZYMUSIAK, A. (1997): Hypoplazja szkliwa u młodzieży wrocławskiej. - Acta Universitatis Wratislaviensis 1916, Studia Antropologiczne 4: 67-79.

SZWEDZINSKA, A. (1976): Badania antropologiczne wczesnosredniowiecznego w Niemczy, pow. Dzierzoniowski. – Studia Archeologiczne 9: 141-161.

TEEGEN, W.-R. und M. SCHULTZ (2003): Geschlechtsabhängige Arbeitsverteilung in slawischen Gräberfeldern nach Aussage der Gelenkerkrankungen. Leipzig. Leipziger online-Beiträge zur Ur- und Frühgeschichtlichen Archäologie 3.

TENGROTH, B. und F. LÖFGREN (1955): Antropologisk och odontologisk undersökning av medeltida skelett-material fran provutgrävningen av Kongahälla sommaren 1953. – Odontologisk Tidskrift 63: 249-276.

THOMA, A. (1956): Antropologiai vizsgálatok az Ároktö-Dongóhalmi temetö csontvázain. – A Miskolci Herman Ottó Múzeum Közleményei 3: 22-36.

TICHY, H. (1974): Stichwort Arthrose. – M. Zetkin und H. Schaldach: Wörterbuch der Medizin. Band 1: 112. 5. Auflage. Stuttgart.

TOMAZO-RAVNIK, T. (1976): Demografia antropologica del materiale osseo paleoslavo della necropoli di Kranj. – Balcanoslavica 4/1975: 87-92.

TRACHTENBERG, B. (1960): Przyzębica w wykopaliskowych czaszkach ludzkich z neolitu, średniowiecza i XVII - XVIII w (Brześć Kujawski, Kałdus, Stary Brześć, Lutomiersk, Tum). – Czasopismo Stomatologiczne 13: 889-894.

TROTTER, M. (1934): Septal apertures in the humerus of American Whites and Negroes. – American Journal of Physical anthropology NS 12: 213-227.

TROTTER, M. und G.C. GLESER (1958): A re-evaluation of estimation of the stature based on measurements of stature taken during life and long bones after death. – American Journal of Physical Anthropology NS 16: 79-123.

UBELAKER, D.H. (1974): Reconstruction of Demographic Profiles from Ossuary Skeletal Samples. A Case Study from the Tidewater Potomac. Washington. Smithsonian Contributions to Anthropology 18.

UBELAKER, D.H. (2002): Approaches to the study of commingling in human skeletal biology. – W.D. Haglund und M.H. Sorg (eds.): Advances in Forensic Taphonomy, Method, Theory, and Archaeological Perspectives: 332-351. Boca Raton, London, New York und Washington.

ULLRICH, H. (2004): Schädel-Schicksale historischer Persönlichkeiten. München.

ULRICH-BOCHSLER, S. (1982): Die Skelettreste aus den Gräbern der Stiftskirche Amsoldingen. Ein anthropologischer Kurzbericht. – S. Rutishauser: Amsoldingen. Ehemalige Stiftskirche. Band 1: 87-103. Bern.

ULRICH-BOCHSLER, S. (1983): Die Skelettreste aus den Gräbern der Kirche Kirchlindach. – P. Eggenberger und W. Stöckli: Kirchlindach. Reformierte Pfarrkirche. Archäologische Grabung und bauanalytische Untersuchung 1978: 71-93: Bern. Schriftenreihe der Erziehungsdirektion des Kantons Bern.

ULRICH-BOCHSLER, S. (1988): Die anthropologischen Forschungen. – P. Eggenberger, M. Rast Cotting und S. Ulrich-Bochsler: Rohrbach. Reformierte Pfarrkirche. Ergebnisse der archäologischen Grabungen von 1982: 65-102. Bern. Schriftenreihe der Erziehungsdirektion des Kantons Bern.

ULRICH-BOCHSLER, S. und L. Meyer (1992): Die anthropologischen Forschungen. Die Skelettfunde aus der Kirchengrabung von Walkringen. – P. Eggenberger, M. Bossert und S. Ulrich-Bochsler: Walkringen. Reformierte Pfarrkirche. Die Ergebnisse der Bauforschungen von 1986/87. Bern. Schriftenreihe der Erziehungsdirektion des Kantons Bern.

ULRICH-BOCHSLER, S. und E. SCHÄUBLIN (1991): Anthropologische Befunde. Die mittelalterlichen und neuzeitlichen Bestattungen. – P. Eggenberger, M. Rast Cotting und S.

Ulrich-Bochsler: Wangen an der Aare. Reformierte Pfarrkirche. Ehemaliges Benediktinerpriorat. Ergebnisse der Bauforschung von 1980/81: 73-100. Bern. Schriftenreihe der Erziehungsdirektion des Kantons Bern.

VASOLD, M. (1988): Rudolf Virchow: der große Arzt und Politiker. Stuttgart.

UNITED NATIONS (1955): Age and sex Patterns of Mortality. Model Life-Tables for Under-Developed Countries. New York. United Nations, Department of Social Affairs, Population Studies 22.

VIRCHOW, R. (1877): Beiträge zur physischen Anthropologie der Deutschen mit besonderer Berücksichtigung der Friesen. Berlin. Abhandlungen der Königlichen Akademie der Wissenschaften zu Berlin 1876, 1. Abteilung.

VIRCHOW, R. (1892): Gräberschädel von Reitwein an der Oder. – Zeitschrift für Ethnologie 24, Verhandlungen: 550-555.

VONDRÁKOVÁ, M. (1984): Antropologická charakteristika kostrového materiálu zo slovanského pohrebiska v Nitre-Dolných Krškanoch. – Acta Interdisciplinaria Archaeologica 3: 262-303.

VONDRÁKOVÁ, M. (1997): Stredoveké kostry zo Skalky nad Váhom-Skalky. – Archeologické Výskumy a Nálezy na Slovensku v roku 1995: 188-189.

VONDRÁKOVÁ, M. (1997a): Stredoveké kostry v Štúrovo-Obide - Bánom 1. – Archeologické Výskumy a Nálezy na Slovensku v roku 1995: 191-192.

WALDRON, T. und J. ROGERS (1991): Inter-observer variation in coding osteoarthritis in human skeletal remains. – International Journal of Osteoarchaeology 1: 49-56.

WALKER, Ph.L. (1985): Anemia among prehistoric Indians of the American Southwest. – C.F. Merbs und R.J. Miller (eds.): Health and Disease in the Prehistoric Southwest: 139-163. Tempe. Arizona State University, Anthropological Research Papers 34.

WANKERL, K. (1963): Vorkommen und Intensität der primären und sekundären Arthrosis deformans. Diss. München.

WANNENMACHER, M. (1964): Über den Zahnstein. – Deutsches Zahnärzteblatt 18: 63-67.

WAPLER, U., E. CRUZÉBY und M. SCHULTZ (2004): Is cribra orbitalia synonymous with anemia? Analysis and interpretation of cranial pathology in Sudan. – American Journal of Physical Anthropology 123: 333-339

WASSERFUHR, H. (1862): Die Sterblichkeit der Kinder im ersten Lebensjahre in Stettin. – Vierteljahresschrift für gerichtliche Medizin und öffentliches Sanitätswesen 22: 88-135.

WATSON, P.J.C. (1986): A study of the pattern of alveolar recession. – E. Cruwys und R.A. Foley (eds.): Teeth and Anthropology: 123-131. Oxford. British Archaeological Reports International Series 291.

WEBB, St. (1989): Prehistoric Stress in Australian Aborigines. A Palaeopathological Study of a Hunter-Gatherer Population. Oxford. British Archaeological Reports, International Series 490.

WEISS, E und R. JURMAIN (2007): Osteoarthritis revisited: a contemporary review of aetiology. – International Journal of Osteoarchaeology 17: 437-450.

WELLS, C. (1967): Diagnose 5000 Jahre später. Krankheit und Heilkunst in der Frühzeit des Menschen. Bergisch Gladbach.

WELLS, C. (1982): The human burials. – A. McWhirr, L. Viner und C. Wells (eds.): Romano-British Cemeteries at Cirencester: 135-202. Cirencester. Cirencester Excavations 2.

WELLS, C. (2000): Les vestiges humains de l'abbaye de Jarrow (GB). – Paleobios 12: 4-53.

WELLS, C. und H. CAYTON (1980): The human bones. – P. Wade-Martins: Excavations in North Elmham Park 1967-1972: 247-374. Ipswich. East Anglian Archaeology Report 9.

WENGER, S. (1968): Data to the anthropology of the Avar period population of the Transdanubia. (The anthropology of the Avar period cemetery at Kékesd.). – Anthropologia Hungarica 8: 59-96.

WENGER, S. (1970): Data to the anthropology of the early árpádian age population of the Balaton area. (The anthropology of the XI - XII c. cemetery at Zalavár-Kápolna). – Anthropologia Hungarica 9: 63-145.

WESOLY, K. (1980): Der weibliche Bevölkerungsanteil in spätmittelalterlichen und frühneuzeitlichen Städten und die Betätigung von Frauen im zünftigen Handwerk (insbesondere am Mittel- und Oberrhein). – Zeitschrift für die Geschichte des Oberrheins 128 (Neue Folge 89): 69-117.

WHITE, W.J. (1988): The human bones: skeletal analysis. – W.J. White: Skeletal Remains from the Cemetery of St Nicholas Shambles, City of London: 28-70. London.

WIERCINSKA, A. (1972): Analiza antropologiczna wczesnośredniowiecznego szkieletu ludzkiego z Czerska, pow. Piaseczno. – Archeologia Polski 17: 161-166.

WIERCINSKI, A. (1963): Some microevolutionary changes in the population of Wislica in the last millenary. – Mitteilungen der Sektion Anthropologie der Biologischen Gesellschaft der DDR 9/10: 73-92.

WIERCINSKI, A. (1974): Brachycephalisation: Definitions and statistical facts. - W. Bernhard und A. Kandier (Hrsg.): Bevölkerungsbiologie. Beiträge zur Struktur und Dynamik menschlicher Populationen in anthropologischer Sicht: 503-511. Stuttgart.

WILLERMET, C.M und H.J.H. EDGAR (2009): Dental morphology and ancestry in Albuquerque, New Mexico Hispanics. – Homo 60: 207-224.

WINKLER, E.-M. (1980): Anthropologische Befunde der Skelettreste aus der Stiftspfarrkirche von Mattsee in Salzburg. – Fundberichte aus Österreich 18/1979: 137-157.

WINKLER, E.-M. und K. GROßSCHMIDT (1988): Die Skelettreste der Ausgrabungen in Schloss Ebelsberg bei Linz, 1983. – Jahrbuch des Oberösterreichischen Musealvereins 133/I: 119-148.

WINKLER, E.-M. und W. HEINRICH (1985): Skelette aus der Pfarrkirche St. Martin in Attersee/Oberösterreich. – Beiträge zur Mittelalterarchäologie in Österreich 1: 77-86.

WINKLER, E.M., H. PLENK und A. LOSERT (1988): Die Skelettfunde aus der Pfarrkirche St. Martin in Jedenspeigen, NÖ. – Fundberichte aus Österreich 24/25-1985/86: 49-53.

WINKLER, E.-M. und M. PROHAZKA (1991): Menschliche Skelettfunde aus der Pfarrkirche St. Georgen bei Salzburg. – Jahresschrift des Salzburger Museum Carolino Augusteum 35/36-1989/90: 402-425.

WINKLER, E.-M. und M. URSCHITZ (1984): Anthropologischer Befund der frühmittelalterlichen Skelettreste aus der Grabung 1981 auf dem Georgenberg bei Micheldorf/OÖ. – Jahrbuch des Oberösterreichischen Musealvereins 129, 1. Abhandlungen: 117-129.

WOKROJ, F. (1969): Wczesnośredniowieczne cmentarzysko "Młynówka" w Wolinie w świetle antropologii. – Materiały Zachodniopomorskie 13/1967: 295-335.

WOLAŃSKI, W. (1954): Szczątki ludzkie z cmentarzyska wczesno-historycznego (XI-XII w.) z Bazaru Nowego, powiatu Maków Mazowiecki. – Przegląd Antropologiczne 20: 180-217.

WOLF, H. (1977): Bemalte Totenschädel und unbemalte Skelettreste in Beinhäusern und Seelenkapellen des Bayerischen und Oberpfälzer Waldes. – P. Schröter (Hrsg.): 75 Jahre Anthropologische Staatssammlung: 175-202. München.

WOLF, M., D. BISCHOP und M. SCHULTZ (2001): Anthropologische Untersuchungen zum Gräberfeld Bremen-Mahndorf. – Die Kunde NF 52: 45-56.

WRÓBEL, J. (2001): Analiza antropologiczna szczątków kostnych z cmentarzyska przy kościele św. Wojciecha w Krakowie (XI-XIII-XV? w.). – Materiały Archeologiczne 32: 221-230.

WRZESIŃSKA, A. und J. WRZESIŃSKI (1996): Cmentarzysko szkieletowe w Siemianowie - archaeologiczne badania ratownicze. – Studia Lednickie 4: 313-324.

WRZOSEK, A. (1937): Szkielety z kurhanow w Nawrach w pow. Postawskim. – Rocznik Archaeologiczny (Wilno) 1: 70-82.

WURM, H. (1985): Über die durchschnittlichen Körperhöhen der sozialen Mittel- und Unterschichten im mitteleuropäischen germanischen Siedlungsraum vom Frühmittelalter bis zur Neuzeit. – Anthropologischer Anzeiger 43: 11-30.

WURM, H. (1985a): Über Hypothesen und Ursachen der Körperhöhenprogressionen seit der Mitte des Jahrhunderts – eine wissenschaftliche Rückschau. Teil 1: Die Ursachendiskussion seitdem Ende des 19. Jahrhunderts bis etwa zur Mitte des 20. Jahrhunderts, einschließlich einiger Hinweise zur Körperhöhenentwicklung im 19. Jahrhundert. – Gegenbaurs Morphologisches Jahrbuch 131: 589-610.

WURM, H. und H. LEIMEISTER (1986): Ein Beitrag zur spezifischen Auswahl von Vorschlägen zur Körperhöhenschätzung nach Skeletfunden, zur Vergleichbarkeit von Schätzergebnissen und zur allgemeinen Problematik realistischer Lebendhöhenschätzungen. – Gegenbaurs Morphologisches Jahrbuch 132: 69-110.

ZETKIN, M. und H. SCHALDACH (1974): Wörterbuch der Medizin. Bearbeitet von H. Schaldach. Stuttgart.

ZIEGELMAYER, G. (1968): Die menschlichen Skelette vom Friedhof bei der frühmittelalterlichen Kirche von Mühlthal. – H. Dannheimer: Epolding-Mühltal. Siedlung, Friedhöfe und Kirche des frühmittelalterlichen Mittelalters: 103-131. München. Münchner Beiträge zur Vor- und Frühgeschichte 13.

ZINEVIC, G.P und S.I. KRUTS (1968): Antropologia charakteristika davn'ogo naselenja teritorii ukraïny. (Za mamerialamu ekspediciu 1961 -1963 rr.). Kiew.

Anschrift des Verf.: Dr. Peter Caselitz, Archaeological Science and Informatics, Kohlhof 17, 21244 Buchholz/Nordheide. E-Mail: peter.caselitz@gmx.de

Tiere zwischen Menschen.
Die Tierknochenfunde von Bremen – St. Veit.

von Jörg Ewersen

Unter dem sekundär geborgenen Skelettmaterial aus der ehemaligen Westkrypta der Bremer Kirche St. Veit (Unserer Lieben Frau) befanden sich auch sechs Tierknochenreste mit einem Gesamtgewicht von 417 Gramm. Mit einer Ausnahme sind alle Knochen dem Hausrind (Bos taurus) zuzuordnen. Eine Datierung ins 9. bis 11. Jahrhundert muss wegen der oftmaligen Umsetzung des Materials offen bleiben.

Nun stellen grundsätzlich Tierknochen bei archäologischen (Alt-)Stadtgrabungen keine Besonderheit dar. So wurden beispielsweise bei der Ausgrabung Schleswig-Schild mehr als 107.000 Knochen geborgen (HÜSTER 1990). In Lübeck, Grabung Hundestraße 13 - 17, kamen rund 23.280 Stücke (ROHLF 1978) ans Licht und in Osnabrück ergab die Grabung Domplatz einen archäozoologischen Materialbestand von mehr als 10.700 Knochen (HUCZKO 1983). Aus Bremen sind ebenfalls Tierabfälle aus einer Stadtgrabung bekannt (NOBIS 1965). Diese 333 Reste wurden während einer von K. Brandt 1954 durchgeführten Grabung auf dem Grundstück Langenstraße 133 in der Nähe des Altstadt-Zentrum geborgen und datieren in den Zeitraum vom 11. bis ins 13. Jahrhundert.

Das erste Bruchstück, das hier besprochen werden soll, ist der aborale Teil eines Oberkiefers vom Hausrind. Dieses Schädelfragment weist weder Schnitt- noch Schlagspuren auf. Rezente Bruchkanten an der oralen Seite lassen vermuten, dass das Stück während oder nach der Bergung beschädigt wurde und größer gewesen sein muss. Das Schlachtalter dieses Rindes wird unter zweieinhalb Jahren gelegen haben, da sich der dritte Molar der vorliegenden Zahnreihe gerade im Durchbruch befand (HABERMEHL 1975). So ist zu vermuten, dass sich dieses Fragment von einem Individuum ableiten lässt, das in etwa einer für mittelalterliche Schlachttiere typischen Altersstufe angehörte (HÜSTER 1990, 32 ff.).

Das zweite Fragment, ein linker Oberkiefer-Praemolar von einem Rind gehört in die gleiche Altersstufe. Die Kaufläche dieses Zahnes ist noch nicht abgerieben.[1] Die beiden folgenden Skelettelemente stammen ebenfalls von Hausrindern. Der erste Knochen, ein Rollbein, ist nahezu unbeschädigt, so dass sich mehrere Maße abnehmen ließen. Diese Meßwerte sind mit den Maßen weiterer Tali aus verschiedenen Stadtgrabungen vergleichbar (Tab.1).

Die Werte in Tabelle 1 zeigen, dass dieser Knochen wahrscheinlich zu einem Tier gehörte, dessen Körpergröße vermutlich 'typisch klein' für mittelalterliche Hausrinder gewesen sein dürfte. M. TEICHERT gibt (1982, 80) an, dass Tali mit einer größten lateralen Länge von mehr als 75 mm von Rindern stammten, deren Widerristhöhe über 130 cm lag. Von den angesprochenen etwa zeitgleichen Fundorten liegen WRH-Berechnungen anhand anderer Skelettelemente vor. Danach betrug in Schleswig/Schild die durchschnittliche Widerristhöhe der hochmittelalterlichen Rinder 114,5 cm (HÜSTER 1990, 21f.). K. ROHLF (1978, 78f.) errechnete

[1] Der Wechsel der Praemolaren vollzieht sich bei den Rindern im Alter von etwa 24 – 28 Monaten [Habermehl 1975, 85).

für Lübeck/Hundestraße einen Mittelwert von 108,4 cm und in Osnabrück/Domplatz lag er bei 112,0 cm (HUCZKO 1983, 63 f.). Für Bremen/Langenstraße gibt G. NOBIS (1965) die Streuungsbreite von 108,5 – 134,0 cm (n = 4) an.

Interessant ist das nächste Stück, das distale Ende eines Metatarsus. Es wurde mit

Tabelle 1: Bremen, St. Veit. Hausrind, Talus. Vergleich der Streuungsbreite von Meßwerten verschiedener Fundorte mit den Maßen des Talus aus Bremen, St. Veit. Abkürzungen: gLl = größte Länge lateral, gLm = größte Länge medial, Bd = Breite distal (Meßstrecken nach VON DEN DRIESCH 1976). Alle Angaben in Millimetern.

Fundort	gLl	gLm	Bd
Schleswig/ Schild	(n = 981) 51,9 – 76,2	(n = 910) 48,3 – 66,4	(n = 977) 32,7 - 50,4
Lübeck/ Hundestraße	(n = 55) 52,7 – 74,8	(n = 49) 47,8 – 69,2	(n = 60) 29,9 – 48,3
Osnabrück/ Domplatz	(n = 15) 54,0 – 72,5	(n = 15) 49,5 – 64,0	(n = 16) 32,5 – 47,0
Bremen/ St. Veit.	(n = 1) 58,0	(n = 1) 53,5	(n = 1) 38,4

einem etwa drei Zentimeter oberhalb der Trochlea gelegenem Sägeschnitt und einem Schlag von der Diaphyse getrennt. Der volar angesetzte Schnitt reicht etwa bis zur Schaftmitte. Ziel dieser Zerlegung war es vermutlich, den Schaft als weiterverwendbares Rohmaterial – vorzugsweise für die Kammherstellung – zu gewinnen. Jeweils ein proximales und distales Ende blieb als Abfallstück zurück (vgl. ULBRICHT 1984, Abb. 2). Diese Art der Rohstoffgewinnung war nach I. ULBRICHT (1984) in Schleswig vom 11. bis zum 14. Jahrhundert üblich. Die abgetrennten Metapodien-Reste vom Domplatz in Osnabrück konnten nur in die Zeit zwischen dem 12. und dem 17. Jahrhundert datiert werden (HUCZKO 1983) und am Fundort Hundestraße 13 – 17 in Lübeck fanden sich diese Werkabfälle schwerpunktmäßig in den Schichten des 13. und 14. Jahrhunderts (mündl. Mitt. K. Rohlf).

Das letzte Hausrind-Fragment ist der distale Rest eines Mittelhandknochens. Auch bei diesem Stück wurden offensichtlich Teile oder der gesamte Schaft rezent abgetrennt. Er weist von einer kleinen pathologischen Veränderung auf der Trochlea abgesehen keinerlei weitere Merkmale oder Spuren auf.

Das Vorkommen von Rothirschen (*Cervus elaphus*) wird durch einen kompletten linken Metacarpus dokumentiert. Die Meßdaten des Knochens (vgl. Tab. 2) entsprechen nahezu denen eines rezenten Rothirsches. Dieses Cerviden-Weibchen wog nach seinem Abschuss 86 kg und hatte eine Gesamtlänge von 185 cm. Die Epiphysen der Mittelfußknochen waren ebenso wie die des vorliegenden Stückes mit der Diaphyse verwachsen, so dass sicherlich beide Tiere älter als 16 Monate waren (HEINRICH 1991).

Die vorliegenden Tierknochen scheinen bei näherer Betrachtung Elemente einer typischen mittelalterlichen Siedlungsschicht widerzuspiegeln, wie sie für Stadtgrabungen aus dem nord- und nordwestdeutschen Raum belegt sind. Neben verschiedenen Schlachtresten von Hausrindern fand sich auch ein Hinweis auf handwerkliche Produktion. Dieser Fertigungsrest legt die Vermutung nahe, dass in der (näheren) Umgebung des Ausgrabungsortes möglicherweise Kämme oder andere Knochenprodukte gefertigt wurden – vorausgesetzt die Herstellungsabfälle wurden nicht in jüngeren Zeiträumen über weitere Distanzen hinweg verschoben. ULBRICHT (1984, 72) schreibt hierzu, dass "Produktionsrückstände wie fortgeworfene Reste von Rohmaterial, Negative und Halbfabrikate der verschiedenen Objekte die einzigen, aber auch sicheren Indikatoren für eine örtliche Herstellung" sind. Ungewöhnlich auf diese kleine Auswahl bezogen – aber nicht untypisch – ist dagegen der Fund eines Rothirschknochens, der in mittelalterlichen Fundkomplexen meist nur mit Anteilen unter einem Prozent belegt ist (HUCZKO 1983; ROHLF 1978; REICHSTEIN 1980; JOHANSSON und REICHSTEIN 1979 sowie HEINRICH 1991).

Abschließend bleibt daher nur zu vermuten, dass diese Knochen zu einem komplexen mittelalterlichen Schichtpaket gehörten. Ob diese Straten bei der Bergung der menschlichen Knochenreste nicht berücksichtigt wurde oder ob sie nachträglich unbeabsichtigt mit in das Material gerieten, bleibt ungewiss.

Tabelle 2: Bremen – St. Veit: Maßtabelle. Meßstrecken nach VON DEN DRIESCH (1976). Alle Angaben in Millimetern.

Skelettelement	größte Länge	Breite proximal	Breite distal	gr. Länge lateral	gr. Länge medial	gr. Tiefe lateral	gr. Tiefe medial	Länge: M1-M3 Alv.Maß
Rothirsch Metacarpus	237,5	36,0	37,0					
Rothirsch rezent Metacarpus	238,5	35,0	36,0					
Rind Metatarsus			53,0					
Rind Metacarpus			49,0					
Rind Talus			38,4	58,0	53,5	31,0	33,0	
Rind Maxillare								(82,0)

Literaturverzeichnis

DRIESCH, A VON DEN (1976): Das Vermessen von Tierknochen aus vor- und frühgeschichtlichen Siedlungen. München. 2. Auflage.

HABERMEHL, K.-H. (1975): Die Altersbestimmung bei Haus- und Labortieren. Berlin und Hamburg. 2. Auflage

HEINRICH, D. (1991): Untersuchungen an Skelettresten wildlebender Säugetiere aus dem mittelalterlichen Schleswig, Ausgrabung 1971-1975. Ausgrabungen in Schleswig, Berichte u. Studien 9. Neumünster.

HUCZKO, S. (1983): Untersuchungen an frühgeschichtlichen Tierknochenfunden (12. – 17. Jhd.) aus Osnabrück (Domplatz). Wiss. Hausarbeit im Fach Biologie. Kiel.

HÜSTER, H. (1990): Untersuchungen an Skelettresten von Rindern, Schafen, Ziegen und Schweinen aus dem mittelalterlichen Schleswig. Ausgrabungen in Schleswig, Berichte und Studien 8. Neumünster.

JOHANSSON, F. und H. REICHSTEIN (1979): Einige Angaben zu Tierknochenfunden aus der Altstadt von Kiel. – Offa 36: 152-162.

NOBIS, G. (1965): Haustiere im mittelalterlichen Bremen. – Bremer Archäologische Blätter 4: 39-48.

REICHSTEIN, H. (1980): Ernährung - Tierknochenfunde aus der Lübecker Innenstadt. – Archäologie in Lübeck, Hefte zur Kunst und Kulturgeschichte der Hansestadt Lübeck 3: 120-122.

ROHLF, K. (1978): Untersuchungen an Tierknochen aus mittelalterlichen bis neuzeitlichen Siedlungsschichten in Lübeck (Grabung Hundestraße 13 - 17). Wiss. Hausarbeit im Fach Biologie. Kiel.

TEICHERT, M. (1982): Zur Größenvariation der Rinder in der germanischen Siedlung bei Mühlberg, Kr. Gotha. Wissenschaftliche Zeitschrift der Universität Halle 31, Heft 4: 77-84.

ULBRICHT, I. (1984): Die Verarbeitung von Knochen, Geweih und Horn im mittelalterlichen Schleswig. Ausgrabungen in Schleswig, Berichte und Studien 3. Neumünster.

Anschrift des Verf.:

Dr. Jörg Ewersen, Flattenberg 54, D-24837 Schleswig, ewersen@versanet.de